应用型本科院校规划教材/电工电子类

U0814427

主　编　姜波　郭宏
副主编　刘芳　胡广洲　刘显忠

EDA技术及应用

EDA Technology and Application

哈爾濱工業大學出版社

内容简介

本书根据应用型本科院校教学大纲,以提高学生的实践能力和技能水平为目的,介绍 EDA 技术及应用。全书共分 9 章,主要包括:EDA 技术概述、可编程逻辑器件概述、开发软件 MAX+plus Ⅱ与 Quartus Ⅱ的操作、VHDL 语法基础、VHDL 主要描述语句、有限状态机、常用单元电路的 VHDL 程序设计、数字电路系统设计和 Verilog HDL 硬件描述语言等。

本书注重理论联系实际,突出应用能力的培养,简明扼要,易读易懂,书中还给出了大量 VHDL 设计实例源代码及仿真结果,从而将 VHDL 语法学习及如何用它进行电路设计并正确地分析设计结果有机地结合在一起。本书重点培养学生熟练使用 EDA 工具软件进行电路分析、设计和应用开发的能力,并且各章节均配有习题及设计实例练习,便于读者学习和教学使用。

本书可作为应用型本科院校电子、通信、自动化及计算机等专业的高年级本科生教学用书,也可作为广大从事硬件电路工作的技术人员的参考用书。

图书在版编目(CIP)数据

EDA 技术及应用/姜波,郭宏主编.—哈尔滨:
哈尔滨工业大学出版社,2010.8(2015.6 重印)
ISBN 978-7-5603-3064-8

Ⅰ.①E… Ⅱ.①姜…②郭… Ⅲ.①电子电路-电路设计:计算机辅助设计-高等学校-教材 Ⅳ.①TN702

中国版本图书馆 CIP 数据核字(2010)第 150395 号

策划编辑 赵文斌 杜 燕
责任编辑 范业婷
封面设计 孙茵艾
出版发行 哈尔滨工业大学出版社
社 址 哈尔滨市南岗区复华四道街 10 号 邮编 150006
传 真 0451-86414749
网 址 http://hitpress.hit.edu.cn
印 刷 黑龙江省地质测绘印制中心印刷厂
开 本 787mm×1092mm 1/16 印张 15.25 字数 412 千字
版 次 2010 年 8 月第 1 版 2015 年 6 月第 2 次印刷
书 号 ISBN 978-7-5603-3064-8
定 价 26.80 元

(如因印装质量问题影响阅读,我社负责调换)

《应用型本科院校规划教材》编委会

主　任　修朋月　竺培国

副主任　王玉文　吕其诚　线恒录　李敬来

委　员　（按姓氏笔画排序）

丁福庆　于长福　王凤岐　王庄严　刘士军

刘宝华　朱建华　刘金祺　刘通学　刘福荣

张大平　杨玉顺　吴知丰　李俊杰　李继凡

林　艳　闻会新　高广军　柴玉华　韩毓洁

藏玉英

序

哈尔滨工业大学出版社策划的“应用型本科院校规划教材”即将付梓，诚可贺也。

该系列教材卷帙浩繁，凡百余种，涉及众多学科门类，定位准确，内容新颖，体系完整，实用性强，突出实践能力培养。不仅便于教师教学和学生学习，而且满足就业市场对应用型人才的迫切需求。

应用型本科院校的人才培养目标是面对现代社会生产、建设、管理、服务等一线岗位，培养能直接从事实际工作、解决具体问题、维持工作有效运行的高等应用型人才。应用型本科与研究型本科和高职高专院校在人才培养上有着明显的区别，其培养的人才特征是：①就业导向与社会需求高度吻合；②扎实的理论基础和过硬的实践能力紧密结合；③具备良好的人文素质和科学技术素质；④富于面对职业应用的创新精神。因此，应用型本科院校只有着力培养“进入角色快、业务水平高、动手能力强、综合素质好”的人才，才能在激烈的就业市场竞争中站稳脚跟。

目前国内应用型本科院校所采用的教材往往只是对理论性较强的本科院校教材的简单删减，针对性、应用性不够突出，因材施教的目的难以达到。因此亟须既有一定的理论深度又注重实践能力培养的系列教材，以满足应用型本科院校教学目标、培养方向和办学特色的需要。

哈尔滨工业大学出版社出版的“应用型本科院校规划教材”，在选题设计思路上认真贯彻教育部关于培养适应地方、区域经济和社会发展需要的“本科应用型高级专门人才”精神，根据黑龙江省委书记吉炳轩同志提出的关于加强应用型本科院校建设的意见，在应用型本科试点院校成功经验总结的基础上，特邀请黑龙江省9所知名的应用型本科院校的专家、学者联合编写。

本系列教材突出与办学定位、教学目标的一致性和适应性，既严格遵照学科体系的知识构成和教材编写的一般规律，又针对应用型本科人才培养目标及与之相适应的教学特点，精心设计写作体例，科学安排知识内容，围绕应用讲授理论，做到“基础知识够用、实践技能实用、专业理论管用”。同时注意适当融入新理论、新技术、新工艺、新成果，并且制作了与本书配套的PPT多媒体教学课件，形成立体化教材，供教师参考使用。

“应用型本科院校规划教材”的编辑出版，是适应“科教兴国”战略对复合型、应用型人才的需求，是推动相对滞后的应用型本科院校教材建设的一种有益尝试，在应用型创新人才培养方面是一件具有开创意义的工作，为应用型人才的培养提供了及时、可靠、坚实的保证。

希望本系列教材在使用过程中，通过编者、作者和读者的共同努力，厚积薄发、推陈出新、细上加细、精益求精，不断丰富、不断完善、不断创新，力争成为同类教材中的精品。

黑龙江省教育厅厅长

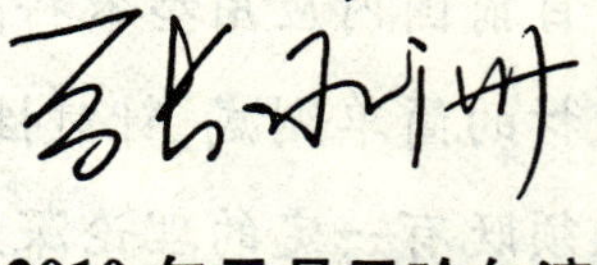

2010年元月于哈尔滨

前　言

EDA(Electronic Design Automation，电子设计自动化)是随着集成电路和计算机技术飞速发展应运而生的一种高级、快速、有效的电子设计自动化工具。它是各种现代高新技术和理论发展的必然结果。EDA 技术是指以计算机为工作平台，以相关的 EDA 开发软件为工具，自动地完成电子产品电路设计、仿真分析以及印制板设计的全过程。对于较复杂的电路，则可利用可编程逻辑器件来实现，最终形成电子系统或专用集成芯片。

EDA 技术发展的速度非常迅猛，高等院校在这方面的教学将面临越来越大的挑战。这主要表现为有更多更新的知识有待传授，学生在该领域的自主创新能力有待更有效地提高。对于电子、通信等信息类专业的学生而言，EDA 技术是一项必备的技能。为此，本书力争使读者尽快掌握这门技术，详细介绍了 MAX + plus Ⅱ 与 Quartus Ⅱ 工具软件，以及 VHDL 硬件描述语言等知识，使读者全面掌握可编程逻辑器件的开发过程，为以后走上工作岗位打下坚实的基础。

本书共分 8 章，第 1 章介绍了 EDA 技术的基本知识及常用 EDA 工具；第 2 章对大规模可编程逻辑器件的结构原理进行了概述；第 3 章介绍了目前两种流行的开发工具软件，Altera 公司的 MAX + plus Ⅱ 与 Quartus Ⅱ 软件；第 4 章简要介绍了 VHDL 的语法基础；第 5 章介绍了常用的 VHDL 描述语句；第 6 章介绍了有限状态机的 VHDL 设计；第 7 章通过若干个 VHDL 设计实例，描述了常用组合逻辑电路及时序逻辑电路的 VHDL 程序设计；第 8 章通过 4 个数字系统设计实践，介绍了用 EDA 技术设计大型复杂数字逻辑电路的方法。本书的所有实例都经过上机调试，许多实例给出了仿真波形，希望能够对读者有所帮助。

参与本书编写及调试的老师都具有丰富的教学经验与实践经验。本书主编为姜波、郭宏，副主编为刘芳、胡广洲、刘显忠，参加编写的有李长威、金巨波、佟巳刚等。姜波负责全书的统稿工作。本书在编写过程中得到了温海洋、邢彦辰、姜桥的大力支持，他们提出了宝贵的意见和修改建议，在此表示衷心感谢！

由于时间仓促，加之作者水平有限，错误和疏漏之处在所难免，敬请读者批评指正。

作　者

2010 年 6 月

目　录

第1章 EDA技术概述

【内容提要】

本章主要介绍EDA技术的概念、特征和发展历史,EDA技术的主要内容及其发展前景,列举并介绍了一些常用的EDA工具。

1.1 EDA技术及其发展

EDA是电子设计自动化(Electronic Design Automation)的英文缩写,是随着集成电路和计算机技术飞速发展应运而生的一种高级、快速、有效的电子设计自动化工具。EDA技术是以计算机为工作平台,以相关的EDA开发软件为工具,以大规模可编程逻辑器件(Programmable Logic Device, PLD)为设计载体,以硬件描述语言(Hardware Description Language, HDL)为系统逻辑描述的主要表达方式,自动地完成逻辑编译、化简、分割、综合及优化、布局布线、逻辑仿真以及对特定目标芯片进行适配编译和编程下载等工作,最终形成电子系统或专用集成芯片的一门新技术。EDA技术使得设计者的工作仅限于利用软件的方式,即利用硬件描述语言和EDA软件来完成对系统硬件功能的实现。

EDA工具融合了应用电子技术、计算机技术和智能化技术的最新成果,主要进行三方面的辅助设计工作:集成电路(IC)设计、电子电路设计以及印制电路板(PCB)设计。EDA技术研究的对象是电路或系统芯片设计的过程,可分为系统级、电路级和物理级三个层次。EDA所设计的领域和内容包括:从低频、高频到微波,从模拟到数字,从线性到非线性,从可编程逻辑器件、通用集成电路到专用集成电路的电子自动化设计。

1.1.1 EDA技术的发展历程

EDA技术的发展历程同大规模集成电路技术、计算机技术、可编程逻辑器件以及电子设计技术和工艺技术的发展是同步的。回顾过去近30年的电子技术的发展历程,可以将EDA技术大致分为CAD、CAE和EDA三个发展阶段。

1. CAD阶段

20世纪70年代,随着中小规模集成电路的出现和应用,设计师们对图形符号的使用数量日趋有限,因此传统的手工制图设计印刷电路板和集成电路的方法已无法满足产品复杂性的要求,更不能满足设计精度和工作效率的要求,设计人员开始将产品设计过程中高重复性的计算和绘图工作,如布图布线工作用二维平面图形编辑与分析的 CAD 工具代替,就产生了一些单独的工具软件,主要用于印制电路板布线设计、电路模拟、逻辑模拟及版图的绘制等领域,极大地提高了电子系统和集成电路设计的效率和可靠性,从而产生了计算机辅助设计(Computer Aided Design,CAD)的概念,这是 EDA 技术发展的初级阶段。这时的设计方法和工具软件,虽然也可以利用计算机将设计人员从大量繁琐的工作中解脱出来,但对于复杂的电子系统设计,当时的 EDA 软件设计能力和作用依然有限,主要是因为这些软件只有简单的人机交互能力,能处理的电路规模不是很大,计算和绘图的速度都受到限制,能支持的设计工作也有限,且性能较差。

2. CAE 阶段

20 世纪 80 年代,随着计算机和集成电路规模的发展,使得工具软件逐步完善,在设计方法、设计软件和集成化方面有了很大的进步。各种设计工具,如原理图输入、编译与连接、逻辑模拟、测试码生成、版图自动布局和布线以及各种单元库均已齐全。由于采用了统一数据管理技术,因而能够将各个工具集成为一个计算机辅助工程设计(Computer Aided Engineering,CAE)系统。按照设计方法学制定的设计流程,可以实现从设计输入到版图输出的全程设计自动化。

随着微电子工艺的发展,相继出现了集成上万只晶体管的微处理器、集成几十万乃至上百万存储单元的随机存储器和只读存储器、支持定制单元电路设计的门阵列和可编程逻辑器件(PAL 和 GAL)等。这个阶段主要采用基于单元库的半定制设计方法,采用门阵列和标准单元法设计的各种 ASIC(Application-Specific Integrated Circuit)得到了极大的发展,将集成电路工业推入了 ASIC 时代。

3. EDA 阶段

20 世纪 90 年代以来,微电子技术以惊人的速度发展,其工艺制造水平已经达到了深亚微米级,甚至达到超深亚微米级。在一个芯片上可以集成上千万乃至上亿只晶体管,芯片的工作速度也达到了 Gbit/s 的数量级,百万门以上的 PLD 器件陆续问世。为了满足千差万别的系统用户提出的设计要求,最好的办法是由用户自己设计芯片,让他们把想设计的电路直接设计在自己的专用芯片上,设计者逐步从使用硬件转向设计硬件。微电子厂家可以为用户提供各种规模的 PLD 器件,使设计者通过设计芯片实现电子系统功能。这些成果对电子设计软件提出了更高的要求,促进了电子技术的飞速发展。

EDA 技术在这个阶段的发展主要表现在以下几个方面:

(1)采用硬件描述语言(HDL)来描述 10 万门以上的设计,并形成了 VHDL(Very High Speed Integrated Circuit HDL)和 Verilog HDL 两种标准硬件描述语言。它们均支持不同层次的描述,使得复杂 IC 的描述规范化,便于传递、交流、保存和修改,也便于重复使用。大多数 EDA 软件都兼容这两种标准。

(2)高层综合(High Level Synthesis,HLS)的理论与方法取得较大进展,将 EDA 设计层次由元件级提高到了系统级(又称行为级),即从单个电子产品开发转向系统级电子产品开发,即 SOC(System On Chip)设计。

(3)采用平面规划技术对逻辑综合和物理版图设计进行联合管理,做到在逻辑综合早期设计阶段就考虑到物理设计信息的影响。利用这些信息，设计者能更进一步进行综合与优化，并保证所作的修改只会提高性能而不会对版图设计带来负面影响。

(4) 可测性综合设计。随着 ASIC 的规模与复杂性的增加，其测试的难度与费用急剧上升，由此而产生了将可测性电路结构制作在 ASIC 芯片上的思想，于是开发了扫描插入、内建自测试(BLST)、边界扫描等可测性设计(DFT)工具，并已集成到 EDA 系统中。

(5) 建立并行工程(Concurrent Engineering, CE)框架结构的集成化设计环境，以适应当今 ASIC 设计的要求。在这种集成化设计环境中，使用统一的数据管理系统与完善的通讯管理系统，由若干相关的设计小组共享数据库和知识库，并行地进行设计，而且在各种平台之间可以平滑过渡。

(6) 为带有嵌入 IP 核的 ASIC 设计提供软、硬件协同设计工具。

1.1.2　EDA 技术的发展趋势及特征

1. EDA 技术的发展趋势

电子产业瞬息万变，随着新一代半导体工艺和设计方法的进步以及新的应用领域和市场需求的变化，设计人员必须不断尝试功能更强大的 EDA 软件，找到更高效、快速的解决方案。目前，EDA 产业正面临一个关键的转折点，必须随着客户、电子及 IC 设计产业的需求而进行调整、改变和创新。

随着市场需求的增长以及集成工艺水平和计算机自动设计技术的不断提高，促使系统集成芯片成为 IC 设计的发展方向，表现在以下几个方面：

(1) 超大规模集成电路的集成度和制造工艺水平不断提高，深亚微米(Deep-Submicron)工艺，如 0.18 μm、0.13 μm 工艺技术已经走向成熟，正在向 0.05 μm 发展，在一个芯片上完成系统级的集成已成为可能。

(2) 更大规模的复杂可编程逻辑器件(Complex Programmable Logic Device, CPLD)和现场可编程门阵列(Field Programmable Gate Array, FPGA)不断推出。

(3) 市场对电子产品的成本、可靠性和集成度不断提出更高的要求，促使 EDA 工具和 IP 核的应用更为广泛，并得到进一步标准化和确认。

(4) 高性能的 EDA 工具得到长足的发展，其自动化和智能化程度不断提高，为嵌入式系统设计提供了功能强大的开发环境。

(5) 计算机硬件平台性能大幅提高，高效低成本设计技术的成熟，为复杂的片上系统(SOC)设计提供了物理基础。

(6) 知识产权的保护意识逐渐增强。

EDA 技术在广度和深度两个方向上发展迅猛，完全可以用日新月异来描述。EDA 技术不断提高，设计工具趋于完美，市场日趋成熟，应用极为广泛，现已涉及各行各业。有专家认为，21 世纪将是 EDA 技术的飞速发展时期，并且 EDA 技术将是对 21 世纪产生重大影响的十大技术之一。

2. EDA 技术的基本特征

现代 EDA 技术的基本特征是采用高级语言描述，具有系统级仿真和综合能力，具有开放式的设计环境，具有丰富的元器件模型库等。

(1)“自顶向下”的设计方法

十几年前,电子产品设计的基本思路还是从最底层设计开始。设计系统硬件时,首先选用标准通用集成电路芯片,再由这些芯片和其他元器件通过逻辑电路设计,完成系统中各独立功能模块的设计,再把这些功能模块连接起来,组装成完整的硬件系统,即“自底向上”(Bottom-up)地构造成电路、子系统和系统,这样的设计方法就如同一砖一瓦建造金字塔,不仅效率低、成本高,而且可靠性差。

随着电子技术的发展,传统的设计方法已经被新的“自顶向下”(Top-down)的设计方法所取代。“自顶向下”法是一种概念驱动的设计方法。该方法要求在整个设计过程中尽量运用概念(即抽象)去描述和分析设计对象,而不要过早地考虑实现该设计的具体元器件、电路和工艺。整个设计首先是在顶层设计中,把整个系统看成是包含输入输出端口的单个模块,对系统级进行仿真、纠错,然后对顶层进行功能框图和结构的划分,即从整个系统的功能出发,按一定原则,将系统分成若干个子系统,再将每个子系统分成若干个功能模块,进而将每个模块分成若干个小的模块,直至分成许多基本模块实现。这样将系统模块划分为各个子功能模块,并对其进行行为描述,在行为级进行验证。

一个复杂的电子系统,分割得当可以大大简化设计的难度,缩短设计周期。由于设计调试都可以针对这些子模块进行,使修改设计也变得非常方便。

模块分割的基本原则是:

①各模块之间的逻辑关系明确;

②各模块内部逻辑功能集中,且易于实现;

③各模块之间的接口线尽量少。

模块化的设计最能体现设计者的思想,分割是否合适对系统设计的效率有着至关重要的影响。总的来说,与“自底向上”的设计方法相比较,该方法有利于在设计初期发现结构设计中的错误,提高设计的一次成功率。

(2)硬件描述语言

用硬件描述语言进行电路与系统的设计是当今 EDA 技术的一个重要特征,硬件描述语言输入是现代 EDA 系统的主要输入方式。与传统的原理图输入设计方法相比较,硬件描述语言更适合于规模日益增大的电子系统,同时它还是进行逻辑综合优化的重要工具。硬件描述语言使得设计者可以在比较抽象的层次上描述设计的结构和内部特征。其突出优点是:语言的公开可利用性,设计与工艺的无关性,宽范围的描述能力,便于组织大规模系统的设计,便于设计的复用和继承等。

(3)逻辑综合与优化

逻辑综合是将最新的算法与工程界多年积累的设计经验结合起来,自动地将用真值表、状态图或硬件描述语言等所描述的数字系统转化为满足设计性能指标要求的逻辑电路,并对电路进行速度、面积等方面的优化。其特点是将高层次的系统行为设计自动翻译成门级逻辑的电路描述,做到了设计与工艺的相互独立。优化则是对于上述综合生成的电路网表,根据布尔方程功能等效的原则,用更小更快的综合结果替代一些复杂的逻辑电路单元,根据指定的目标库映射成新的网表。

(4)开放性和标准化

开放式的设计环境也称为框架结构(Framework)。框架是一种软件平台结构,它在EDA 系统中负责协调设计过程和管理设计数据,实现数据与工具的双向流动,为 EDA 工具提供了操作环境。框架结构的核心是可以提供与硬件平台无关的图形用户界面,工具之间的通信、设计数据和设计流程的管理等,以及各种与数据库相关的服务项目。任何一个 EDA 系统只要建立了一个符合标准的框架结构,就可以接纳其他厂商的 EDA 工具一起进行设计工作。

近年来,随着硬件描述语言等设计数据格式的逐步标准化,不同设计风格和应用的要求导致各具特色的 EDA 工具被集成在同一个工作站上,从而使 EDA 框架标准化。

(5)库

在电子系统设计的每个阶段,需要各种不同层次、不同种类的元器件模型库和模块库的支持,所以 EDA 技术必须配有丰富的器件库和模块库(元器件符号库、功能模块库、标准单元库、IP 核等)才能够具有强大的设计能力和较高的设计效率。

1.2　EDA 技术的主要内容

EDA 技术涉及面广,内容丰富,尽管目标系统是硬件,但整个设计和修改过程如同完成软件设计一样方便、高效。从教学和实用的层面上讲,基于可编程逻辑器件的 EDA 技术主要包括四个方面的内容:一是大规模可编程逻辑器件,它是利用 EDA 技术进行电子系统设计的载体;二是硬件描述语言,它是利用 EDA 技术进行电子系统设计的主要表达手段;三是软件开发工具,它是利用 EDA 技术进行电子系统设计的智能化的自动化设计工具;四是实验开发系统,它是利用 EDA 技术进行电子系统设计的下载与硬件验证工具。

1. 大规模可编程逻辑器件

应用可编程逻辑器件实现电子系统设计和单片系统的设计,是目前利用 EDA 技术设计电子系统的潮流和趋势。可编程逻辑器件是一种由用户编程来实现某种逻辑功能的新型逻辑器件。它不仅速度快、集成度高,能够完成用户定义的逻辑功能,还可以加密和重新定义编程,其允许编程次数可多达上万次。使用 PLD 可大大简化硬件系统、降低成本,提高系统的可靠性、灵活性。因此,自 20 世纪 70 年代问世以来,就受到广大设计人员的青睐,被公认为是电子设计领域中最具活力和发展前途的一项技术,它的影响丝毫不亚于 20 世纪 70 年代单片机的发明和使用。可以毫不夸张地讲,PLD 能完成任何数字器件的功能。

目前,PLD 主要分为 CPLD 和 FPGA 两大类,两者的功能基本相同,只是实现原理略有不同,统称为可编程逻辑器件或 CPLD/ FPGA。最明显的特点是高集成度、高速度和高可靠性。高速度表现在其时钟延时可小至纳秒级,结合并行工作方式,在超高速应用领域和实时测控方面有着非常广阔的应用前景;其高可靠性和高集成度表现在几乎可将整个系统集成于同一芯片中,实现所谓片上系统(SOC),从而大大缩小了系统体积,也易于管理和屏蔽。

由于 CPLD/ FPGA 的集成规模非常大,可利用先进的 EDA 工具进行电子系统设计和产品开发。由于开发工具的通用性、设计语言的标准化以及设计过程几乎与所用器件的硬件结构没有关系，因而设计开发成功的各类逻辑功能模块有很好的兼容性和可移植性。它几乎可用于任何型号和规模的 CPLD/ FPGA 中，从而使得电子产品的设计效率大幅度提高。

高速发展的可编程逻辑器件为 EDA 技术的不断进步奠定了坚实的物理基础。大规模可编程逻辑器件不但具有微处理器和单片机的特点，而且随着微电子技术和半导体制造工艺的进步，集成度不断提高，与微处理器、DSP、A/D、D/A、RAM 和 ROM 等独立器件之间的物理与功能界限日趋模糊，嵌入式系统和片上系统（SOC）得以实现。以大规模可编程集成电路为物质基础的 EDA 技术打破了软硬件之间的设计界限，使硬件系统软件化，这已成为现代电子设计技术的发展趋势。

2. 硬件描述语言

硬件描述语言（HDL）是一种用于描述硬件电子系统的计算机语言。它可以描述硬件电路的逻辑功能、实现该功能的算法、信号连接关系、选用的电路结构以及其他各种约束条件等。通常要求 HDL 既能描述系统的行为，又能描述系统的结构。设计人员用这种语言描述自己的设计思想和电子系统的行为，并建立模型，然后利用 EDA 工具进行仿真，自动综合到门级电路，再用 ASIC 或 CPLD/ FPGA 实现其功能。

HDL 具有与具体硬件电路无关、与设计平台无关的特性，并且具有良好的电路行为描述和系统描述的能力，并在语言易读性、层次化和结构化设计方面表现出了强大的生命力和应用潜力。用 HDL 进行电子系统设计的一个很大的优点是设计者可以专心致力于其功能的实现，而不需要对不影响功能的与工艺有关的因素花费过多的时间和精力，是各种描述方法中最能体现 EDA 优越性的一种描述方法。

目前，最有代表性的硬件描述语言是美国国防部开发的 VHDL、Verilog 公司开发的 Verilog HDL 和早期的 ABEL 语言。VHDL 和 Verilog HDL 已经被 IEEE 列为工业标准，被众多的 EDA 工具所支持，在电子工程领域，已成为事实上的通用硬件描述语言，将承担起大部分的电子系统设计任务。两者的区别在于 Verilog HDL 的综合过程较 VHDL 稍简单，但其在高级描述方面不如 VHDL。本书将在后续章节详细介绍 VHDL 的编程方法与应用。

3. 软件开发工具

当前，各大半导体器件公司为了推动其生产的芯片的应用，针对性地推出了一些开发软件，国内比较流行的 EDA 软件工具主要有 Altera 公司的 MAX + plus Ⅱ 和 Quartus Ⅱ，Lattice 公司的 ispEXPERT，Xilinx 公司的 Foundation 和 ISE。EDA 软件涉及电子设计的各个方面，包括数字电路设计、模拟电路设计、数模混合设计、系统设计、仿真验证等电子设计的许多领域。这些软件工具对硬件环境要求高、功能齐全、性能优良，并且软件系统可分为很多模块。Altera 公司是世界上最大的可编程逻辑器件供应商之一。其主要产品有 MAX7000/9000、FLEX10K、APEX20K、ACEX1K、Stratix、Cyclone 等系列。Altera 公司在 20 世纪 90 年代以后发展很快，业界普遍认为 MAX + plus Ⅱ 是最成功的 EDA 开发平台之一，Quartus Ⅱ 是 MAX + plus Ⅱ 的升级版本。本书将在第 3 章介绍 MAX + plus Ⅱ 和 Quartus Ⅱ 软件的具体使用方法与应用。

MAX + plus Ⅱ：可以以原理图方式、文本方式（VHDL和Verilog HDL）和波形方式等输入设计文件，并支持这些方式的任意混合设计。它集成了可编程逻辑器件的设计环境，可以在多种平台上运行。提供了灵活和高效的界面，设计者无需精通器件内部的复杂结构，只需用自己熟悉的设计输入工具进行设计输入。它具有门级仿真器，可以进行功能仿真和时序仿真，能够产生精确的仿真结果。在适配之后，MAX + plus Ⅱ生成供时序仿真用的EDIF、VHDL和Verilog HDL这三种不同格式的网表文件。它界面友好，使用便捷，被誉为业界最易学易用的EDA软件，并支持主流的第三方EDA工具，支持除APEX20K系列之外的所有Altera公司的CPLD/ FPGA大规模逻辑器件。

Quartus Ⅱ：Quartus Ⅱ是Altera公司的最新一代集成开发软件，延续了MAX + plus Ⅱ的优点，提供了更优化的综合和适配等功能。具有工作群组的设计环境、EDA整合、先进的编译综合特性和突破临界的验证环境，使设计能完善、有效地支持百万逻辑门的设计和验证，适合大规模CPLD/ FPGA的开发，可完成从设计输入、综合适配、仿真到编程下载整个过程的设计。在设计的每一步，Quartus Ⅱ软件能够让用户集中精力于设计本身，而不是软件的应用。Quartus Ⅱ出众的与电路结构无关的集成工作环境能够大大提高用户的工作效率。

4. 实验开发系统

随着EDA应用领域的扩大，国内高校或EDA公司相继开发出EDA实验开发系统，以满足EDA教学和科研的需要。和单片机实验开发系统类似，EDA实验开发系统提供CPLD/ FPGA芯片下载电路及EDA实验/开发的外围资源（类似于用于单片机开发的仿真器），以供硬件验证用。一般包括：

①实验或开发所需的各类基本信号发生模块，包括时钟、脉冲、高低电平等；

②CPLD/ FPGA输出信息显示模块，包括数码显示、发光管显示、声响指示等；

③模拟器件及接口，包括模拟信号的放大、比较及A/D变换器模块；

④监控程序模块，提供“电路重构软配置”；

⑤目标芯片适配座以及上面的CPLD/ FPGA目标芯片和编程下载电路。

1.3　常用EDA工具

集成电路技术的发展不断对EDA技术提出新的要求，从而促进了EDA技术的飞速发展。但是总的来说，EDA系统的设计能力一直难以赶上集成电路技术的要求。EDA工具的发展经历了两个大的阶段，即物理工具阶段和逻辑工具阶段。现在EDA和系统设计工具正逐渐被理解成一个整体的概念——电子系统设计自动化（ESDA）。

所谓物理工具主要是用来完成电子系统设计中的实际物理问题，如芯片布局、印刷电路板布线等。另外，它还能提供一些设计的电气性能分析，如设计规则检查。这些工作现主要由集成电路厂家完成。

逻辑工具基于网表、布尔逻辑、传输时序等概念。首先由原理图文本编辑器或图形编辑器进行设计输入，然后用EDA工具完成逻辑综合、仿真、优化等过程，最后生成物理工具可以接收的网表或VHDL、Verilog HDL、ABEL等的结构化描述。

EDA 工具在 EDA 技术应用中占据了极其重要的位置。EDA 技术研究的是电子设计的全过程,包括了系统级、电路级和物理级三个设计层次。由于 EDA 技术的整个设计流程涉及不同的技术环节,每一个环节中必须有对应的软件包或专用 EDA 软件工具独立处理,因此为了完成复杂的 ASIC 设计,一个 EDA 系统至少应该包括 10~20 个 CAD 工具。在电子技术发展的 30 多年中,人们相继开发了大量的计算机辅助设计工具来帮助完成集成电路的设计。从专用集成电路 ASIC 开发和应用的角度看,EDA 工具大致可分为设计输入编辑器、HDL 综合器、仿真器、布局布线器(也称适配器)及下载器(编程器)等多个子模块。

1. 设计输入编辑器

设计输入编辑器是任何一种 EDA 软件必须具备的基本功能。其功能是接受用户的设计描述,进行语义和语法规则的检查,检查无误后将用户的设计描述转化为系统内部要求的数据格式,并存入设计数据库,为其他子模块调用。设计输入编辑器可以接受不同的设计输入方式,如 HDL 文本输入方式、原理图输入方式、波形图输入方式以及状态图输入方式,也可以接受图形和文本的混合输入方式。因此,设计输入编辑器包括文本编辑器和图形编辑器以及对应的分析器。

在系统级设计中,文本编辑器用来编辑硬件系统的自然描述语言,在其他层次用来编辑电路的硬件描述语言文本。在数字系统中的门级、寄存器级以及芯片级,所用的描述语言通常为 VHDL、Verilog HDL、ABEL 和 AHDL;在模拟电路级,硬件描述语言通常为 SPICE 的文本输入。

图形编辑器可用于编辑硬件设计的各个层次的逻辑关系。在版图级,图形编辑器用来编辑表示硅工艺加工过程的几何图形;在高于版图层次的其他级,图形编辑器常用硬件系统的方框图和原理图来描述。原理图输入工具至少应包括以下三个组成部分:

①基本单元符号库。主要包括基本单元的图形符号和仿真模型。在实际应用时,设计师们除了采用软件提供的基本单元和标准单元外,还应该能够使用原理图编辑器建立自己专用的图形符号和相应的仿真模型,并加到基本单元符号库中,供以后设计时调用;

②原理图编辑器的编辑功能;

③产生网表的功能。

某些 EDA 设计输入工具把图形设计与 HDL 设计相结合,如在提供 HDL 文本编辑器的同时提供状态机编辑器,用户可用转移图描述状态机,直接生成 HDL 文本输出。有的输入编辑器可以接受图形输入方式,并将它们转换成 HDL(VHDL/Verilog HDL)文本表达方式,很好地解决了通用性(HDL 输入的优点)和易用性(图形法的优点)之间的矛盾。

2. HDL 综合器

HDL 综合器的功能是转换电路或系统的描述方式,相当于纯软件系统中的编译器。一般来讲,综合是仅仅对应于 HDL 而言的,综合的过程是将软件设计的 HDL 描述与硬件结构挂钩,是将软件转化为硬件电路的关键步骤,是将电路的高级语言转换成低级的、可与 CPLD/FPGA 的基本结构相映射的网表文件或程序。

由于目前 EDA 软件通用的 HDL 语言为 VHDL、Verilog HDL,因此这里介绍的 HDL 综合器主要针对这两种语言。

硬件描述语言最初用于电路逻辑的建模和仿真，Synopsys 公司推出了第一个 HDL 综合器后，其他公司相继推出基于 HDL 的综合器，至此，HDL 才被直接用于电路的设计。

由于 HDL 综合器实现上的困难，因此成熟的 HDL 综合器并不多。

3. 仿真器

使用 EDA 工具的一大好处是可以验证设计是否正确，几乎每个公司的 EDA 产品都有仿真工具。仿真器(Simulator)的功能是让计算机按照一定的算法和一定的仿真库对 EDA 设计进行模拟，以验证设计，排除错误。因此仿真器又叫模拟器。在硬件系统设计的各个层次都要用到仿真器。在数字系统设计时，硬件系统由数字逻辑器件以及它们之间的互联来表示。仿真器主要用于确定系统的输入/输出关系，所采用的方法是把每一个数字逻辑器件映射为一个或几个进程，把整个系统映射为由进程互联构成的进程网络。这种由进程互联组成的网络就是设计的仿真模型。

仿真器有基于元件(逻辑门)的仿真器和 HDL 语言的仿真器之分，基于元件的仿真器缺乏 HDL 仿真器的灵活性和通用性，这里主要介绍 HDL 仿真器。

仿真是 EDA 设计中的重要环节，行为模型的表达、电子系统的建模、逻辑电路的验证以及门级系统的测试，每一步都离不开仿真器的模拟检测。衡量仿真器的重要指标是仿真的速度、仿真的准确性和仿真的易用性。在 EDA 技术的发展初期，快速地进行电路逻辑仿真是当时的核心问题，即使在现在，各设计环节的仿真仍然是整个 EDA 设计流程中最耗时间的一个步骤。

根据对设计语言的处理方式不同，仿真器可分为编译型仿真器和解释型仿真器。编译型仿真器的仿真速度较快，但需要预处理，因此不便于即时修改。解释型仿真器的仿真速度一般，但是可随时修改仿真环境和条件。

根据仿真的电路描述级别的不同，HDL 仿真器可以单独或综合地完成系统级仿真、行为级仿真、寄存器传输级(Register Transport Level，RTL)仿真和门级时序仿真。

根据仿真时是否考虑硬件延时来分类，仿真可分为功能仿真和时序仿真。按照输入仿真文件的不同，仿真可以由不同的仿真器完成，也可由同一个仿真器完成。功能仿真是直接对 VHDL、原理图描述或其他描述形式的逻辑功能进行测试模拟，以了解其实现的功能是否满足原设计的要求，仿真过程不涉及任何具体器件的硬件特性。时序仿真就是接近真实器件运行特性的仿真，仿真文件中已包含了器件硬件特性参数，因而仿真精度高。

根据处理的硬件描述语言类型来分类，HDL 仿真器可分为：①VHDL 仿真器；②Verilog HDL 仿真器；③混合型 HDL 仿真器，可同时处理 Verilog 与 VHDL；④其他 HDL 仿真器，针对其他 HDL 语言的仿真，如 AHDL。几乎所有的 EDA 厂商都提供基于 Verilog HDL 和 VHDL 的仿真器。

4. 布局布线器(适配器)

适配器(Fitter)的功能是完成目标系统在器件芯片上的布局布线，实现由逻辑设计到物理实现的映射，因此这一过程与指定器件的结构和物理实现方法密切相关。布局布线通常由 PLD 厂商提供的专门针对器件的开发工具来完成，这些工具可以嵌入在 EDA 开发软件中，也可以是专用的适配器。本书第 3 章所介绍的 Altera 公司的 EDA 集成开发环境 MAX + plusⅡ和 QuartusⅡ中都含有嵌入的适配器。适配器输出的是厂商自己定义的下载文件,用于下载到器件中以实现设计。

5. 下载器(编程器)

下载器的功能是将电路设计(适配器最后输出的下载文件)下载到对应的可编程逻辑器件中,以实现硬件设计。此过程通常由可编程逻辑器件的厂商提供的专门针对器件下载或编程的软件来完成。

1.4 EDA 技术的设计流程

利用 EDA 技术进行电路设计的大部分工作是在 EDA 软件平台上进行的,因此完整地了解 EDA 技术的设计流程对于优化设计项目、提高设计效率十分有益。一个完整的、典型的 EDA 设计流程既是自顶向下设计方法的具体实施途径,又是 EDA 工具软件本身的组成结构。对于目前流行的用于 CPLD/FPGA 开发的 EDA 软件,图 1.1 所示的设计流程具有普遍性。

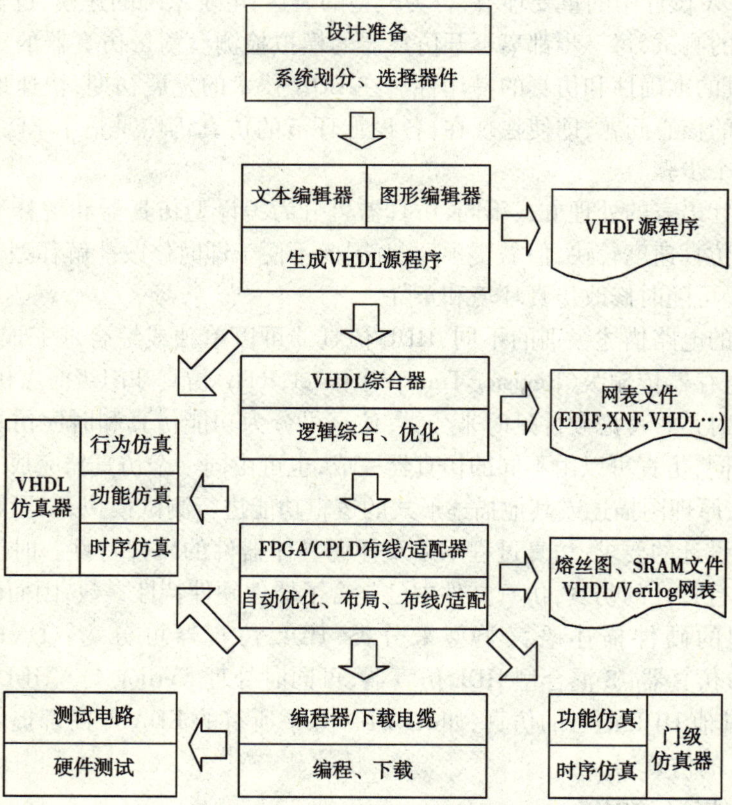

图 1.1 EDA 工程设计流程图

1. 设计准备

设计准备工作包括系统设计、设计方案论证和器件选择等。首先根据所设计电子系统项目的功能,初步定义 I/O 端口,根据器件本身的资源、系统延迟时间、系统速度要求、连线的可布性及成本等方面进行权衡选择合适的CPLD/FPGA器件,使器件在资源和速度上能够满足所设计电子系统的需求。然后采用一定的方法对EDA项目进行逻辑划分,按电路形式划分为若干模块,尽量以宏单元模块方式进行划分。

2. 设计输入

利用EDA技术进行一项工程设计,首先需要利用EDA工具的文本编辑器或图形编辑器将电路系统以文本方式或图形方式输入计算机,进行排错编译,为进一步的逻辑综合做准备。

常用的源程序输入方式有原理图输入方式、状态图输入方式、波形图输入方式、文本输入方式四种。

(1)原理图输入方式

原理图输入法是一种类似于传统电子设计方法的原理图编辑输入方式,即在EDA软件的图形编辑界面上绘制能完成特定功能的电路原理图(注意,这种原理图与利用Protel画的原理图有本质的区别)。原理图由逻辑器件(符号)和连接线构成,与传统的元器件连接方式完全一样,图中的逻辑器件可以是EDA软件库中预制的功能模块,如与门、非门、或门、触发器以及各种含74系列器件功能的宏功能块,甚至还有一些类似于IP的功能块。其优点是观察直观和非编程,便于电路的调整,容易实现仿真,设计者很容易接受。

原理图输入方式的缺点:

①随着设计规模的增大,设计的易读性迅速下降,对于图中错综复杂的电路连线,极难搞清电路的实际功能;

②一旦完成,电路结构的改变将十分困难,因而几乎没有可再利用的设计模块;

③因为不可能存在一个标准化的原理图编辑器,导致移植、入档、交流和设计交付都有困难。

(2)状态图输入方式

状态图输入方式就是根据电路的控制条件和不同的转换方式,用绘图的方法在EDA软件的状态图编辑器上绘出状态图,并填好时钟信号名、状态转换条件、状态机类型等要素,然后由EDA编译器和综合器将此状态变化流程图编译综合成电路网表。这种设计方式简化了状态机的设计,比较流行。

(3)波形图输入方式

波形图输入方式则是将待设计的电路看成一个黑盒子,只需告诉EDA工具该黑盒子电路的输入和输出时序波形图,EDA工具即能根据此图完成黑盒子电路的设计。此法较适合用于时序逻辑和有重复性的逻辑函数的设计,主要用于建立和编辑波形设计文件以及输入仿真向量和功能测试向量。系统软件可以根据用户定义的输入/输出波形自动生成逻辑关系。波形编辑功能还允许设计者对波形进行拷贝、剪切、粘贴、重复与伸展,从而可以用内部节点、触发器和状态机建立设计文件,并将波形进行组合,显示各种进制的状态值,还可以通过将一组波形重叠到另一组波形上,对两组仿真结果进行比较。

(4)文本输入方式

这种方式与传统的计算机软件语言编辑输入基本一致,就是将使用了某种硬件描述语言的电路设计文本,如VHDL或Verilog HDL的源程序,进行编辑输入。它是最一般化、最具普遍性的输入方式,任何支持 HDL 的 EDA 工具软件都支持文本方式的编辑和编译。硬件描述语言具有很强的逻辑描述和仿真功能,而且输入效率高,在不同的设计输入库之间转换非常方便。因此,运用硬件描述语言设计已是当前的趋势。

3. 综合

综合(Synthesis),就其字面含义应该理解为把抽象的实体结合成单个或统一的实体。因此,综合就是把某些东西结合到一起,把设计抽象层次中的一种表述转化成另一种表述的过程。对于电子设计领域的综合概念可以表示为:将用行为和功能层次表达的电子系统转换为低层次的便于具体实现的模块组合装配而成的过程。

整个综合过程就是将设计者在 EDA 平台上编辑输入的 HDL 文本、原理图或状态图描述,依据给定的硬件结构组件和约束控制条件进行编译、优化、转换和综合,最终获得门级电路甚至更底层的电路描述网表文件。这一阶段包括以下内容:

(1)语法检查和设计规则检查

设计输入完成以后,在编译过程中首先进行语法检查,如检查原理图有无连线错误,信号有无双重来源,文本输入文件中关键字有无错误等并及时列出错误信息报告,供设计人员修改,然后进行设计规则检验,检查总的设计有无超出器件资源或设计规则的限制,并将编译报告列出,指明违反设计规则的信息。

(2) 网表文件的提取

在编译环节中,要根据仿真的设置进行网表的提取。若进行功能仿真,则打开功能网表文件提取器;若进行时序仿真,则打开定时网表文件提取器。

(3)逻辑优化和综合

逻辑方程的优化,可使设计所占用的资源最少。综合的目的是将多个模块化设计文件合并为一个网表文件,并使层次设计平面化。

事实上,设计过程中的每一步都可称为一个综合环节。设计过程通常从高层次的行为描述开始,以最底层的结构描述结束,每个综合步骤都是上一层次的转换。

①从自然语言表述转换到 VHDL 语言算法表述,是自然语言综合;

②从算法表述转换到 RTL 级表述,即从行为域到结构域的综合,是行为综合;

③从 RTL 级表述转换到逻辑门(含触发器)的表述,是逻辑综合;

④从逻辑门表述转换到版图级表述(ASIC 设计),或转换到 FPGA 的配置网表文件,是版图综合或结构综合。

4. 逻辑适配

所谓逻辑适配,就是将由综合器生成的网表文件,针对某一具体的可编程逻辑目标器件进行逻辑映射操作,包括底层器件配置、逻辑分割、逻辑优化、布线等操作,配置于指定的目标器件中,产生最终的下载文件,如 JEDEC、Jam 格式的文件。适配完成后可以利用适配所产生的仿真文件作精确的时序仿真,同时产生可用于编程的文件。适配所选定的目标器件(CPLD/FPGA 芯片)必须属于原综合器指定的目标器件系列。通常,EDA 软件中的综合器可由专业的第三方 EDA 公司提供,而适配器则需由 CPLD/FPGA 公司自己提供,因为适配器的适配对象直接与器件结构相对应。

5. 仿真

仿真是验证系统设计功能的重要环节，设计过程中的仿真有行为仿真、功能仿真和时序仿真三种。

(1)行为仿真

在综合以前可以先对 HDL 所描述的内容进行行为仿真，即将 HDL 设计源程序直接送到 HDL 仿真器中仿真，该仿真只根据 HDL 的语义进行，与具体电路没有关系，这就是所谓的 HDL 行为仿真。在这种仿真中，可以充分发挥 HDL 中适用于仿真控制的语句及有关的预定义函数和库文件的优势。

(2)功能仿真

功能仿真是在设计输入完成之后，选择具体器件进行编译之前的逻辑功能验证，因此又称为前仿真。此时的仿真没有延时信息或者只有由系统添加的微小标准延时，这对于初步的功能检测非常方便。仿真前，先要利用波形编辑器或硬件描述语言等建立波形文件或测试向量(即将所需要的输入信号组合成序列)，仿真结果将会生成报告文件和输出信号波形，从中可以观察到各个节点信号变化，若发现错误，则返回设计输入方式，修改逻辑设计。

(3)时序仿真

时序仿真是在选择了具体器件，系统设计经过综合编译和门级布局、布线之后，针对硬件的检验和验证，因此又称为后仿真或时延仿真。由于不同器件的内部延时不一样，不同的布局、布线方案也会给延时造成不同的影响，因此在设计处理之后，对系统的各模块进行时序仿真、分析其时序关系、估计设计的性能以及检查和消除竞争冒险等都是非常必要的。

6. 目标器件的编程/下载

适配器把综合器生成的网表文件配置于指定的目标器件后，生成下载文件。如果编译、综合、布局布线/适配和行为仿真、功能仿真、时序仿真等过程中都没有发现问题，即满足原设计的要求，就可以将由布局布线/适配器产生的配置/下载文件通过编程器或下载电缆载入目标 FPGA 或 CPLD 芯片中，进行硬件调试和验证，通过自动优化和布局布线，实现系统设计功能。

通常，将对 CPLD 的下载称为编程(Program)，对 FPGA 中的 SRAM 进行直接下载的方式称为配置(Configure)，但对于反熔丝结构和 Flash 结构的 FPGA 的下载和对 FPGA 的专业配置 ROM 的下载仍称为编程。

7. 硬件仿真/硬件测试

硬件仿真是指通过相应的外部电路和设备进行仿真的过程。通过硬件系统对其进行测试，以进一步检测其正确性的过程称为硬件测试。该过程一般分为 ASIC 设计其前端功能的硬件仿真/硬件测试和 FPGA/CPLD 设计的硬件仿真/硬件测试两种。后者一般是下载到 FPGA/CPLD 芯片开发实验板上进行的；而对于 ASIC 芯片整体设计的硬件仿真/硬件测试，则是在由 ASIC 芯片组成的开发实验板上进行的。

本章小结

集成电路的制造工艺和集成度的极大提高以及微电子技术的进步,使一个复杂数字系统在一片集成电路芯片上的实现成为可能,即片上系统 SOC。而 EDA 技术和 EDA 工具软件的长足发展使 SOC 得以真正实现,并成为现代数字系统设计最有力的工具。

EDA 软件可以将设计人员用软件方式设计的数字系统转化到硬件系统,在此过程中,软件自动进行逻辑编译、逻辑化简、逻辑分割、逻辑综合及优化、逻辑布局布线、逻辑仿真,直至对选定的目标器件进行适配编译、逻辑映射和编程下载,最终形成一个满足用户要求的芯片。

数字系统的设计方法可以分为自顶向下和自底向上两种,目前在强大的 EDA 工具软件的配合下,主要采用自顶向下的设计方法。

习　题

1. 什么是 EDA 技术？EDA 的英文全称是什么？
2. EDA 技术的发展经历了哪几个阶段？每个阶段各有什么特点？
3. 写出 FPGA、CPLD 和 ASIC 的英文全称,并说明其中文含义。
4. 什么是硬件描述语言？当前最流行的 HDL 是什么？目前被 IEEE 接纳的硬件描述语言有几种？
5. 现代 EDA 技术有哪些基本特征？
6. EDA 设计工具有哪些主要模块？
7. 从使用角度讲,EDA 技术主要包括哪几个方面的内容？
8. 简述什么是自顶向下的设计思想？
9. 简述 EDA 工程的设计流程,并说明这些流程分别有什么作用？
10. 结合本章的学习,谈谈自己对 EDA 技术的认识。

第 2 章

可编程逻辑器件概述

【内容提要】

可以想象,使用数以百计的逻辑 IC 来实现复杂的逻辑电路是很困难的。除了要满足所有的逻辑功能以外,还需要占用大量的印制电路板空间。在很多情况下,四逻辑门或多个逻辑门 IC 中仅有一个或两个逻辑门被使用。因此,“可编程逻辑”的概念应运而生。这是一种不需要使用 7400 或 4000 系列 IC 而直接实现逻辑电路设计的方法。用户可以购买多种可以自行设置的、能够实现特定逻辑功能的 IC,这种芯片称为可编程逻辑器件(Programmable Logic Devices,PLD)。

本章着重介绍一般性可编程设计理论,综合讨论主流器件和 EDA 开发工具。在引入 FPGA/CPLD 基本概念的基础上,着重论述了 FPGA/CPLD 的完整设计流程,并对 FPGA/CPLD 常用开发设计工具给予了简单介绍,最后对 FPGA/CPLD 的设计技术的发展进行了展望。

本章的主要内容如下:可编程逻辑器件设计技术简介;FPGA/CPLD 的基本结构;Altera的 FPGA/CPLD 器件;FPGA/CPLD 的设计流程及常用开发设计工具。

2.1 可编程逻辑器件设计技术简介

2.1.1 可编程逻辑器件的发展

随着微电子设计技术与工艺的发展,数字集成电路从电子管、晶体管、中小规模集成电路、超大规模集成电路(VLSIC)逐步发展到今天的专用集成电路(ASIC)。专用集成电路的出现降低了产品的生产成本,提高了系统的可靠性,推动了社会的数字化进程。但是,专用集成电路的设计周期长、改版的设计投资大、灵活性比较差等缺陷制约着它的应用范围。硬件工程师们希望有一种更灵活的设计方法,可以根据需要,在实验室就能设计、更改大规模数字逻辑,研制属于自己的专用集成电路并马上投入使用,这是提出可编程逻辑器件的最初思想。

可编程逻辑器件随着微电子制造工艺的发展取得了长足的进步。从早期的只能存储少量数据、完成简单逻辑功能的可编程只读存储器(PROM)、紫外线可擦除只读存储器

(EPROM)和电可擦除只读存储器(E^2PROM),发展到能完成中大规模的数字逻辑功能的可编程阵列逻辑(PAL)和通用阵列逻辑(GAL),今天已经发展成为可以完成超大规模的复杂组合逻辑与时序逻辑的复杂可编程逻辑器件(CPLD)和现场可编程逻辑器件(FPGA)。随着工艺技术的发展和市场的需要,超大规模、高速、低功耗的新型 FPGA/CPLD 会不断推陈出新。新一代的 FPGA 甚至集成了中央处理器(CPU)或数字处理器(DSP)内核,在一片 FPGA 上进行软硬件协同设计,为实现片上可编程系统(System On Programmable Chip,SOPC)提供了强大的硬件支持。

2.1.2 可编程逻辑器件基础

可编程逻辑器件的基本原理结构如图 2.1 所示。图中的输入缓冲电路用来对输入信号进行放大,同时这部分电路也为后面的与阵列提供输入信号的反变量。输入缓冲电路输出的所有输入信号和它们的反变量在与阵列中实现布尔表达式中的与项,这个与项也被称为乘积项。与阵列输出的与项在或阵列中实现或运算。

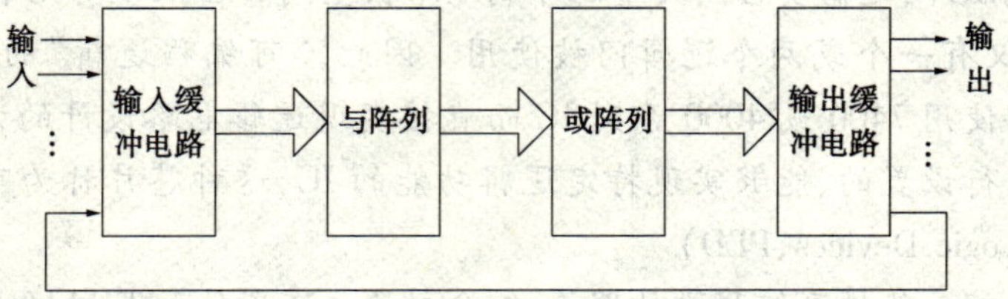

图 2.1 可编程逻辑器件的基本原理结构框图

输出缓冲电路中通常包括触发器,输出信号可以直接输出,也可以通过触发器输出。触发器的输出信号还可以反馈回来以实现时序电路。

图 2.1 也可以被看做复杂可编程逻辑器件(Complex Programmable Logic Device,CPLD)的原理结构简图,这种"与-或"结构组成的可编程逻辑器件的功能比较简单。可编程逻辑器件还有一种基于查找表的逻辑形成方法。查找表的功能就像真值表一样,对于每一组输入组合存储 0 或 1,从而产生所要求的组合函数。由于使用多个查找表构成一个查找表阵列,因此,这种器件被称为现场可编程门阵列(Field Programmable Gate Array,FPGA)。

2.1.3 可编程逻辑器件内部电路简介

图 2.2 给出一个简单的可编程逻辑器件的内部部分组合电路的电路图。这个器件有 2 个输出端的单个缓冲器,缓冲器具有 2 个输出端,一个表示同相,另一个表示反相;与门和或门虽然在图上只画出了一条输入线,但是它表示这个逻辑门具有多个输入信号,行线和列线之间具有多少个交叉点,表示这个逻辑门就具有多少个输入端。

逻辑门的输入线上的交叉点表示这个逻辑门的输入端,但是这些输入端当中的一些可能与输入信号相连接,另一些可能与输入信号不连接。如果在交叉点上有"·"符号,表示这个信号与逻辑门为固定连接;如果在交叉点上有"×"符号则表示这个信号与逻辑门不连接。以图 2.2 所示的电路为例,它的与门输入端采用固定连接,或门输入端采用编

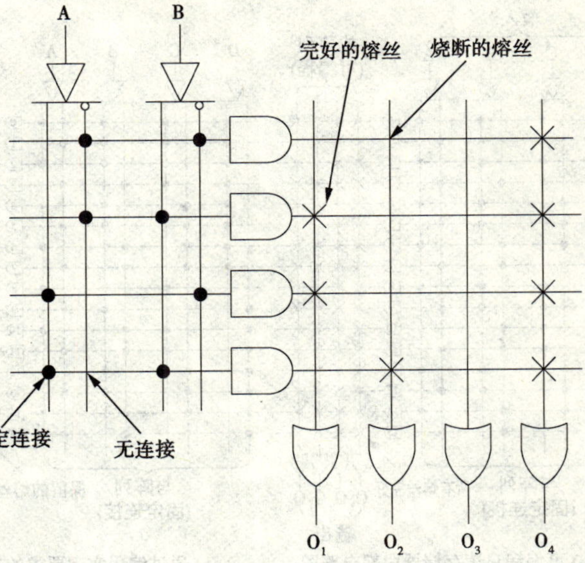

图 2.2　可编程逻辑器件内部部分组合电路结构图

程连接，4 个或门的输出分别为

$$O_1 = 0 + A'B + AB' + 0 = A'B + AB'$$
$$O_2 = 0 + 0 + 0 + AB = AB$$
$$O_3 = 0 + 0 + 0 + 0 = 0$$
$$O_4 = A'B' + A'B + AB' + AB$$

2.1.4　可编程逻辑器件的分类

可编程逻辑器件技术从产生以来，一直在不断地发展。这个发展过程经历了可编程只读存储器（Programmable Read Only Memory，PROM），可编程逻辑阵列（Programmable Logic Array，PLA），通用阵列逻辑（Generic Array Logic，GAL），直到复杂可编程逻辑器件（CPLD）和现场可编程门阵列（FPGA）。

1. 可编程只读存储器（PROM）

可编程只读存储器芯片的内部结构如图 2.3（a）所示。输入缓冲电路提供输入信号的原变量和反变量，与门提供所有输入信号组合的译码，或门的输入采用可编程连接。对于任意一个给定的输入信号变量组合，相应的与门输出高电平，如果或门的输入和该与门输出相连接，则此或门输出高电平，如果或门的输入没有和该与门输出相连接，则此或门输出低电平。

图 2.3（b）中，4 个或门的输出分别为

$$O_3 = AB + C'D'$$
$$O_2 = AB'C$$
$$O_1 = ABC'D' + A'B'CD$$
$$O_0 = A + BD' + CD'$$

因为可编程只读存储器产生了输入信号的所有乘积项，所以它能产生输入信号的任

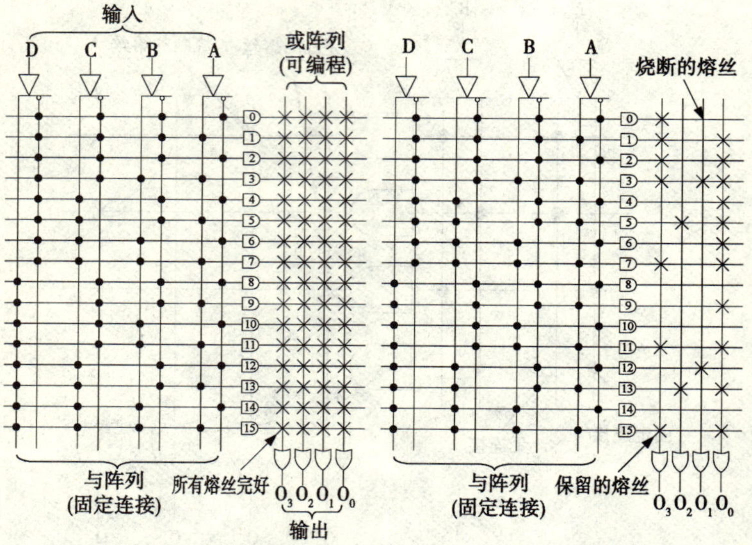

(a) 可编程只读存储器内部电路图　(b) 通过编程实现要求的逻辑函数

图 2.3　可编程只读存储器芯片的内部结构图

意逻辑函数。这种器件的缺点是当输入信号包括的变量数目较大时实现起来很困难,因为每增加一个输入变量,需要编程的连接点将增加 1 倍。

2. 可编程阵列逻辑(PAL)

在实际应用时,考虑绝大多数组合逻辑函数并不需要所有的乘积项。可编程阵列逻辑对可编程只读存储器进行了改进,这种芯片的结构如图 2.4 所示。

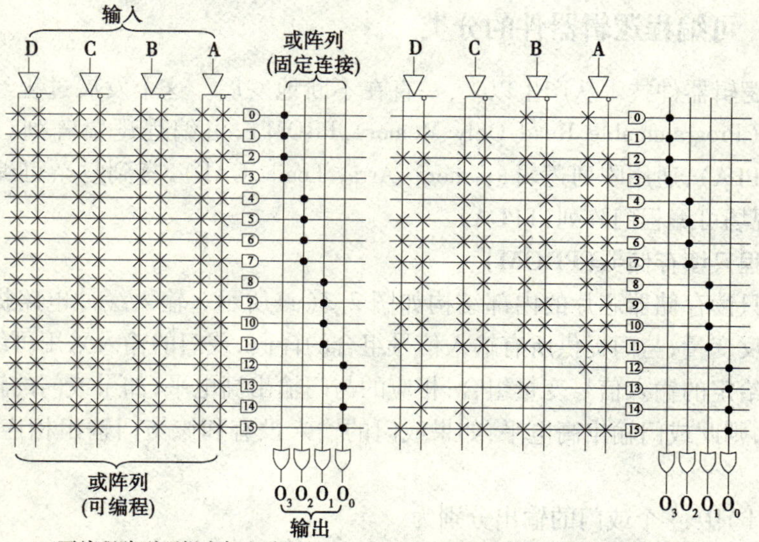

(a) 可编程阵列逻辑内部电路图　(b) 通过编程实现要求的逻辑函数

图 2.4　可编程阵列逻辑芯片的内部结构

相对于如图 2.3 所示的可编程只读存储器内部电路,可编程阵列逻辑内部电路的与门的输入是可编程的,或门的输入是固定连接。它适合逻辑函数只需要较少的乘积项的情况。由于与门的输入是可编程的,因此它可以产生输入信号任意一种乘积项。每个或门的输入只和 4 个与门的输出固定连接，它限定了每个输出函数只能有 4 个乘积项。

图 2.4(b)中，4 个或门的输出分别为

$$O_3 = AB + C'D'$$

$$O_2 = AB'C$$

$$O_1 = ABC'D' + A'B'CD$$

$$O_0 = A + BD' + CD'$$

上面所提到的电路结构仅能解决组合逻辑的可编程问题，但是对时序逻辑还是无能为力。在图 2.4 所示电路的基础上再加上输出寄存器单元就可以实现时序逻辑的可编程。为实现不同的应用需要，PAL 的输出结构很多，往往一种输出结构就是一种器件。器件种类繁多将使得生产和使用都不方便。

3. 通用阵列逻辑(GAL)

通用阵列逻辑是在可编程阵列逻辑的基础上发展起来的，它沿用了与阵列可编程、或阵列固定的结构。它们之间的区别反映在编程工艺和输出结构方面。一般的 PAL 器件采用熔丝型编程工艺，属于一次性可编程器件；通用阵列逻辑器件采用 E^2PROM 型编程工艺，允许对其进行多次编程。在输出部分增加了输出逻辑宏单元(Output Logic Macro Cell，OLMC)，使得一种通用阵列逻辑器件可以代替多种可编程阵列逻辑器件。

图 2.5 给出了 GAL 16V8 的内部结构图。8 个专用输入管脚中每一个的输入信号经

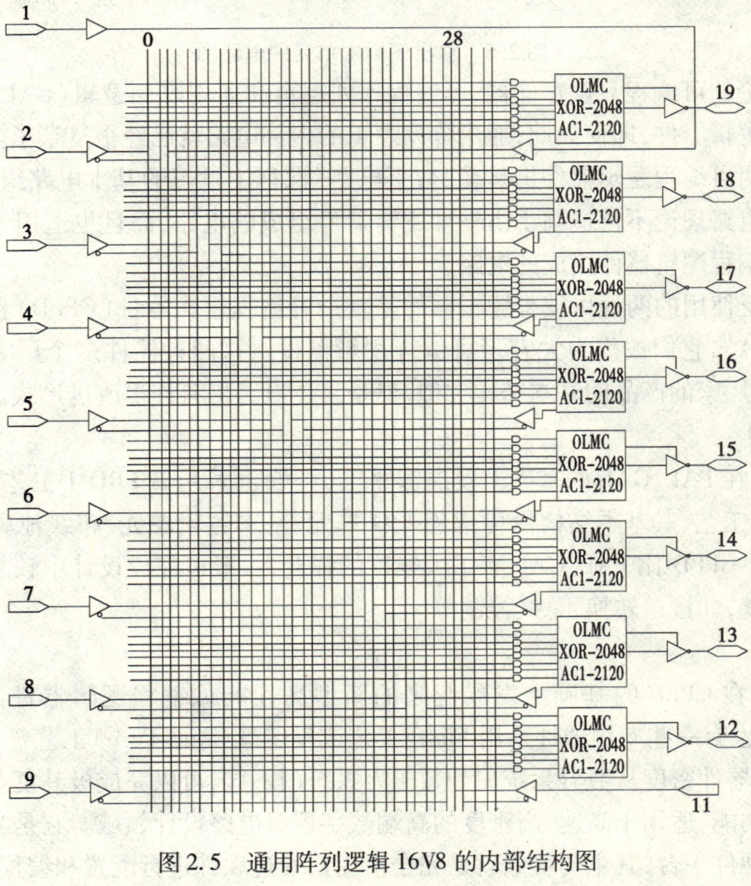

图 2.5　通用阵列逻辑 16V8 的内部结构图

过一级缓冲以后，产生输入信号的原变量和反变量，它们分别连接到输入矩阵对应的列线上，为与阵列提供一部分输入信号。与阵列的输入信号还包括来自输出逻辑宏单元的反馈信号，这些反馈信号也分别连接到输入矩阵对应的列线上。从图 2.5 可以看出，与阵列共有 64 个与门，每个与门具有 32 个可编程的输入变量。

输出逻辑宏单元的电路图如图 2.6 所示。每个输出逻辑宏单元具有 1 个 8 输入或门，它接受 8 个固定的多输入与门的输出（乘积项），产生输入信号的“与 - 或”表达式。或门的输出可以经过不同的路径到达输出管脚，具体经过的路径可以通过编程来决定，既能实现组合逻辑输出，也能实现寄存器输出。

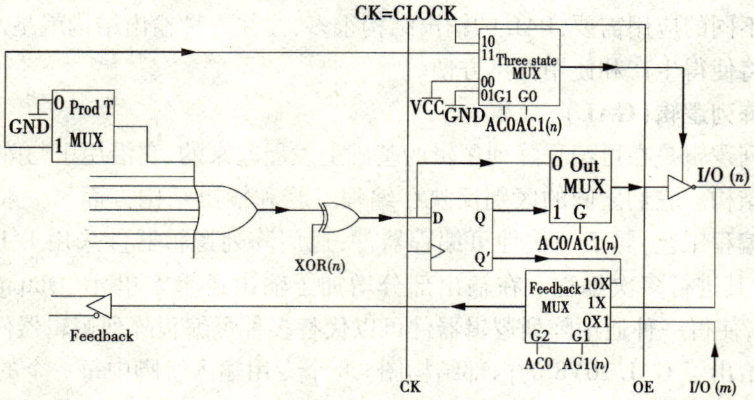

图 2.6　输出逻辑宏单元的电路图

上面讨论的可编程只读存储器，可编程阵列逻辑和通用阵列逻辑（GAL）通常被称为简单可编程逻辑器件，即使如此，通用阵列逻辑的内部电路就已经很复杂了。讨论这些内容只是想说明可编程逻辑器件仍是在“数字电路”课程中学习的基本电路组成的，课程中介绍的数字电路理论不仅适用于由标准逻辑器件组成的电路，而且也适用于在本书将要学习的由可编程逻辑器件组成的电路。

目前广泛使用的两种可编程逻辑器件是复杂可编程逻辑器件（CPLD）和现场可编程门阵列（FPGA），它们被称为大容量可编程逻辑器件。这两种器件多个厂家都在进行生产，虽然不同厂家的产品的基本结构类似，但是具体电路仍有许多改进形式。

4. CPLD

CPLD 是在 PAL、GAL 的基础上发展起来的，一般也采用 E^2PROM 工艺，也有少数厂商采用 Flash 工艺，其基本结构由可编程 I/O 单元、基本逻辑单元、布线池和其他辅助功能模块构成。CPLD 比 PAL、GAL 有了大幅度的提升，一般可完成设计中较复杂和较高速度的逻辑功能，如接口转换、总线控制等。

5. FPGA

FPGA 是在 CPLD 的基础上发展起来的新型高性能可编程逻辑器件，它一般采用 SRAM 工艺，也有一些专用器件采用 Flash 工艺或反熔丝（Anti-Fuse）工艺等。FPGA 的集成度很高，其器件密度从数万系统门到数千万系统门不等，可以完成极其复杂的时序与组合逻辑电路功能，适用于高速、高密度的高端数字逻辑电路设计领域。它是当今数字系统设计的主要硬件平台，其主要特点就是完全由用户通过软件进行配置和编程，从而完成某种特定的功能,且可以反复擦写。在修改和升级时,不需额外地改变 PCB 电路板,只是在计算机上修改和更新程序,使硬件设计工作成为软件开发工作,缩短了系统设计的周期,提高了实现的灵活性并降低了成本,因此获得了广大硬件工程师的青睐。

2.2 FPGA/CPLD 的基本结构

CPLD 和 FPGA 芯片是在早期使用的 PAL 和 GAL 基础上发展起来的,器件的容量远远大于 PAL 和 GAL。

2.2.1 FPGA 的基本结构

目前主流的 FPGA 芯片结构仍基于查找表技术,但已经远远超出了先前版本的基本性能,并且整合了常用功能(如 RAM、时钟管理和 DSP) 的硬核(ASIC 型) 模块。FPGA 芯片主要由 6 部分组成,分别为:可编程输入/输出单元、基本可编程逻辑单元、嵌入式块 RAM、丰富的布线资源、底层嵌入功能单元以及内嵌专用硬核等,如图 2.7 所示。

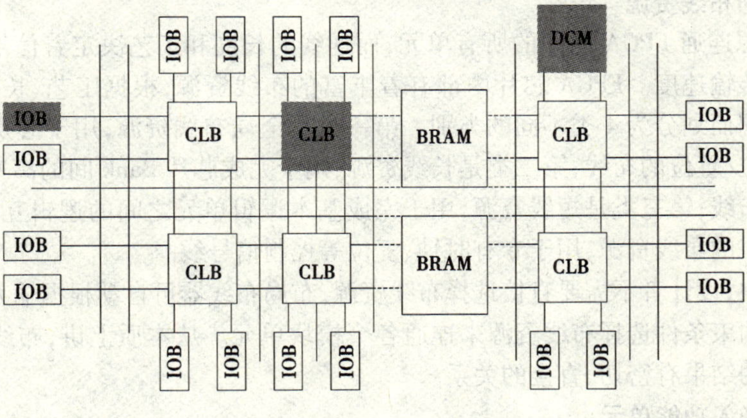

图 2.7　FPGA 芯片内部结构图

每个单元的功能如下。

1. 可编程输入/输出单元(IOB)

可编程输入/输出单元简称 I/O 单元,是芯片与外界电路的接口部分,完成不同电气特性下对输入/输出信号的驱动与匹配要求。FPGA 内的 I/O 按组分类,每组都能够独立地支持不同的 I/O 标准。通过软件的灵活配置,可适配不同的电气标准与 I/O 物理特性,可以调整驱动电流的大小,改变上、下拉电阻。目前,I/O 口的频率也越来越高,一些高端的 FPGA 通过 DDR 寄存器技术可以支持高达 2 Gb/s 的数据速率。

2. 可配置逻辑块(CLB)

CLB 是 FPGA 内的基本逻辑单元。CLB 的实际数量和特性会依器件的不同而不同,但是每个 CLB 都包含一个可配置开关矩阵,此矩阵由 4 或 6 个输入、一些选型电路(多路复用器等)和触发器组成。开关矩阵是高度灵活的,可以对其进行配置以便处理组合逻辑、移位寄存器或 RAM。每个 CLB 模块不仅可以用于实现组合逻辑、时序逻辑,还可以配置为分布式 RAM 和分布式 ROM。

3. 数字时钟管理模块(DCM)

业内大多数 FPGA 均提供数字时钟管理。

4. 嵌入式块 RAM(BRAM)

大多数 FPGA 都具有内嵌的块 RAM,这大大拓展了 FPGA 的应用范围和灵活性。块 RAM 可被配置为单端口 RAM、双端口 RAM、内容地址存储器(CAM)以及 FIFO 等常用存储结构。RAM、FIFO 是比较普及的概念,在此就不赘述。CAM 存储器在其内部的每个存储单元中都有一个比较逻辑,写入 CAM 中的数据会和内部的每一个数据进行比较,并返回与端口数据相同的所有数据的地址,因而在路由的地址交换器中有广泛的应用。除了块 RAM,还可以将 FPGA 中的 LUT 灵活地配置成 RAM、ROM 和 FIFO 等结构。在实际应用中,芯片内部块 RAM 的数量也是选择芯片的一个重要因素。

单片块 RAM 的容量为 18 KB,即位宽为 18 B、深度为 1 024。可以根据需要改变其位宽和深度,但要满足两个原则:首先,修改后的容量(位宽 × 深度)不能大于 18 KB;其次,位宽最大不能超过 36 B。当然,可以将多片块 RAM 级联起来形成更大的 RAM,此时只受限于芯片内块 RAM 的数量,而不再受上面两条原则约束。

5. 丰富的布线资源

布线资源连通 FPGA 内部的所有单元,而连线的长度和工艺决定着信号在连线上的驱动能力和传输速度。FPGA 芯片内部有着丰富的布线资源,根据工艺、长度、宽度和分布位置的不同而划分为 4 类不同的类别。第一类是全局布线资源,用于芯片内部全局时钟和全局复位/置位的布线;第二类是长线资源,用于完成芯片 Bank 间的高速信号和全局时钟信号的布线;第三类是短线资源,用于完成基本逻辑单元之间的逻辑互联和布线;第四类是分布式的布线资源,用于专有时钟、复位等控制信号线。

在实际中,设计者不需要直接选择布线资源,布局布线器可自动根据输入逻辑网表的拓扑结构和约束条件选择布线资源来连通各个模块单元。从本质上讲,布线资源的使用方法和设计的结果有密切、直接的关系。

6. 底层嵌入功能单元

内嵌功能模块主要指 DLL(Delay Locked Loop)、PLL(Phase Locked Loop)、DSP 等软处理核(Soft Core)。现在越来越丰富的内嵌功能单元使得单片 FPGA 成为系统级的设计工具,使其具备了软硬件联合设计的能力,逐步向 SOC 平台过渡。DLL 和 PLL 具有类似的功能,可以完成时钟高精度、低抖动的倍频和分频,以及占空比调整和移相等功能。Altera公司的芯片集成了 PLL,Lattice 公司的新型芯片同时集成了 PLL 和 DLL。PLL 和 DLL 可以通过 IP 核生成的工具方便地进行管理和配置。DLL 的结构如图 2.8 所示。

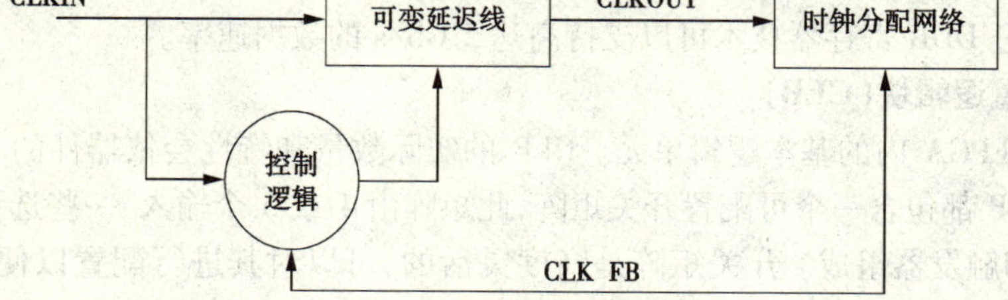

图 2.8　典型的 DLL 模块示意图

7. 内嵌专用硬核

内嵌专用硬核是相对底层嵌入的软核而言的，指 FPGA 处理能力强大的硬核（Hard Core），等效于 ASIC 电路。为了提高 FPGA 性能，芯片生产商在芯片内部集成了一些专用的硬核。例如：为了提高 FPGA 的乘法速度，主流的 FPGA 中都集成了专用乘法器；为了适用通信总线与接口标准，很多高端的 FPGA 内部都集成了串并收发器（SERDES），可以达到数十 Gb/s 的收发速度。目前，Lattice 和 Xilinx 都已经推出内嵌 10 Gb/s SERDES 模块的系统级可编程逻辑器件。

2. 2. 2　CPLD 的基本结构

CPLD 在工艺和结构上与 FPGA 有一定的区别，FPGA 一般都是 SRAM 工艺的，如 Altera的系列 FPGA 器件，其基本结构都是基于查找表加寄存器的结构。CPLD 一般都是基于乘积项的结构，如 Altera 的 MAX7000、MAX3000 系列器件等都是基于乘积项的 CPLD。

CPLD 的结构相对比较简单，主要由可编程 I/O 单元、基本逻辑单元、布线池以及其他辅助功能模块构成，如图 2. 9 所示。

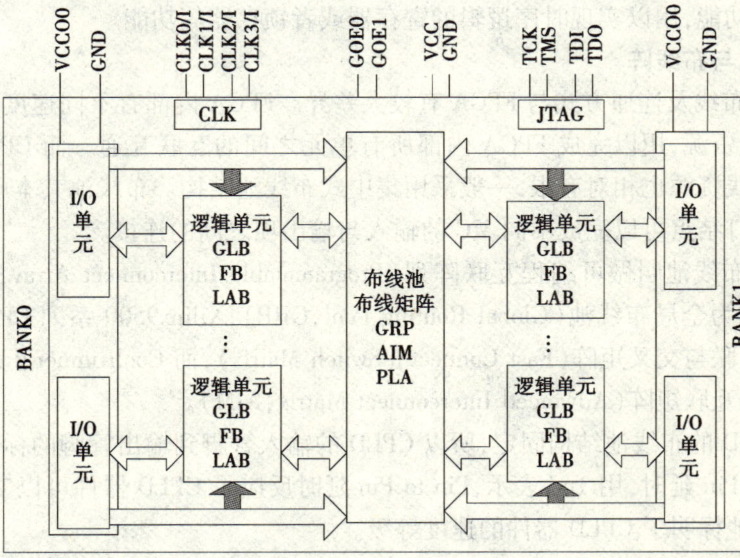

图 2.9　CPLD 的结构示意图

1. 可编程 I/O 单元

CPLD 的可编程 I/O 单元和 FPGA 的可编程 I/O 单元的功能一致，完成不同电气特性下对输入/输出信号的驱动与匹配。由于 CPLD 的应用范围的局限性，所以其可编程 I/O 的性能和复杂度与 FPGA 相比有一定的差距。CPLD 的可编程 I/O 支持的 I/O 标准较少，相对来说频率也比较低。

2. 基本逻辑单元

与 FPGA 相似，基本逻辑单元是 CPLD 的主体，通过不同的配置，CPLD 的基本逻辑单元可以完成不同类型的逻辑功能。需要指出的是，CPLD 的基本逻辑单元的结构与 FPGA

相差较大。FPGA 的基本逻辑单元通常是由 LUT 和 Register 按照 1∶1 的比例组成的，而 CPLD 中没有 LUT 的这种概念，其基本逻辑单元是一种被称为宏单元（Macro Cell，MC）的结构。所谓宏单元，其本质是由一些与、或阵列加上触发器构成的，其中“与或”阵列完成组合逻辑功能，触发器用以完成时序逻辑。器件规模一般用 MC 的数目表示，器件标称中的数字一般都包含该器件的 MC 数量。CPLD 厂商通过将若干个 MC 连接起来完成相对复杂一些的逻辑功能，不同的厂商的这种 MC 集合的名称也不同，Altera 的 MAX7000、MAX3000 系列 CPLD 将其称为逻辑阵列模块（LAB）；Lattice 的 LC4000、ispLSI5000 系列的 CPLD 将其称为通用逻辑模块（GLB）；Xilinx 9500 和 CoolRunnerⅡ将其称为功能模块（FB），其功能是一致的，但结构略有不同。

与 CPLD 基本逻辑单元相关的另一个重要概念是乘积项。所谓乘积项即 MC 中与阵列的输出，其数量标志了 CPLD 的容量，对 CPLD 的性能也有一定的影响，不同厂商的 CPLD 定制的乘积项数目不同。乘积项阵列实际上就是一个“与或”阵列，每一个交叉点都是一个可编程熔丝，如果导通就是实现“与”逻辑，在“与”阵列后一般还有一个“或”阵列，用以完成最小逻辑表达式中的“或”关系。“与或”阵列配合工作，完成复杂的组合逻辑功能。MC 中的可编程触发器与 FPGA 内部的可编程触发器相似，一般也包含时钟、复位/置位配置功能，用以实现时序逻辑的寄存器或者锁存器等功能。

3. 布线池与布线阵

CPLD 的布线及连通方式与 FPGA 有较大差异。FPGA 内部有不同速度、不同驱动能力的丰富布线资源，用以完成 FPGA 内部所有单元之间的互联互通。而 CPLD 的结构比较简单，其布线资源也相对有限，一般采用集中式布线池结构。布线池其本质就是一个开关矩阵，通过打结点可以完成不同 MC 的输入与输出项之间的连接。

Altera 的布线池叫做可编程互联阵列（Programmable Interconnect Array，PIA）；Lattice 的布线池被称为全局布线池（Global Routing Pool，GRP）；Xilinx9500 系列 CPLD 的布线池被称为高速互联与交叉矩阵（Fast ConnectⅡSwitch Matrix），而 CoolRunnerⅡ系列 CPLD 则被称为先进的互联矩阵（Advanced Interconnect Matrix，AIM）。

由于 CPLD 的布线池结构固定，所以 CPLD 的输入管脚到输出管脚的标准延时固定，被称为 Pin to Pin 延时，用 Tpd 表示，Pin to Pin 延时反应了 CPLD 器件可以实现的最高频率，也就清晰地标明了 CPLD 器件的速度等级。

4. 其他辅助功能模块

CPLD 中还有其他一些辅助功能模块，如 JTAG（IEEE 1532、IEEE 1149.1）编程模块，一些全局时钟、全局使能、全局复位/置位单元等。

2.2.3 FPGA 和 CPLD 的比较

根据 FPGA/CPLD 的结构和原理可以知道，尽管 FPGA 与 CPLD 在某些方面有一些区别，也就是说它们都有各自的优势和不足，但是对于使用这两种器件的设计者来说，设计方法和使用 EDA 软件的设计过程是相似的。

表 2.1 列出了 FPGA 与 CPLD 的结构和性能的比较。

表 2.1　FPGA 与 CPLD 的结构和性能对照表

结构和性能	CPLD	FPGA
集成规模	小(最大数万门)	大(最大达百万门)
单元粒度	大(PAL 的结构)	小(PROM 的结构)
互联方式	纵横	分段总线、长线、专用互联
编程工艺	EPROM、E^2PROM、Flash	SRAM
触发器数目	少	多
单元的功能	强	弱
速度	高	低
引脚延迟	确定,可预测	不确定,不可预测
单个逻辑门的功耗	高	低

FPGA 和 CPLD 相比较,FPGA 包含了更多的等效逻辑门。它能够实现需要大量的寄存器才能够完成的复杂运算和时序逻辑电路。其实,FPGA 和 CPLD 之间的界限并不是不可逾越的。在 Altera 公司的产品中,FLEX8000 和 FLEX10K 系列就是介于两者之间的产品,它们采用查找表结构的小单元及 SRAM 编程工艺,其中每片所含的触发器的数量很多,可达到很大的集成度,这些都与典型的 FPGA 一致,为此,有人将它们归于 FPGA,但这两种器件的速度较高,而且引脚延时可以确定,因而又有 CPLD 的特点,因此又有人将它们归于 CPLD。

将它们归于哪一类不是十分重要,重要的是要充分了解每一种器件的基本单元和互联结构及编程工艺的基本原理,进而能灵活利用和发挥这些可编程逻辑器件的特征。因此,在决定使用 FPGA 还是使用 CPLD 逻辑器件之前,应该考虑需要完成具体设计的逻辑功能和需要占用的逻辑资源,然后根据 FPGA 与 CPLD 的特点,选择合适的器件。

2.3　Altera 的 FPGA/CPLD 器件

Altera 公司是著名的可编程逻辑器件生产厂家,它的产品在我国,尤其是在高校的教学中得到了广泛的应用。Altera 公司的可编程逻辑器件具有高性能、高集成度和高性价比的优点,此外该公司还提供了功能全面的开发工具,例如目前获得广泛使用的Quartus Ⅱ开发软件,在第 3 章对其会有详细介绍。

Altera 公司的可编程逻辑器件包括多个产品系列,按照这些产品系列推出的先后顺序依次为 Classic 系列、MAX 系列、FLEX 系列、APEX 系列、ACEX 系列、APEX Ⅱ系列、Cyslone系列、Stratix 系列、MAX Ⅱ系列、Cyclone Ⅱ系列以及 Stratix Ⅱ系列。

由于我们的教学采用的是 MAX7000 系列的 CPLD 和 FLEX10K 系列的 FPGA 芯片,因此本节将以它们为例进行介绍。

2.3.1 Altera 的 FPGA 器件

1. 概述

目前可编程逻辑器件备受电子工程师们的欢迎,其原因主要有以下三个:首先,操作灵活;其次,开发周期短;再次,设计人员不需要专业的 IC 布局布线知识。Altera 公司作为目前世界上最大的可编程逻辑器件供应商之一,其产品系列中 FLEX10K 系列因其规模大而且价格便宜,备受人们关注。Altera 的 FLEX10K 器件是业界第一个嵌入式可编程器件,基于可重构的 CMOS SRAM 单元,这种灵活逻辑单元阵列(Flexible Logic Element Matrix)具有一般阵列的所有优点。FLEX10K 系列器件规模从 1 万门到 25 万门,它无论在密度或者速度上都可以将一定规模的子系统集成到一个芯片上。FLEX10K 系列器件在结构上大同小异,它们都包含四大部分:输入/输出单元(IOE)、逻辑单元(LE)、嵌入阵列块(EAB)及行、列连线资源(PIA)。

Altera 公司为了方便工程设计人员最合理地选用器件,不同系列在规模上仍有一定差异,请读者根据需要自行查阅相关资料手册。为了便于 PCB 板制作,Altera 公司为各器件提供了诸如 PLCC、TQFP、PQFP、RQFP、PGA 和 BGA 等不同的封装形式,并有商业级和工业级芯片。

FLEX10K 系列器件有如下特点:

①嵌入阵列 EAB,可以完成许多宏函数,如存储器、查找表等。

②全局时钟使用,可以最大限度地减少时钟到各触发器的延迟,尽量使整个系统同步。

③基于 JTAG 的边界扫描测试,2.5 V(B 系列),3.0 V(A,V 系列)或 5.0 V 电源。

④低功耗,系统不工作时电流小于 1 mA。

⑤灵活多变的行列连线资源。

⑥功能丰富的 I/O 引脚。

⑦多种封装形式。

⑧基于 SRAM 重构。

⑨强大的集成开发环境和多形式的用户接口。

2. FLEX10K10 系列 FPGA 的结构

Altera 公司的 FLEX10K10 器件属于现场可编程门阵列器件,这种器件是基于查找表(Look-Up Table,LUT)的结构,利用地址和存储数据来产生逻辑函数。它的本质就像逻辑函数的真值表,查找表的地址为输入变量,该地址存储的数据就是输出逻辑函数。

查找表本身由一组触发器组成,触发器中存储了由给定函数确定的真值表。查找表的规模通常都相当小,典型情况为涉及 4 个输入变量,这时真值表具有 16 种输入变量组合,对应 16 个输出逻辑函数值。每个函数值需要 1 个触发器来存储,如图 2.10 所示。每个触发器的输出由三态缓冲器控制,三态缓冲器的使能端由输入变量通过译码器产生的地址信号来控制。4 个输入变量通过译码器可以产生 16 个地址信号,每个地址信号控制一个触发器产生输出逻辑函数。

图 2.10 所示的查找表结构就是一个 16×1 的存储模块,创建一个给定函数需要做的

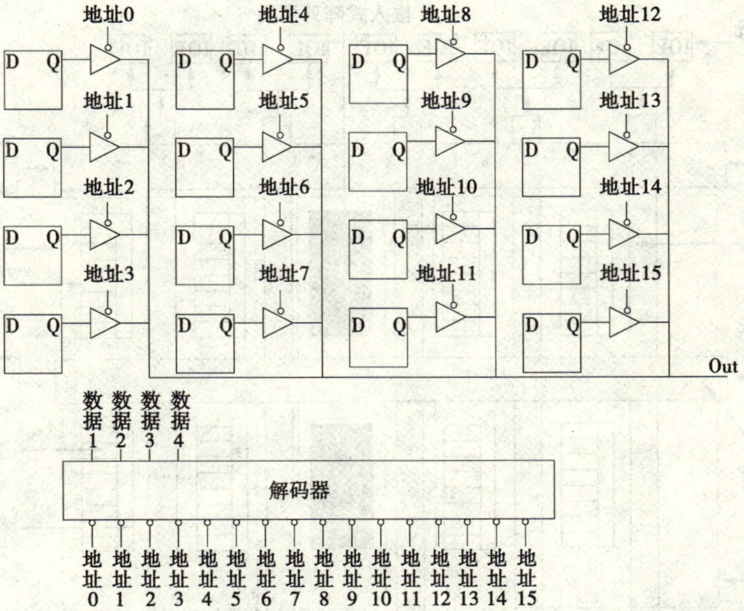

图 2.10　查找表的结构图

就是在存储模块存入要求的数据。现场可编程门阵列采用 SRAM 技术实现存储模块。相对于采用 E^2PROM 技术的复杂可编程逻辑器件，采用 SRAM 技术的现场可编程门阵列的工作速度快，存储单元密度高。SRAM 是易失性的存储器，因此每次加电时需要向存储器加载所要求的数据，这个过程被称为可编程逻辑器件的配置。

FLEX10K10 器件结构方框图如图 2.11 所示。图中的行互联和列互联也是一种快速通道，它为各个逻辑阵列块之间的数据传送提供方便。图中标注 IOE 的方框表示输入/输出单元，每个输入/输出单元包括一个双向缓冲器和一个寄存器，寄存器用来存储输入或者输出的数据。

每个嵌入式阵列块（Embedded Array Block，EAB）能提供 2 048 位的随机存储器（RAM）存储单元，作为内部的各种存储器使用。现场可编程门阵列的这种特点是复杂可编程逻辑器件所不具备的，在使用复杂可编程逻辑器件时，形成存储器是很困难的。把一个芯片上的多个嵌入式阵列块合并将可以形成较大容量的存储器。

图 2.12 是 FLEX10K10 器件的逻辑单元（Logic Elements，LE）的组成方框图。图中包含查找表（LUT）、可编程的寄存器、级联和进位扩展电路、可编程控制电路、局部和全局的内部连接总线。

可编程的寄存器能被配置为 D 触发器、T 触发器、J－K 触发器、S－C 触发器以及 S－R触发器，它也能被旁路以产生组合逻辑输出。触发器的控制信号（时钟、清零和置位信号）可由所选择的信号来驱动，这些信号可以是全局输入信号、通过普通输入/输出管脚输入的信号或者器件内部产生的信号。每个逻辑单元能产生 2 个输出，它们分别驱动芯片上局部（LAB）互联和全局（快速通道）互联。

查找表用来产生组合逻辑，它能产生 4 输入变量的逻辑函数。当需要产生更多的输入变量的逻辑函数时，级联链这样的高速数据通道可以把相邻的查找表并联起来，利用增

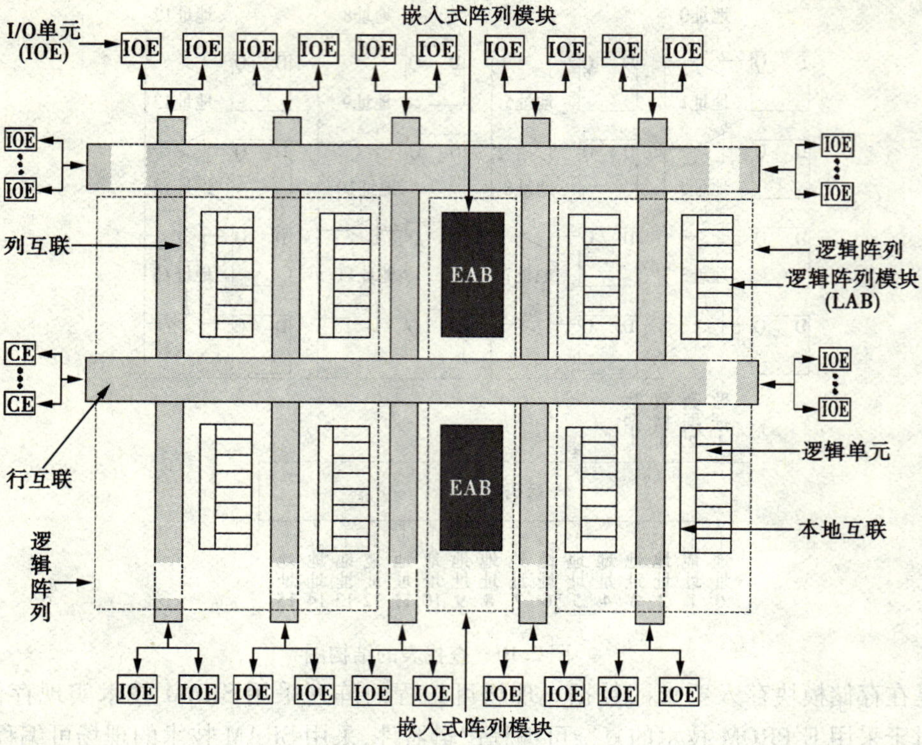

图 2.11　FLEX10K10 器件结构方框图

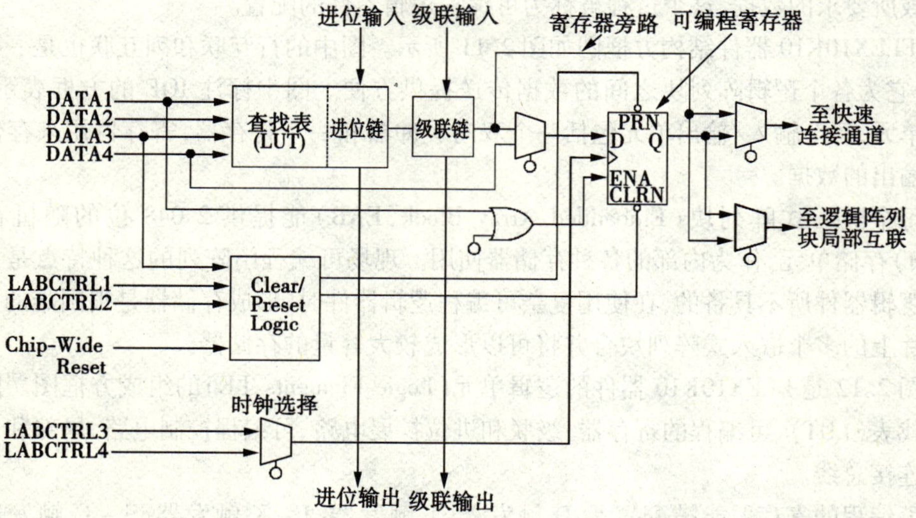

图 2.12　FLEX10K10 器件的逻辑单元组成方框图

加的查找表就能实现要求。

进位链也是一种高速数据通道，利用它可以在逻辑单元之间实现快速进位功能。快速进位功能有利于建立在计数器、加法器、比较器这样的逻辑功能上的函数的实现。因为这样的逻辑功能中高位依赖于低位，如果没有进位链，对于较大的系统，产生的延迟时间将变得相当长。

2.3.2　Altera 的 CPLD 器件

1. 概述

CPLD 仍是基于与阵列和或阵列来实现用户自定义的逻辑，但无论从密度还是从功能上来看，CPLD 都远远高于 GAL。CPLD 一直在单板设计中扮演黏合逻辑的角色，如控制信号的分发，总线协议的转换，对单板上其他芯片的配置，单板插拔管理和监控。它的逻辑量不大，设计较简单，但是在系统的集成中的作用非常重要。

本节简单介绍 Altera 公司的 MAX7000 系列的 CPLD 器件。

MAX7000 系列是工业界中速度比较快的高集成度可编程逻辑器件系列。MAX7000 系列（包括 MAX7000E、MAX7000S 和 MAX7000A 器件）的集成度为 600 ~ 5 000 可用门，有 32 ~ 256 个宏单元和 36 ~ 155 个用户 I/O 引脚。这些基于 E^2PROM 的器件能够提供组合传输延迟快至 5.0 ns，16 位计数器的频率为 178 MHz。此外，它们的输入寄存器的建立时间非常短，能提供多个系统时钟且有可编程的速度/功率控制。MAX7000E 器件具有最高的集成度，是 MAX7000 系列的增强型。MAX7000S 器件也具有 MAX7000E 器件的增强特性，通过工业标准 4 引脚 JTAG 接口实现在线可编程。

MAX7000 系列器件的特点如下：

①基于第二代 MAX（Multiple Array Matrix）结构的高性能、E^2PROM 的可编程逻辑器件。

②5.0 V 在系统编程能力（ISP），嵌入式 IEEE 标准；MAX7000S 设备中可用 JTAG 接口。

③包括 5.0 V MAX7000 设备和 5.0 V 建立在 ISP 上的 MAX7000S 设备。

④MAX7000S 系列器件内置 JTAG BST 电路。

⑤有着从 600 ~ 5 000 可用逻辑门的完备 CPLD。

⑥5 ns 的管脚延迟，和高达 175.4 MHz 计数频率。

⑦PCI 设备可用。

⑧44 到 208 个引脚的各式封装：J 型引线塑料片或载体（PLCC）、针栅阵列（PGA）、四边形引线扁平封装（QFP）和 1.0 mm 薄的四边有引线扁平封装（TQFP）。

⑨EPM7032V 为 3.3 V，所有器件（除了 44 引脚的器件外）为 3.3 V 或 5.0 V I/O 电平，MAX7000A 器件引脚与低电压兼容。

MAX7000E 系列器件包括 EPM7128E、EPM7160E、EPM7192E 和 EPM7256E，它们有一些增强特性：附加全局时钟，附加输出使能控制端，增加连线资源，快速输入寄存器和可编程的摆动率。

具有在系统可编程能力的 EPM7000 叫做 MAX7000S 系列，它包括 EPM7032S、EPM7064S、EPM7128S、EPM7160S、EPM7192S 和 EPM7256S 器件。MAX7000S 系列不仅具备 MAX7000E 的增强特性，还含有 JTAG BST 电路、128 个甚至更多的宏单元、ISP 和一个漏极开路输出选择。

MAX7000 可实现多种封装形式，包括 PLCC、PGA、PQFP 和 TQFP 封装形式。

MAX7000E 和 MAX7000S 器件提供减缓输出缓冲器的电压摆动率选择项，以降低不要求速度延迟信号的开关噪声。所有 MAX7000 器件(除了 44 管脚器件之外)的输出驱动器能设置在 3.3 V 或 5.0 V 电压下工作,并且允许 MAX7000 器件在混合电压的系统中使用。

2. MAX7000 系列 CPLD 的结构

(1)功能描述

MAX7000 结构包括以下几个部分:

①逻辑阵列块;

②宏单元;

③扩展乘积项(共享和并联);

④可编程连接阵列;

⑤I/O 控制单元。

另外,MAX7000 结构还包括 4 个专用输入,它们用做通用输入,或作为每个宏单元和 I/O 引脚的高速、全局的控制信号(时钟、清除和 2 个输出使能)。MAX7000E 和 MAX7000S 器件结构如图 2.13 所示。

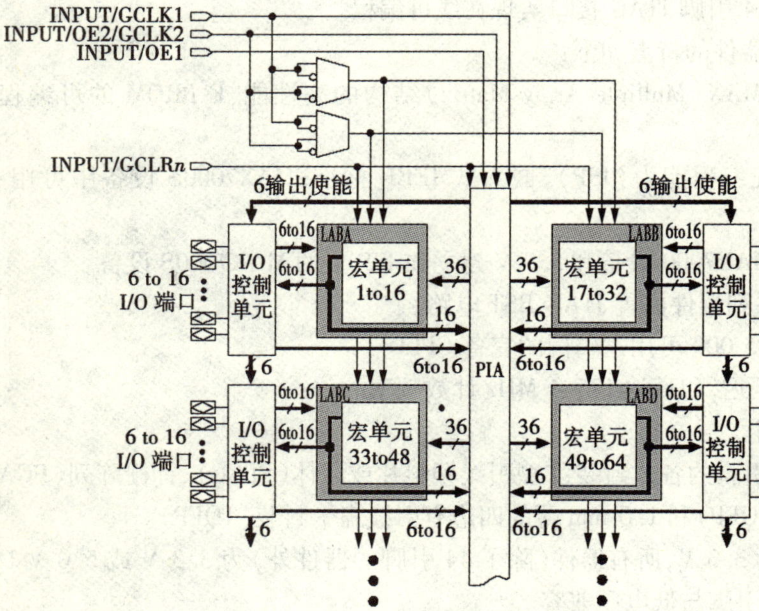

图 2.13 MAX7000E 和 MAX7000S 器件结构图

(2)逻辑阵列块

MAX7000 结构中高性能、灵活的逻辑阵列模块称为逻辑阵列块(LAB)。LAB 由 16 个宏单元阵列组成。多个 LAB 通过可编程阵列(PIA)和全局总线连接在一起,全局总线由所有的专用输入、I/O 引脚和宏单元馈给信号。

每个 LAB 有如下输入信号:

①来自通用逻辑输入的 PIA 的 36 个信号;

②用于寄存器辅助功能的全局控制信号;

③从 I/O 引脚到寄存器的直接输入通道，用以实现 MAX7000E 和 MAX7000S 器件的快速建立时间。

(3)宏单元

MAX7000 宏单元能够单独配置为时序逻辑和组合逻辑工作方式。宏单元由 3 个功能块组成：逻辑阵列、乘积项选择矩阵和可编程的寄存器。MAX7000E 和 MAX7000S 器件的宏单元如图 2.14 所示。

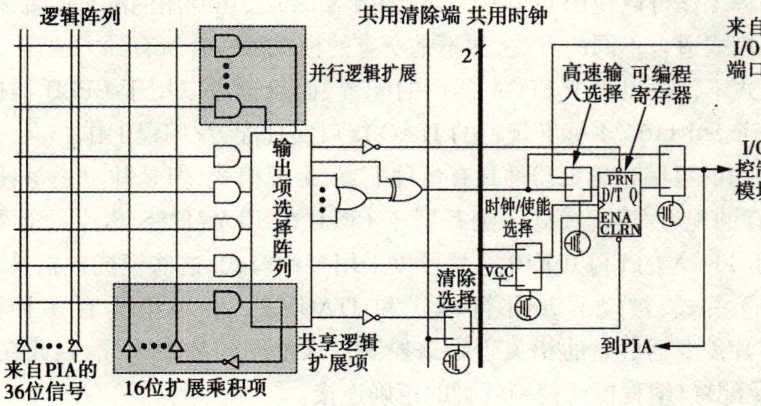

图 2.14　MAX7000E 和 MAX7000S 器件宏单元

逻辑阵列用来实现组合逻辑，它给每个宏单元提供 5 个乘积项。乘积项选择矩阵分配这些乘积项，作为到或门和异或门的主要输入，以实现组合函数；或者把这些乘积项作为宏单元中触发器的辅助输入：清除、置位、时钟和时钟使能控制。有两种扩展乘积项可以为宏单元提供所需的逻辑资源：一是共享扩展项，就是反相后反馈到逻辑阵列的乘积项。二是并联扩展项，就是可以从邻近的宏单元借出的乘积项。

Quartus Ⅱ 和 MAX + PLUS Ⅱ 软件可根据设计的逻辑要求，自动优化乘积项的分配。

每个宏单元的触发器作为寄存器可以单独编程为具有可编程时钟控制的 D、T、J - K 或 S - R 触发器工作方式。根据具体情况，可把寄存器旁路以实现组合逻辑工作方式。在设计输入时，用户规定所希望的触发器类型，然后 Quartus Ⅱ 和 MAX + PLUS Ⅱ 软件根据每一个寄存器功能选择最有效的触发器工作方式，以使设计所需器件资源最少。

2.3.3　Altera 的可编程逻辑器件的配置/编程

可编程逻辑器件分为复杂可编程逻辑器件(CPLD)和现场可编程门阵列(FPGA)两种。CPLD 采用 E^2PROM 存储器存储被下载的文件，这是一种非易失性存储器，一旦完成设计文件的下载，即使系统断电也不会丢失数据。而 FPGA 采用 SRAM 存储器存储被下载的文件，这是一种易失性存储器，每次应用系统上电都必须向器件重新下载文件。向 CPLD 器件下载文件的操作称为编程(Programming)，向 FPGA 器件下载文件的操作称为配置(Configuring)。

1. 配置/编程模式

Altera 公司的可编程逻辑器件具有 7 种配置/编程模式:被动串行(Passive Serial,PS)模式、主动串行(Active Serial,AS)模式、被动同步并行(Passive Parallel Synchronous,PPS)模式、快速被动并行(Fast Passive Parallel,FPP)模式、被动异步并行(Passive Parallel Asynchronous,PPA)模式、被动异步串行(Passive Serial Asynchronous,PSA)模式以及 JTAG 模式。

配置/编程工作可以使用 PC 处理芯片或者 Altera 公司专用的配置芯片来实现。不同的配置/编程模式适合不同的方法,并不是所有的模式都适合所有的方法。

JTAG 模式不仅可以用于 FPGA 器件的配置,而且也可以用于 CPLD 器件的编程,该模式使用 IEEE Std 1164. 1 标准规定的 JTAG 接口实现配置/编程工作。

Altera 公司的可编程逻辑器件具有多种配置/编程模式,但是并不是每种可编程逻辑器件支持所有的配置/编程模式。编程属于 CPLD 的 EPM7128S 芯片只能采用 JTAG 模式。配置属于 FPGA 的 EPF10K10 芯片可以采用多种模式,这些模式包括被动串行模式、被动同步并行模式、被动异步并行模式和 JTAG 模式。对于具有多种配置模式的 EPF10K10 芯片需要通过它的相关管脚来控制进入不同的配置模式,因此在电路设计时需要注意涉及配置/编程模式控制管脚的正确连接。

2. 下载电缆的说明

利用 PC 向可编程逻辑器件传送配置/编程数据可以使用 PC 的并行输出端口、串行输出端口、USB 端口、也可以使用网络端口。连接 PC 和可编程逻辑器件的转换电路通常被称为下载电缆;使用并行输出端口时,可以使用 ByteBlaster、ByteBlasterMV 或者 ByteBlaster Ⅱ 下载电缆;使用串行输出端口时,可以使用 BitBlaster 或者 MasterBlaster 下载电缆;使用 USB 端口时,可以使用 USB-Blaster 或者 MasterBlaster 下载电缆;使用网络端口时,可以使用 EthernetBlaster 下载电缆。

相对来说,在使用并行输出端口的情况下,连接 PC 和可编程逻辑器件的转换电路比较简单。上述用于并行端口的 3 种下载电缆都支持 EPM7128S 芯片和 EPF10K10 芯片的配置/编程,这里简要介绍 ByteBlasterMV 下载电缆。

(1) ByteBlasterMV 下载电缆

ByteBlasterMV 下载电缆使用“25 - Pin Male Header Connections”插头与 PC 的并行输出端口连接,使用“10 - Pin Plug Connections”插座与应用系统电路板连接。可编程逻辑器件再与该插座相连接。

(2) JTAG 配置/编程模式

JTAG 配置/编程模式支持 EPF10K10 芯片的配置和 EPM7128S 芯片的编程。图 2. 15 为 EPM7128S 芯片编程电路,这里只画出需要与“10 - Pin Plug Connections”插座连接的芯片管脚。

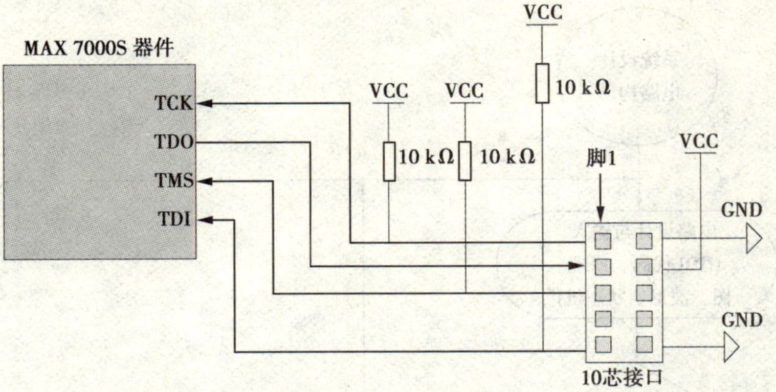

图 2.15　EPM7128S 芯片编程电路图

2.4　FPGA/CPLD 的设计流程及常用开发工具

2.4.1　FPGA/CPLD 的设计流程

一般来说，完整的 FPGA/CPLD 设计流程包括电路设计与输入、功能仿真、综合优化、综合后仿真、实现与布局布线、布局布线后仿真与验证、板级仿真与验证和加载配置与调试等步骤，如图 2.16 所示。具体描述如下。

1. 电路设计与输入

电路设计与输入是指通过某些规范的描述方式，工程师将电路构思输入给 EDA 工具。常用的设计输入方法有硬件描述语言（HDL）和原理图设计输入方法等。原理图设计输入法根据设计要求，选择器件，绘制原理图，完成输入过程。这种方法的优点是直观、便于理解、元器件库资源丰富。但是在大型设计中，这种方法的可维护性较差，不利于模块构造与重用。更主要的不足是当所选用的芯片升级换代后，所有的原理图都要做相应的改动。由此给工程设计带来了不便。目前进行工程设计时，常用的设计方法是 HDL 设计输入法，其中使用广泛的 HDL 语言是 VHDL 和 Verilog HDL。波形输入和状态机输入方法是两种常用的辅助设计输入方法，使用波形输入法时，设计者只要绘制出激励波形和输出波形，EDA 软件就能自动地根据响应关系进行设计；使用状态机输入法时，设计者只需画出状态转移图，EDA 软件就能生成相应的 HDL 代码或原理图，使用方便。这里需要指出的是，波形输入和状态机输入方法只能在一些特殊的情况下缓解设计者的工作量，不适合所有的设计。

2. 功能仿真

电路设计完成以后，要用专用的仿真工具对设计进行功能仿真，验证电路功能是否符合设计要求。功能仿真有时也被称为前仿真，通过仿真能及时发现设计中的错误，加快设计进度，提高设计的可靠性。

3. 综合优化

综合优化（Synthesize）是指将硬件描述语言、原理图等设计输入翻译成由与、或、非

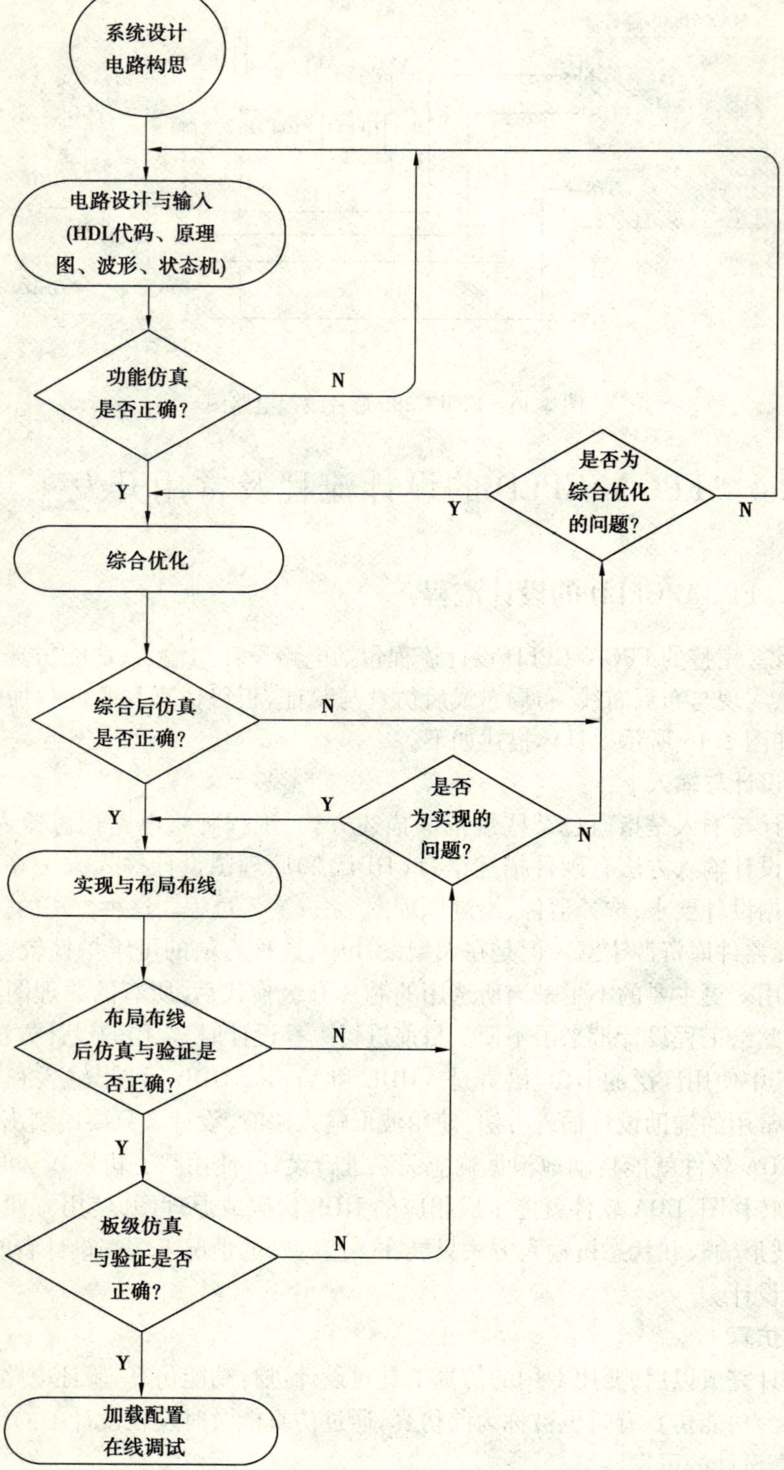

图 2.16　FPGA/CPLD 设计流程

门,RAM,触发器等基本逻辑单元构成的逻辑网表,并根据目标与要求(约束条件)优化所生成的逻辑连接,输出 edf 和 edn 等标准格式的网表文件,供 FPGA/CPLD 厂商的布局布线器件进行实现。

4. 综合后仿真

综合优化完成后需要检查综合结果是否与原设计一致,称为综合后仿真,可估计门延时带来的影响。但是只能估计门延时,不能估计线延时,仿真结果与布线后的实际情况还有一定的差距,不是十分准确。这种仿真的主要目的在于检查综合器的综合结果是否与设计输入一致。

5. 实现与布局布线

综合优化的本质是生成一些由与、或、非门,触发器,RAM 等基本逻辑单元组成的逻辑网表,它与芯片的实际配置情况还有较大差距。此时应该使用 FPGA/CPLD 厂商提供的软件工具,根据选择芯片的型号,将综合输出的逻辑网表适配到具体的 FPGA/CPLD 器件上,这个过程就叫做实现。在实现过程中最主要的是布局布线,所谓布局是指将逻辑网表中的硬件原语或者底层单元合理地适配到 FPGA 内部的固有硬件结构上,布局的优劣对设计的最终实现结果(速度和面积两个方面)影响很大;所谓布线是指根据布局的拓扑结构,利用 FPGA 内部的各种连线资源,正确连接各个元件的过程。FPGA 的结构相对复杂,为了获得更好的实现结果,一般采用时序驱动的引擎进行布局布线,所以对于不同的设计输入,特别是不同的时序约束,获得的布局布线结果会有较大差异。CPLD 的结构相对简单一些,其资源有限而且布线资源一般为交叉连接矩阵,所以 CPLD 的布局布线过程相对简单一些,通常被称为适配过程。

6. 时序仿真

将布局布线的延时信息反标注到设计网表中,所进行的仿真叫做时序仿真。布局布线之后生成的仿真延时文件包含的延时信息最全,不仅包含门延时,还包含实际布线延时,所以布线后仿真最准确,能较好地反映芯片的实际工作情况。通常,布线后必须进行仿真,通过布局布线后仿真能检查设计时序与 FPGA 实际运行情况是否一致,确保设计的可靠性和稳定性。

7. 板级仿真与验证

在一些高速设计的情况下,还需要用到第三方的板级验证工具进行仿真与验证,分析高速设计的信号完整性、电磁干扰等电路特性。

8. 加载配置与调试

如果编译、综合、布线/适配和行为仿真、功能仿真、时序仿真等过程都没有发现问题,可以判断满足原设计要求,则可以将由 FPGA/CPLD 布线/适配器产生的配置/下载文件通过编程器或下载电缆载入到目标芯片 FPGA/CPLD 中。

最后步骤就是在线调试或者将生成的配置文件写入芯片中进行调试。

2.4.2　常用开发工具

EDA 的核心是利用计算机自动完成电子系统的完整设计,因此 EDA 设计软件是必不可少的。目前各种开发软件已经发展得相当完善,例如 Altera 公司上一代的 PLD 开发软件 MaxplusⅡ,使用者众多,但是 Altera 已经停止开发 MaxplusⅡ,而转向新一代 QuartusⅡ软件平台的使用开发。QuartusⅡ适合更大规模 FPGA/CPLD 的开发。其他相关软件,例如 DSP Builder 软件是 QuartusⅡ与 Matlab/Simulink 的接口,利用 IP 核在 Matlab/Simulink 中快速完成数字系统的仿真和 FPGA 的最终实现;SOPC Builder 软件配合 QuartusⅡ,可以完成 NiosⅡ软件 CPU 的开发工作。

根据设计流程和功能的划分,EDA 工具主要分为设计输入工具、综合工具、仿真工具、实现与优化工具、后端辅助工具、验证与调试工具、系统级设计环境等类别。

1. 设计输入工具

设计输入是工程设计的第一步,常用的设计输入方法有 HDL 语言输入、原理图输入、IP Core 输入等方法。

HDL 语言输入方法应用最为广泛,目前业界最流行的 HDL 语言是 VHDL 和 Verilog HDL。通常来说,任何文本编辑器都可以完成 HDL 语言输入。QuartusⅡ内嵌的文本编辑器是 Text Editor,它能根据语法来彩色显示关键字。

原理图设计输入方式在早期应用广泛,目前已经逐渐被 HDL 语言输入方式所取代,仅在有些设计的顶层描述时才会使用。在此,建议初学者尽量采用 HDL 语言来设计电路。QuartusⅡ内嵌的原理图编辑器是 Schematic Editor。

IP Core 输入方式是 FPGA 设计中的一个重要设计输入方式。所谓 IP Core,指的是已经设计好且受知识产权保护的标准模块单元。QuartusⅡ的 IP Core 生成器是 Megafunctions/Mega Wizard ,它能生成的 IP 核功能很多,从简单的基本设计模块到复杂的处理器等一应俱全,适当地使用 IP Core 能大幅度地减轻设计者的设计工作量,提高设计质量。

2. 综合工具

目前,主流的综合工具有多款,本文只介绍两种综合工具。一种是 Synopsys 公司的 FPGA CompilerⅡ/Express,另外 QuartusⅡ内嵌了自己的综合工具。

Synopsys 公司的 FPGA Express 是最早的 FPGA/CPLD 综合工具之一。FPGA Express 的综合结果比较忠实于原设计,其升级版本 FPGA CompilerⅡ是最好的 ASIC/FPGA 设计工具之一。

QuartusⅡ内嵌综合工具。虽然 Altera 设计综合软件的经验还不够丰富,但是只有 Altera自己对其芯片的内部结构最了解,所以其内嵌综合工具的一些优化策略甚至优于其他的专业综合工具。

3. 仿真工具

目前使用最多的仿真工具是 ModelSim。还有其他的仿真工具,这里不一一介绍,主要介绍 ModelSim。ModelSim 可以说是业界最流行的仿真工具之一。主要特点是仿真速度快、仿真精度高。它支持 VHDL、Verilog HDL 以及 VHDL 和 Verilog HDL 混合编程的仿真。

4. 实现与优化工具

QuartusⅡ集成的实现工具主要有 Assignment Editor(约束编辑器)、LogicLock(逻辑锁定工具)、PowerFitter(布局布线器)、Timing Analyzer(时序分析器)、Floorplan Editor(布局规划器)、Chip Editor(底层编辑器)、Design Space Explorer(设计空间管理器)和 Design

Assistant(检查设计可靠性)等。如果能较好地掌握这些工具,将大幅度提高设计者的水平,使设计者工作更加游刃有余。

Assignment Editor 是图形界面的用户约束输入工具。约束文件包含时钟属性、延时特性、管脚位置、寄存器分组、布局布线要求和特殊属性等信息,这些信息指导实现过程,是由用户设计的决定电路实现的目标与标准。设计约束文件有较高的技巧性。

LogicLock 用以完成模块化设计流程,通过划分每个模块的设计区域单独设计和优化每个模块,最后将每个模块融合到顶层设计中。

Timing Analyzer 用以定位、分析并改善设计的关键路径,从而提高设计的工作频率。

Floorplan Editor 用以观察、规划、修改芯片内部的实际布局布线情况,是用户分析设计结构、指导布局布线的重要工具。

Chip Editor 可以观察芯片时序的关键路径,将 Chip Editor 与 SignalTapⅡ和 SignalProbe 调试工具配合使用,可以加快设计验证以及增量化修改在设计验证期间未解决的错误。

Design Space Explorer 是控制 QuartusⅡ布局布线的另一种有效方法。

Design Assistant 用以检查设计的可靠性,在 Hard Copy 设计流程中非常有用。

5. 后端辅助工具

QuartusⅡ内嵌的后端辅助工具主要有以下几种:Assembler(编程文件生成工具)是 QuartusⅡCompiler 的一个内嵌工具,用以完成 FPGA/CPLD 配置文件的生成;Programmer(下载配置工具)是 QuartusⅡ内嵌的下载编程工具,用于对 FPGA/CPLD 下载配置;PowerGauge 是 QuartusⅡ内嵌的功耗仿真器,用以估算设计的功耗。

6. 验证与调试工具

QuartusⅡ内嵌的调试工具有 SignalTapⅡ(在线逻辑分析仪)和 SignalProbe(信号探针),两者功能配合使用,用以分析器件内部节点和 I/O 引脚上的信号。SignalTapⅡ逻辑分析仪使用内嵌的逻辑分析器将信号数据通过 JTAG 端口送往 SignalTapⅡ逻辑分析器或者外部逻辑分析仪或示波器。SignalProbe 采用增量式路由方式,将选定信号送往外部逻辑分析仪或示波器。

本章小结

本章主要介绍了 FPGA/CPLD 的基础结构,FPGA/CPLD 的设计流程,常用 EDA 工具的分类与功能。通过本章的学习,读者应该掌握 FPGA/CPLD 的基本原理、结构特点与应用。明确 FPGA 与 CPLD 的异同。

习　题

1. 可编程逻辑器件和分立的数字逻辑器件有何不同?
2. 因为绝大多数 FPGA 是易失性的,所以在每次上电时必须做什么?
3. CPLD 开发软件最常用的两种设计输入方法是什么?
4. CPLD 开发软件的编译器的功能是什么?

第 3 章 开发软件的操作

【内容提要】

本章主要针对用于电子系统设计的 EDA 开发软件 MAX + plus Ⅱ和 Quartus Ⅱ,介绍两种软件的特点、功能及安装过程,并详细介绍 MAX + plus Ⅱ和 Quartus Ⅱ在 EDA 数字电路系统设计中的设计流程。

3.1 MAX + plusⅡ软件综述

MAX + plusⅡ是美国 Altera 公司自行设计的第三代可编程逻辑器件的 EDA 开发工具。它结合了框图界面和交互仿真能力的系统级设计和仿真工具,不用搭建硬件电路,即可对自己的设计进行调试、验证,借助模拟示波器等虚拟设备直观显示仿真动态结果,提供了一种真正与器件结构无关的集成设计环境。设计者可以在友好的界面下很简便、高效地设计出各种复杂的专用 IC。MAX + plusⅡ软件功能全面,支持原理图、HDL 语言、波形图和混合设计等多种输入方式,可以在多种平台上运行,其丰富的图形界面和完整的、可即时访问的在线帮助文档,使设计人员能够轻松愉快地学习和掌握使用方法,方便地实现设计目的。

作为最流行的 EDA 开发软件,MAX + plusⅡ为设计人员提供的丰富功能以及灵活的操作界面是其他同类软件所无可比拟的。概括起来,MAX + plusⅡ开发软件主要有以下几个特点:

(1)支持多种操作平台

MAX + plusⅡ软件可在基于 WindowsNT3.51、WindowsNT4.0、Windows95、Windows98 或 Windows2000 的操作系统下运行,也可以在 Sun SPARC Station、HP9000Series 700/800 和 IBM RISC System/6000 工作站上运行。

(2)提供开放性的界面

MAX + plusⅡ是 Altera 公司的 EDA 软件,但它可以与其他工业标准的设计输入、综合与校验工具相连接,支持与 Candence、Exemplarlogic、MentorGraphics、Synopsys、Synplicity、Viewlogic 等公司提供的 EDA 工具接口。

(3)提供与结构无关的设计环境

MAX + plus Ⅱ系统的核心编译器(Compiler)支持 Altera 公司的 FLEX、MAX、Classic 和 ACEX 系列的可编程逻辑器件,提供了与结构无关的可编程逻辑环境。MAX + plus Ⅱ软件的编译器还提供了强大的逻辑综合与逻辑优化功能,使设计人员可以容易地把设计下载到器件中。

(4)支持多种输入方式

MAX + plus Ⅱ软件支持原理图、HDL 语言和波形图等多种设计输入方式。其中,HDL 设计输入选项包括 VHDL、Verilog HDL 和 Altera 公司的 AHDL。

(5)提供丰富的设计库

MAX + plus Ⅱ软件提供丰富的库单元供设计人员调用,其中包括 74 系列的全部器件和多种特殊的逻辑宏功能(Macro Function)模块库,以及新型的参数化的兆功能(MegaFunction)库等。调用库单元进行设计,可以大大减轻设计人员的工作量,缩短设计周期。

(6)提供高度集成化的开发环境

MAX + plus Ⅱ软件将设计输入、编译处理、仿真校验和器件编程等功能全部集成在统一的开发环境下,提供了更加方便、快捷的设计工具和开发平台,这样可以加快动态测试,缩短设计周期,降低开发成本。

(7)具有模块化的设计工具

MAX + plus Ⅱ软件允许设计人员从各种设计输入、处理和校验等选项中进行选择,以满足不同用户的需求。根据设计需要,设计人员还可以在原有功能的基础上添加新的功能。MAX + plus Ⅱ软件具有开放内核的特性,它允许设计人员增添自己认为有价值的宏函数。

(8)提供 Megacore(兆核)功能

MAX + plus Ⅱ软件为复杂的系统级设计提供了 Megacore 功能,减少了设计时间。经过校验的 HDL 网络表文件,可以合理地利用器件资源,使可编程逻辑器件实现最优化的设计。

3.1.1 软件的功能简介及支持的器件

MAX + plus Ⅱ开发软件的主要功能如下:

1. 支持设计输入方式

MAX + plus Ⅱ开发软件支持的多种输入方式如下:

(1)基于图形编辑器创建的原理图设计文件;

(2)基于文本编辑器创建的 HDL 文本文件;

(3)基于波形编辑器创建的波形输入设计文件;

(4)基于其他常用的 EDA 工具产生的输入文件,如 EDIF 文件。

2. 提供设计编译

MAX + plus Ⅱ软件在处理一个设计时,通过编译器可以完成设计项目的规则检查、逻辑综合(Logic Synthesizer)与自动适配(Fitter)、多器件划分、错误自动定位、定时驱动编辑和开放核环境等功能。同时,在设计文件中读出信息,并产生报告文件、编程文件和用于时序仿真的输出文件等。

(1)设计规则检查

MAX + plus Ⅱ/Compiler 包括设计规则检查器(Design Doctor)。该程序将检查项目中的所有设计文件,能够发现在编程器件中可能存在的可靠性不好的逻辑。

(2)逻辑综合与适配

MAX + plus Ⅱ/Compiler 的逻辑综合模块对设计方案进行逻辑综合并能看到设计实现的真实结果,该模块选择合适的逻辑化简算法,去除冗余逻辑,确保尽可能有效地利用器件的逻辑资源,还可以去除设计方案中没用的逻辑。Altera 提供三种综合方式:NORMAL(正常)、FAST(快速)、WYSIWYG(我行我素)。

(3)多器件划分

如果一个设计文件较大,一个器件放不下,MAX + plus Ⅱ 软件可以自动或由设计人员将一个大的设计文件划分为几个小的文件,装入多个器件中,注意划分时尽量减少器件的数量以及减少器件之间的引脚数目。

(4)错误自动定位

MAX + plus Ⅱ 软件的 Message Processor 与 MAX + plus Ⅱ 的所有应用程序通信,可以给出警告信息、错误信息等。设计人员可利用它自动打开有错误的文件,并以高亮度方式显示错误位置。

(5)定时驱动编辑

MAX + plus Ⅱ/Compiler 可以实现用户指定的定时要求,如传播延时、时钟到输出的延时、建立时间和时钟频率等。设计人员可以为选定的逻辑功能指定定时要求,也可以把设计作为一个整体来指定定时要求。Fitter 的报告文件中详细说明了设计中的定时要求是如何实现的。

(6)编程文件的产生

装配程序(Assembler)模块为一个已编译的设计创建一个或多个编程目标文件(.pof)、JEDEC 文件(.jed)或 SRAM 目标文件(.sof)。MAX + plus Ⅱ 软件的编程器使用这些文件和标准的 Altera 硬件对器件进行编程。使用工业标准的其他编程设备也可对器件编程。

(7)工业标准输出格式

MAX + plus Ⅱ/Compiler 可以建立多种仿真环境里使用的网表,这些网表包含结合后的功能,以及其他标准设计校验工具进行器件级或板级仿真时使用的定时信息。

3. 提供设计验证

MAX + plus Ⅱ 软件通过定时分析器可以对设计项目进行功能仿真、时序仿真、波形分析、定时分析等验证,其作用是测试逻辑操作和设计的内部定时。

(1)仿真

编译成功的设计并不一定完全正确,只有通过仿真才能验证电路是否真正达到设计要求。MAX + plus Ⅱ 软件的仿真器具有很强的灵活性,可以控制对单器件或多器件设计的仿真。仿真器使用编译期间生成的二进制仿真网表文件进行功能、时序仿真,或者把组合连接起来的多个器件作为一个设计进行仿真。仿真结果可以在波形编辑器或文本编辑器中看到,也可以作为波形文件或文本文件打印出来。

(2)定时分析

MAX + plus Ⅱ软件的定时分析器(Timing Analyzer)可以计算器件引脚及内部节点间的传输路径延时、时序逻辑的性能(最高工作频率、最小时钟周期)及器件内部各种寄存器的建立时间与保持时间。MAX + plus Ⅱ的设计输入工具与定时分析器集成在一起,这样只需简单地将设计中的起点和终端加上标志即可确定最短与最长的传播延时。

4. 提供器件的编程与配置

MAX + plus Ⅱ/Programmer 是使用编译器生成的编程文件对可编程逻辑器件进行编程的,它可以用来对器件编程、校验、试验,检查是否空白以及进行功能测试等。

MAX + plusⅡ开发软件主要支持 Altera 公司的三大类近 8 个系列的 PLD 器件:多阵列结构的 MAX9000、MAX7000、MAX3000 和 Classic 系列;柔性阵列结构的 FLEX10K、FLEX8000 和 FLEX6000 系列;先进阵列结构的 ACEX1K 系列。

3.1.2　软件的安装与系统配置

1. 软件的安装

目前,Altera 公司为用户提供了三种版本的 MAX + plus Ⅱ开发软件,它们之间的差异主要是功能的配置和软件的授权不同,而安装方法基本相同。下面以基于 WindowsXP 操作系统的安装为例,介绍 MAX + plus Ⅱ10.2 的安装过程。

(1)软件系统的安装

MAX + plus Ⅱ开发软件的安装十分简单,只需在安装向导的指引下,按步骤的顺序执行,即可完成安装。

(2)软件系统的授权许可设置

在 MAX + plus Ⅱ开发软件安装完成之后,还必须安装硬件狗和注册文件。如果软件带有硬件狗,则在用户使用前将硬件狗安装在计算机的并行口上。当第一次运行时,还必须得到授权,设置注册文件。如果使用的是商业版,则软件自带注册文件;如果不是商业版,则需上网申请注册文件。注册文件设置的步骤如下:

① 将光盘中的 license _ m _ q. dat 文件或申请到的 license. dat 有效注册文件,复制到 MAX + plus Ⅱ的安装目录\maxplus2 文件夹下。

② 启动软件系统,进入 MAX + plus Ⅱ管理窗口。

③ 在 MAX + plus Ⅱ的管理窗口中,执行菜单命令 Options/License Setup,弹出"License Setup"对话框,如图 3.1 所示。

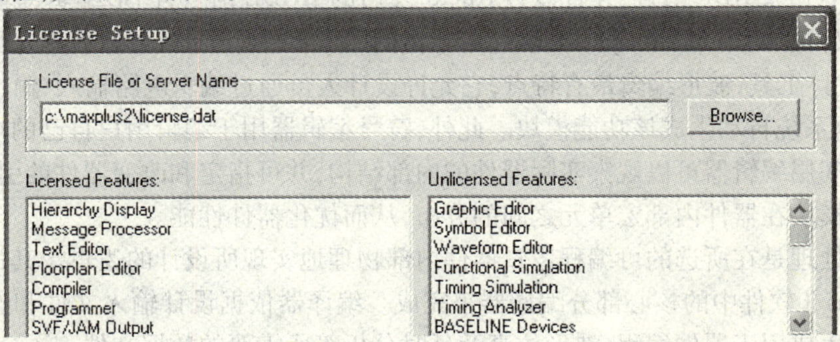

图 3.1　未注册前,功能不可用的"License Setup"对话框

④ 在“License Setup”对话框中,单击“Browse”按钮,从弹出的“License File”对话框中,选择前面操作过程中所复制的\maxplus2\license. dat 注册文件,单击“OK”按钮后,则右边的“Unlicensed Features”栏中的各功能转移到左边的“License Features”中,即可成为可用的功能,表示注册成功,如图 3. 2 所示。

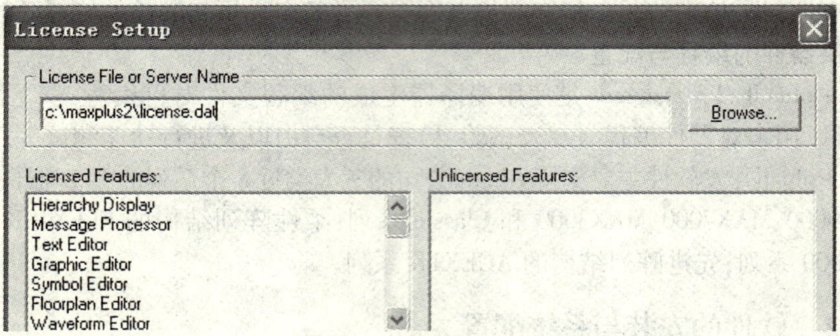

图 3. 2　注册成功,功能可用的“License Setup”对话框

注册文件设置完成后,就可以运行 MAX + plus Ⅱ 开发软件。若在以后的使用中,需要更新注册文件,则按上述步骤重复操作即可。

2. 系统配置要求

①主频 200 MHz 以上的 PC 机;

②WindowsNT4. 0、Windows95、Windows98、Windows2000 或 WindowsXP 操作系统;

③配有并行通信口和 RS - 232 标准串行通信口;

④MAX + plus Ⅱ 软件至少需要 120 MB 的硬盘空间,建议具有 1. 2 GB 以上的硬盘空间;

⑤至少需要 64 MB 内存,对不同器件进行编译需要的内存也各不相同。

3. 2　MAX + plus Ⅱ 的设计指南

MAX + plus Ⅱ 主要由设计输入、项目处理、项目校验和器件编程四大部分组成,其结构如图 3. 3 所示。

设计输入中的输入方式有三种:文本编辑、图形编辑和波形编辑。文本编辑方式支持 VHDL 和 Verilog HDL 语言,并且兼容 Altera 公司的 AHDL 语言;图形编辑即输入电路原理图,不仅可以使用 MAX + plus Ⅱ 软件中丰富的图形器件库,而且可以使用几乎全部的标准 EDA 设计工具;波形编辑最有特点,它允许设计人员通过编辑电路输入/输出波形的逻辑关系,由系统自动生成该功能模块。此外,符号编辑器用于编辑用户自己的功能模块符号。通过底层编辑器可以观察实际器件的内部结构,并可指定和改变器件的引脚分布,或者调整各模块在器件内部宏单元之间的分布,从而优化器件性能。

项目处理是在所选的可编程逻辑器件内部物理地实现所设计的逻辑。其过程主要由 MAX + plus Ⅱ 软件中的核心部分编译器来完成。编译器依据设计输入文件和选定的目标器件自动生成用于器件编程、波形仿真及延时分析等所需要的数据文件。

项目校验部分由仿真器、延时分析器和波形编辑器组成。仿真器和延时分析器利用

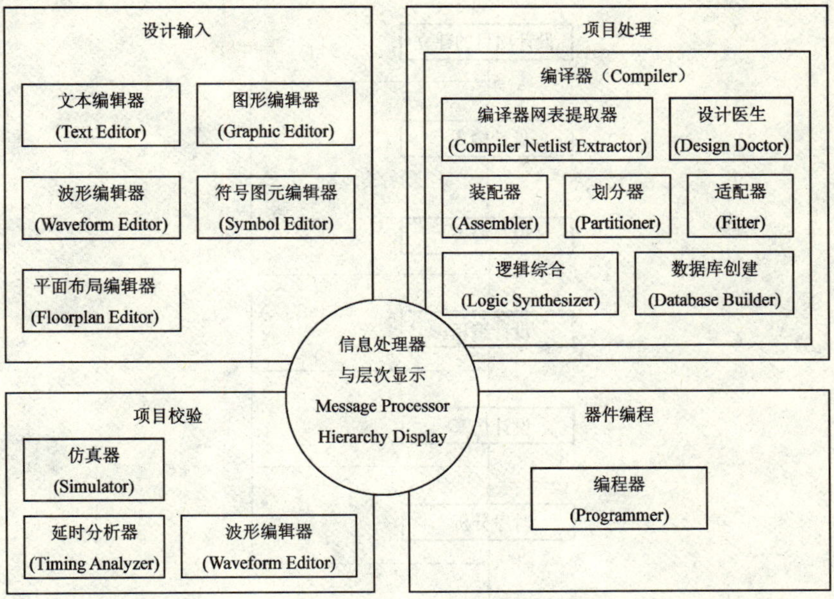

图 3.3　MAX + plus Ⅱ结构框图

编译器产生的数据文件自动完成逻辑功能和延时特性仿真。在仿真文件中加载不同的激励,可以观察中间结果以及输出波形。

器件编程部分由编程器构成。在仿真结果正确后,就可以进行器件编程,即通过编程器将编译产生的数据文件下载到实际芯片中。下载之后,仍需进行动态仿真,因为前面的仿真属于静态时序仿真,并未涉及实际器件。动态仿真是将实际信号送入实际芯片中进行的时序验证,最后测试芯片在系统中的实际运行性能。

上述四大部分彼此独立,系统使用信息处理器和层次显示将这四大部分结合起来,任何一个操作内的信息都可以通过信息处理器显示出来,供设计人员参考。

使用 MAX + plus Ⅱ开发软件进行设计的整个流程如图 3.4 所示。本节以下内容将详细介绍 EDA 的设计过程。

3.2.1　MAX + plus Ⅱ的启动及工具按钮的使用

在 MAX + plus Ⅱ软件安装完成之后,用户可以双击桌面“”图标,或单击“开始”按钮,打开“程序”菜单,选择“MAX + plus Ⅱ10.2 Baseline”选项,即可启动软件系统。

MAX + plus Ⅱ管理器是用户启动 MAX + plus Ⅱ软件时打开的第一个窗口,它对所有 MAX + plus Ⅱ软件的应用功能进行控制,如图 3.5 所示。“MAX + plus Ⅱ Manager”由菜单栏、主工具栏、工具栏、工作区、标题栏和状态栏构成。

1. 菜单栏

MAX + plus Ⅱ软件的菜单栏包括各种操作命令和参数设置,在没有打开任何项目文件时,“MAX + plus Ⅱ Manager”主要由 MAX + plus Ⅱ、File、Assign、Options 和 Help 5 个下拉菜单构成。

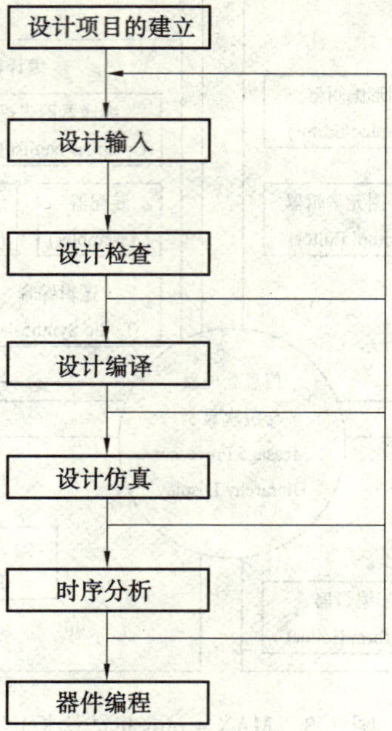

图 3.4　MAX + plus Ⅱ开发软件设计流程

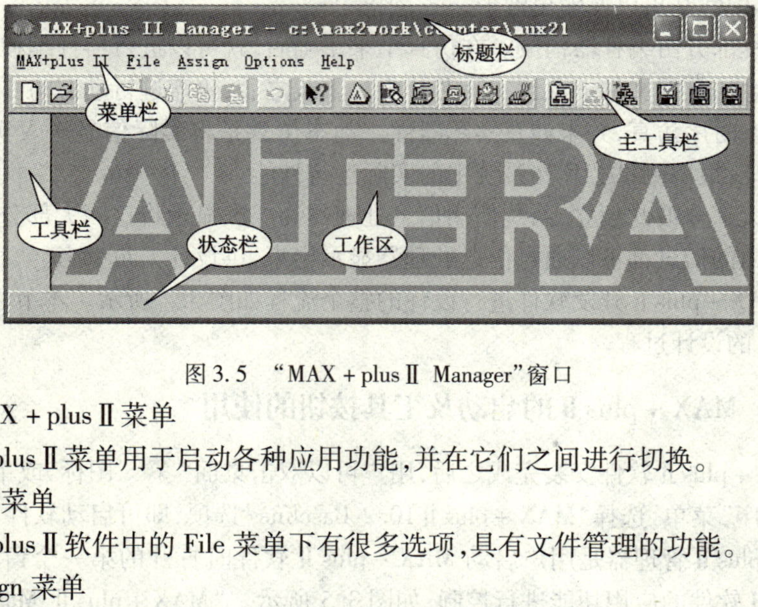

图 3.5　“MAX + plus Ⅱ Manager”窗口

(1) MAX + plus Ⅱ菜单

MAX + plus Ⅱ菜单用于启动各种应用功能,并在它们之间进行切换。

(2) File 菜单

MAX + plus Ⅱ软件中的 File 菜单下有很多选项,具有文件管理的功能。

(3) Assign 菜单

Assign 菜单主要用于设置设计项目的一些参数,为编译、仿真等做准备工作。

(4) Options 菜单

Options 菜单的功能是设置 MAX + plus Ⅱ软件本身的一些参数。

(5) Help 菜单

Help 菜单用于打开各种帮助文件和说明文件。

2. 工具栏

为了方便设计人员的使用，MAX + plus Ⅱ开发软件提供了用于各种操作的工具栏，位于菜单栏下方的是主工具栏，它是各菜单功能的快捷按钮组合区。位于左侧的工具栏，随着工作区打开不同的设计输入编辑器，其显示的工具按钮也不同。使用这些工具栏中的操作按钮可以完成设计过程中的各种操作。

（1）设计文件操作按钮

设计文件工具栏如图 3.6 所示，它提供了用于设计文件操作的 9 个按钮。这些操作按钮与 Windows 下的操作方法基本相同，在此不再赘述。

图 3.6　设计文件工具栏

（2）设计项目处理操作按钮

设计项目处理包括设计项目的建立、编译和仿真等操作。其操作工具栏如图 3.7 所示。

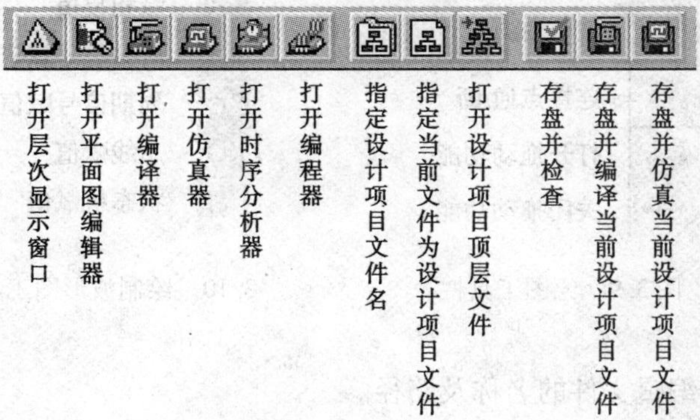

图 3.7　设计项目处理工具栏

（3）设计文件编辑操作按钮

设计文件编辑工具栏共有 7 个按钮和 2 个选择对话框，如图 3.8 所示。

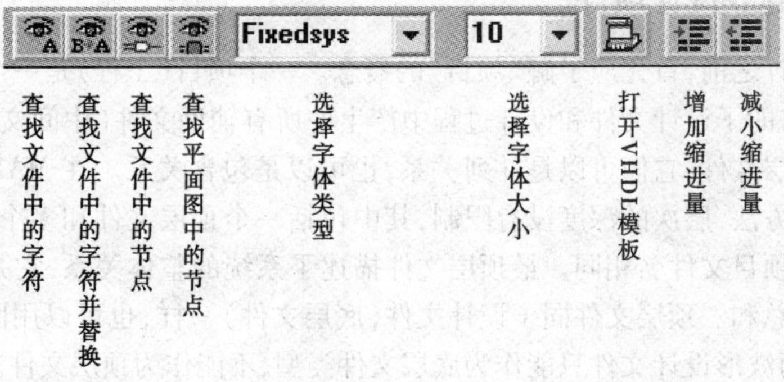

图 3.8　设计文件编辑工具栏

（4）绘图操作按钮

绘图操作按钮如图 3.9 所示，用来完成符号和原理图文件的绘制工作。

(5)绘制波形图操作按钮

绘制波形图操作按钮如图 3.10 所示,主要用来完成波形图文件的绘制工作。

图 3.9　绘图工具栏

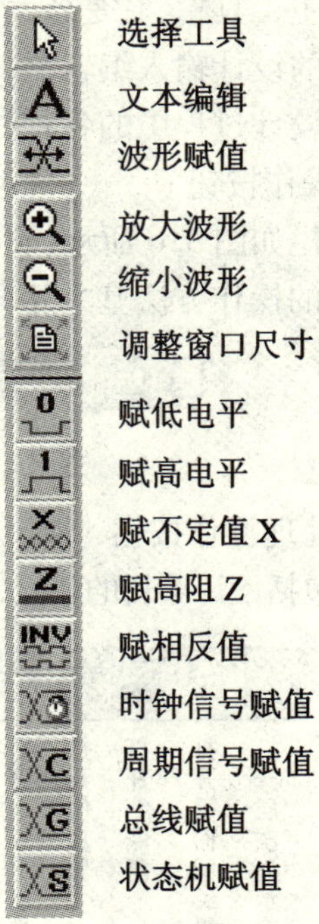

3.10　绘制波形图工具栏

3. 标题栏

用来指明当前编辑文件的名称及路径。

4. 状态栏

当鼠标置于菜单命令和工具栏的某一图标时,状态栏显示其简短描述,起到提示用户的作用。可以通过设置菜单栏中 Options/Preferences 选项打开或关闭状态栏。

3.2.2　建立设计项目

在进入设计之前,首先应了解“项目”的概念。一个项目(工程)是一个系统设计的总和,包含了所有的子设计文件和设计过程中产生的所有辅助文件(中间文件)。所有的子设计文件是底层文件,它们可以是并列关系,也可以是包含关系。在 MAX + plus Ⅱ 中,采用层次化设计方法,层次的深度没有限制,其中包括一个顶层文件和多个底层文件,顶层文件名必须与项目文件名相同。最顶层文件描述了系统的整体关系,它是代表了自底而上所有设计的总和。顶层文件同子设计文件(底层文件)一样,也可以用图形或文本文件方式来描述,而波形设计文件只能作为底层文件类型,不能作为顶层文件。

MAX + plus Ⅱ 开发软件和其他开发软件类似,软件编译器和仿真器的工作对象是设计项目。用户的每个独立设计都必须对应一个设计项目文件,每个项目文件包含一个或多个设计文件,因此,在创建新设计项目之前,设计人员应先建立一个文件夹存放该设计项目的所有文件(注意:不要将所有的设计文件直接存放在硬盘驱动器的根目录下,否则编译不成功)。编译器是对项目中的顶层文件进行编译的,项目文件还管理各中间文件,项目的所有中间文件的文件名相同,仅扩展名不同。建立设计项目的步骤如下:

(1)建立一个存放所有设计项目文件的文件夹,如在C盘"max2work"文件夹下建立一个名为"counter"的文件夹,存储路径为C:\max2work\counter。

(2)启动MAX+plus Ⅱ软件,进入MAX+plus Ⅱ管理窗口。

(3)在MAX+plus Ⅱ管理窗口中,选择File/Project/Name命令,将弹出"Project Name"对话框。

(4)在设计项目名称对话框中,指定驱动器,双击"counter"文件夹,在"Project Name"对话框中输入设计项目名称,如"mux21"。

(5)单击"OK"按钮,完成设计项目的建立,此时MAX+plus Ⅱ窗口的标题栏会显示当前的设计项目名为C:\max2work\counter\mux21。

3.2.3　新建设计文件

创建一个新的设计项目(工程文件)后,下一步就是建立相应的设计文件,包括顶层文件或多个底层文件。在MAX+plus Ⅱ管理窗口中,选择File/New命令,出现图3.11所示的对话框,用于选择设计输入方式,从上至下依次是图形输入方式、符号输入方式、文本输入方式和波形输入方式。

1. 建立图形设计文件

图形编辑器能方便快捷地输入设计原理图。该图形编辑器提供了74系列的300多个元器件可供调用,并且还支持把用文本输入方式设计的功能块生成一个图形符号的功能,在使用该功能模块时,直接调用该模块的图形符号即可。建立图形设计文件的方法如下:

(1) 打开图形编辑器

在图3.11所示的设计文件输入方式对话框中,选择"Graphic Editor file"(图形编辑文件)选项,单击"OK"按钮,将进入图形编辑器窗口。

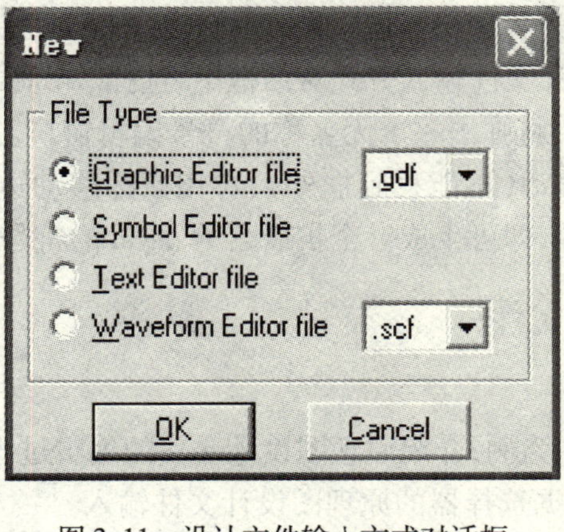

图3.11　设计文件输入方式对话框

(2)设计文件存盘

在设计文件存盘对话框中,输入设计文件名,单击"OK"按钮,完成设计文件的建立,生成一个扩展名为.gdf的图形文件。

2. 建立文本设计文件

MAX + plus Ⅱ 的文本编辑器适合于用硬件描述语言（AHDL、Verilog HDL 和 VHDL 等）编写设计输入文件。系统对文本文件编译时会自动对语言表达的逻辑进行检查、综合，并将其映射到指定的器件中去。建立文本设计文件的方法如下：

（1）打开文本编辑器

在图 3.11 所示的设计文件输入方式对话框中，选择“Text Editor file”（文本编辑文件）选项，单击“OK”按钮，将进入文本编辑器窗口。

（2）设计文件存盘

在设计文件存盘对话框中，输入设计文件名，选择扩展名为 .tdf、.v 或 .vhd，单击“OK”按钮，即可完成设计文件的建立。

3. 建立波形设计文件

MAX + plus Ⅱ 的波形编辑器用于建立和编辑输入/输出节点的波形图设计文件，还可以用来输入仿真向量和功能测试向量。波形编辑器还具有逻辑分析仪的功能，设计人员可以查看仿真结果。波形输入法适合时序和重复的函数。建立波形设计文件的步骤如下：

（1）打开波形编辑器

在图 3.11 所示的设计文件输入方式对话框中，选择“Waveform Editor file”（波形编辑文件）选项，并从下拉列表框中选择 .wdf 扩展名（而非 .scf，注意与仿真波形文件 .scf 的区别），单击“OK”按钮，将进入波形编辑器窗口。

（2）设计文件存盘

在设计文件存盘对话框中，输入设计文件名，单击“OK”按钮，完成设计文件的建立，生成一个扩展名为 .wdf 的波形文件。

4. 建立符号设计文件

符号设计是自顶向下设计方法的一个手段，掌握符号设计有助于设计人员从整体概念出发，把一个系统划分为各个功能模块进行设计。

在图 3.11 所示的设计文件输入方式对话框中，选择“Symbol Editor file”（符号编辑文件）选项，单击“OK”按钮，将弹出一个无名称的符号编辑窗口。窗口中已画出符号边框，用鼠标左键按住小圆圈移动（不能移到框外），再用鼠标移动边框，这样可以调整整个符号的大小。保存设计文件，即可生成一个扩展名为 .sym 的符号文件。

3.2.4 编辑设计文件

1. 编辑图形设计文件

以 2 选 1 数据选择器为例，介绍原理图设计文件的编辑过程。

【例 3.1】 2 选 1 数据选择器的原理图设计文件输入

在打开的图形编辑窗口中，按照图 3.12 所示的 2 选 1 数据选择器的原理图绘制设计文件。具体步骤如下：

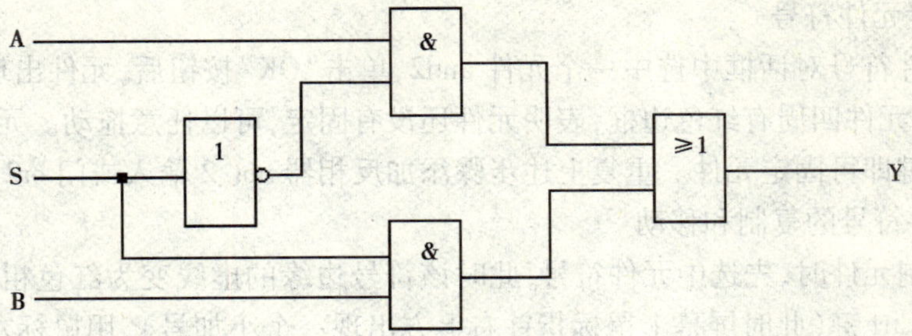

图 3.12　2 选 1 数据选择器原理图

(1)调入元件符号

在图形编辑区内空白处双击鼠标左键或单击鼠标右键,在随后弹出的关联菜单中选择 Enter Symbol 命令即可进入如图 3.13 所示的元件选择对话框。在"Symbol Name"文本框内输入元件符号名(如 2 输入与门 and2),调出元件,单击"OK"按钮即可。在不知道元件符号名时,双击相应的元件库目录,在元件符号列表框内选择元件。

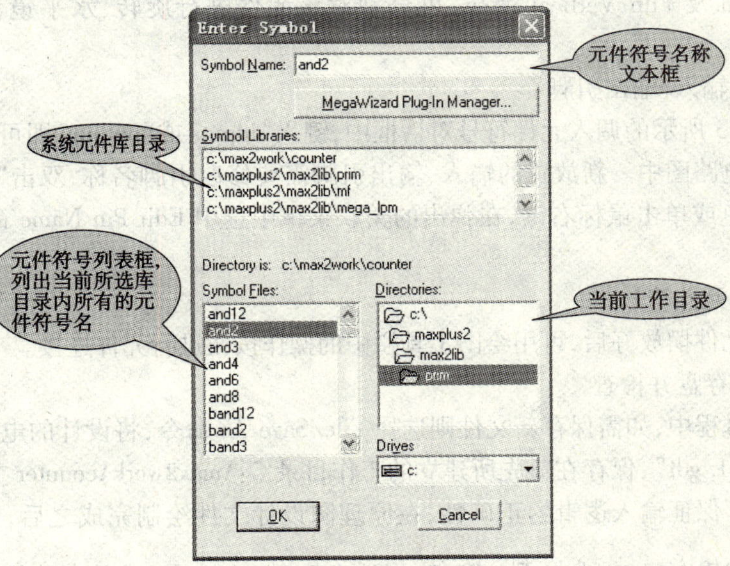

图 3.13　元件选择对话框

为了实现不同的逻辑功能,MAX + plus Ⅱ 软件提供了大量的基本单元符号和宏功能模块,供设计人员在图形编辑器中调用。这些符号分类放在\maxplus2\max2lib\子目录中,共分为四大类,见表 3.1。

表 3.1　图形编辑器提供的库功能

库名称	库类型	功　能	内　容
prim	基本逻辑元件库	提供常用的基本逻辑元件符号	门元件、触发器、I/O 引脚、电源、地
mf	常用逻辑宏功能库	提供中小规模逻辑电路模块	74 系列逻辑元件
mega _ lpm	参数化的模块库	提供可进行参数化设计的模块	参数化模块、兆功能模块、核模块
edif	网表格式的元件库	提供网表格式的元件模型	逻辑电路接口库
设计项目名	用户自定义库	存放用户自建的元件符号	底层模块符号

(2)放置元件符号

若在元件符号对话框中选中一个元件 and2,单击“OK”按钮后,元件出现在图形编辑区内。此时,元件四周有红色边框,表明元件还没有固定,可以任意拖动。元件放置好后,单击鼠标左键即可固定元件。重复上述步骤添加反相器 not、2 输入或门 or2 等元件。

(3)元件符号的复制和移动

需要复制元件时,先选中元件符号,此时该符号边缘的虚线变为红色粗实线,然后按住键盘上的 Ctrl 键(此时屏幕上鼠标指针右上方出现一个小加号),用鼠标左键单击元件符号并拖动,再松开鼠标键即可。

如要删除元件符号,先选中该符号,再按 Delete 键即可。

若要同时复制或移动多个元件符号,先按住鼠标左键画一个将所要移动的符号包括在内的大矩形,此时这些元件符号被选中,然后用前面相同的方法,使多个元件符号同时复制或移动。

若要翻转元件时,将光标放置在元件符号上,点击鼠标右键通过关联菜单中的Rotate、Flip Horizontal 及 Flip Vertical 命令,可分别对该元件进行旋转、水平镜像和垂直镜像操作。

(4)放置输入/输出引脚

在图 3. 13 所示的调入元件符号对话框中,键入“input”或“output”即可将输入或输出引脚添加到电路图中。新放置的输入、输出引脚需要修改引脚名称,双击“PIN _ NAME”使其变成黑色或单击鼠标右键,在弹出的关联菜单中选中 Edit Pin Name 命令,即可修改引脚名称。

(5)连线元件符号

当所有元件摆放好后,可用绘图工具栏中的操作按钮进行元件连接。

(6)文件存盘并检查

在设计过程中,如需保存新文件则选择 File/Save As 命令,将设计的电路原理图文件取名为“mux21. gdf”,保存在事先所建立的工作目录 C:\max2work\counter 文件夹内。

若是为了保证输入逻辑的正确性,在原理图设计文件绘制完成之后,可进行存盘检查。在图形编辑窗口中,选择 File/Project/Save & Check 命令,或单击工具栏中的“”按钮,可对设计文件进行存盘,并运行编译器的网表提取模块检查电路中的逻辑连接错误,生成网表文件(. cnf 文件),同时弹出存盘并检查信息窗口,若有错误和警告,则给出错误和警告的位置信息。

(7)创建功能模块符号

在图形编辑窗口中,选择 File/Create Default Symbol 命令,可以创建一个与设计文件同名的模块符号,其扩展名为 . sym,如图 3. 14 所示。创建好的功能模块符号可以被其他设计调用。

通过以上几个步骤,可以成功地完成电路原理图的编辑工作,创建了图形设计文件。绘制完成的原理图如图 3. 15 所示。

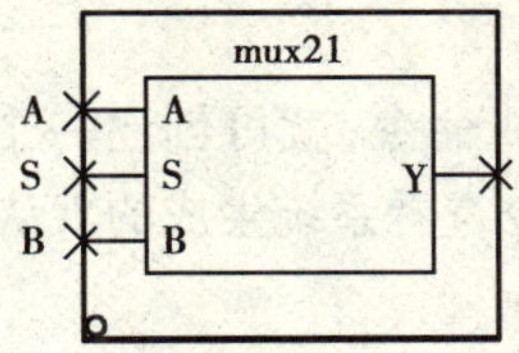

图3.14　具有2选1数据选择器功能的模块符号

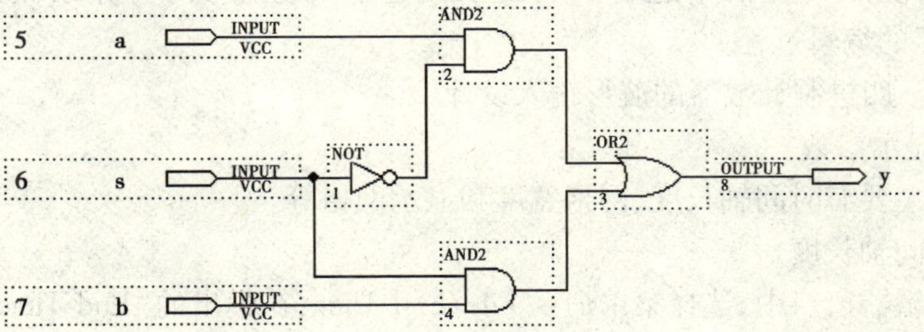

图3.15　绘制完成的原理图

2. 编辑文本设计文件

以2选1数据选择器为例,介绍VHDL文本设计文件的编辑过程。

【例3.2】 2选1数据选择器的VHDL文本设计文件输入

在文本编辑器窗口下,输入VHDL源程序如下:

```
LIBRARY  IEEE;
USE  IEEE.STD_LOGIC_1164.ALL;
ENTITY  mux21 IS
PORT(a,b:IN BIT;
        s:IN BIT;
        y:OUT BIT);
END mux21;
ARCHITECTURE behave OF mux21 IS
BEGIN
    y<=a WHEN s='0' ELSE
        b;
END behave;
```

硬件描述语言的文本输入方式与图形输入方式基本相同,主要步骤如下:

(1)输入文本文件

(2)文件存盘并检查

文本输入过程中,可按图形输入方式进行保存,其设计文件名称为“mux21.vhd”。对设计文件进行存盘并检查,主要是查找文本文件中的语法错误,并生成网表文件(.cnf文件)。如有语法错误,系统将弹出信息处理对话框,根据信息修改输入文本后,再重复这一步骤。

(3)创建功能模块符号

选择 File/Create Default Symbol 命令,就可创建一个默认的符号文件(.sym 文件)。可以通过选择 File/Edit Symbol 命令查看系统生成的默认符号。

3. 编辑波形设计文件

波形设计文件的编辑包括显示参数的设定、输入/输出节点的建立和波形的绘制等,这些操作都在波形编辑器中进行。下面以四进制计数器为例,介绍波形设计文件"counter4. wdf"的编辑过程。

【例 3.3】 四进制计数器的波形输入设计

(1)设定显示参数

显示参数主要有时间轴长度、网格宽度和显示网格等。

①设置时间轴长度

在波形编辑器窗口中,选择菜单命令 File/End Time,在弹出的"End Time"对话框中,输入 9.6 s 作为文件的结束时间,单击"OK"按钮,完成时间轴长度的设定。

②设置网格宽度

在波形编辑器窗口中,选择菜单命令 Options/Grid Size,将弹出"Grid Size"对话框,在对话框中键入 0.3 s,以设置网线间隔。

③设置显示网格

在波形编辑器窗口中,选择菜单命令 Options/Show Grid,使其被激活,竖直网线就会以 0.3 s 的间隔显示在波形编辑窗口中。

(2)输入/输出节点的建立

波形编辑器通过编辑输入、输出节点的波形来创建一个波形设计文件。通过创建隐含节点(Buried)来提供输入和输出之间的逻辑连接。在波形编辑器窗口中,双击"Name"下的节点信息区最上方的空白处,或选择 Node/Insert Node 命令,将弹出如图 3.16 所示的对话框,在该对话框中,可以完成输入、输出和隐含节点的建立工作。

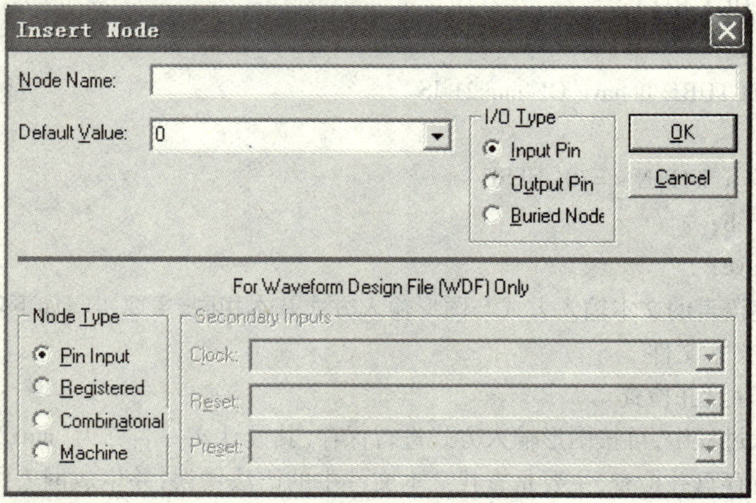

图 3.16 输入节点对话框

①创建输入节点

按照下列步骤操作可完成输入节点的创建：

a. 在“Node Name”框中键入节点名称 CP。

b. 在“Default Value”的下拉列表中选择 0。

c. 在“I/O Type”栏目中选择“Input Pin”(输入引脚)选项。

d. 在“Node Type”选项中选择“Pin Input”作为 CP 节点的类型(输入类型)。

完成上述操作后，单击“OK”按钮，则在波形编辑器窗口的“Name”区域出现 CP 节点。同样步骤创建输入节点 EN，作为计数器的选通使能端。

②创建隐含节点

进行下列操作可完成隐含节点的创建：

a. 在“Node Name”框中键入节点名称 State。

b. 在“Default Value”的下拉列表中选择 X。

c. 在“I/O Type”栏目中选择“Buried Node”(隐含节点)选项。

d. 在“Node Type”选项中选择“Machine”作为 State 节点的类型(状态机类型)。

e. 在“Secondary Inputs”(第二级输入)栏中，从“Clock”下拉列表中选择“CP”。

完成上述操作后，单击“OK”按钮即可。

③创建输出节点

创建输出节点可按下列步骤操作：

a. 在“Node Name”框中键入节点名称 Y[3..0]。

b. 在“Default Value”的下拉列表中选择 0。

c. 在“I/O Type”栏目中选择“Output Pin”(输出引脚)选项。

d. 在“Node Type”选项中选择“Registered”作为输出节点的类型(寄存器类型)。

e. 在“Secondary Inputs”(第二级输入)栏中，从“Clock”下拉列表中选择“CP”。

完成上述操作后，单击“OK”按钮即可。

(3)编辑节点波形

对某一项目文件进行编译时，编译器根据输入、输出节点和隐含节点的逻辑电平的对应关系，综合出设计逻辑。此项目文件中包括两个输入节点、一个隐含状态节点和一组输出节点，节点波形的编辑步骤如下：

编辑完成的波形设计文件如图 3.17 所示。

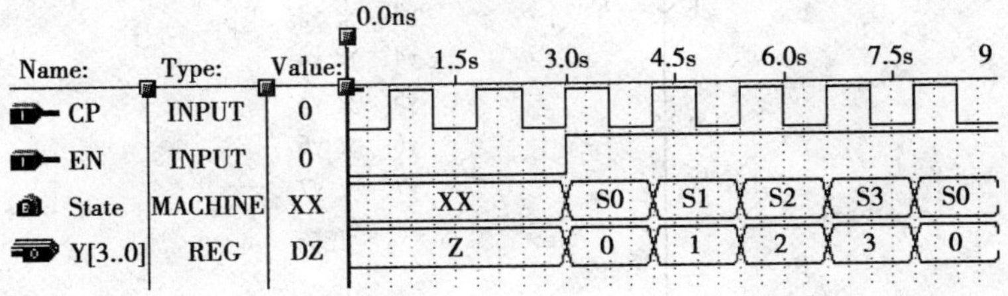

图 3.17　波形设计文件

(4)存盘检查并创建默认符号

① 单击工具栏中的“”按钮或选择菜单命令 File/Project/Save & Check 进入集成编译器的文件检查阶段,如果文件编辑正确就可进入到编译器的其他工作阶段。

② 选择 File/Create Default Symbol 命令,就可创建一个默认的符号文件(. sym 文件)。

4. 符号编辑

以上所介绍的三种设计输入方式(图形、文本和波形)编辑完成以后,系统都可以生成功能模块符号,它可以代替原输入文件。符号编辑正是该过程的逆过程。下面以画出 3 线 -8 线译码器的符号为例,介绍符号编辑的具体步骤。

【例 3.4】 3 线 -8 线译码器的符号输入设计

(1)在打开的符号编辑窗口中,双击符号边框线,将弹出“Enter Pinstub”窗口,如图 3.18 所示。点击“I/O Type”中的“Input Pin” 选项,在“Full Pinstub Name”文本框中输入引脚名(如 a),再单击“OK”按钮,即设置好第一个输入引脚,用同样的方法设置输入引脚 b、c 和输出引脚 y0 ~ y7。

(2)将文件保存为“abc3 -8. sym”,图 3.19 为编辑完成的 3 线 -8 线译码器的符号。

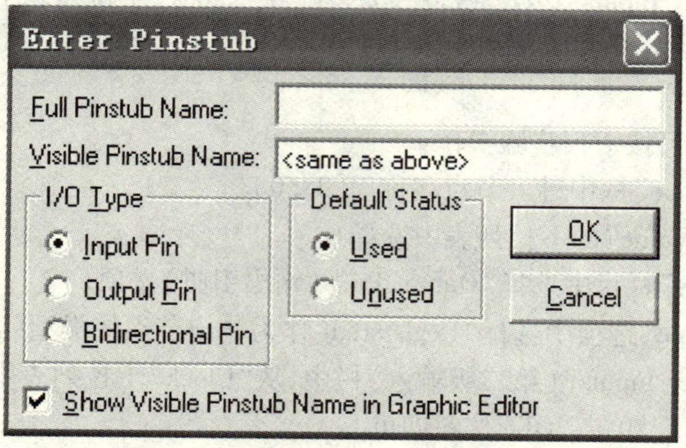

图 3.18 “Enter Pinstub”对话框

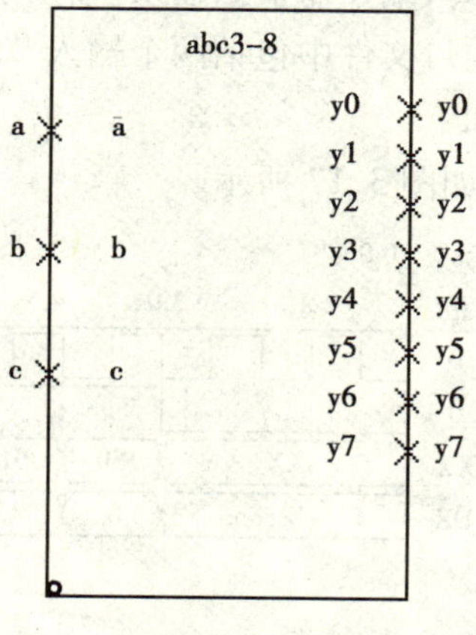

图 3.19 3 线 -8 线译码器符号

(3)下面所要做的工作是向符号内添加逻辑。方法是在前面介绍的三种输入方式中任选一种输入方式进行逻辑设计，其文件名与符号名相同即可。

3.2.5　编译设计文件

MAX + plus Ⅱ开发软件为设计提供了一个集成编译的环境，当设计文件输入完成后，就可以启动编译器对设计项目进行编译了。编译器的主要功能有：错误检查、网表提取、数据库编码、逻辑综合、器件适配、生成仿真和定时分析等。

在 MAX + plus Ⅱ软件的管理窗口中，运行菜单命令 MAX + plus Ⅱ/Compiler，系统将弹出如图 3.20 所示的集成编译器窗口。

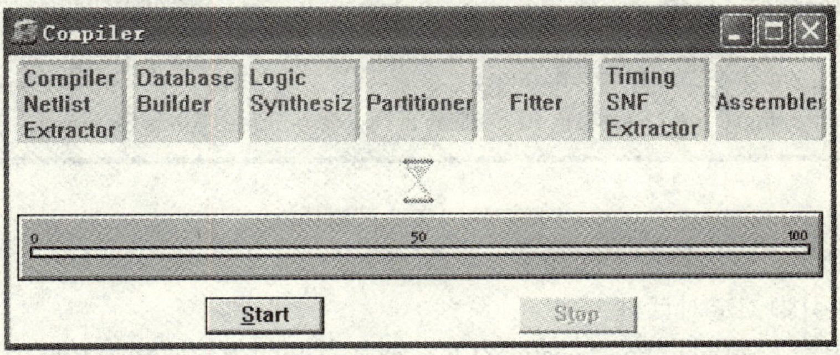

图 3.20　MAX + plus Ⅱ集成编译器窗口

编译器由多个功能模块组成，从左至右各模块的名称与功能依次是：

①网表提取模块：用于生成设计的网表文件。

②数据库建库模块：用于建立描述整个设计的数据库。

③逻辑综合模块：用于对设计进行逻辑综合和优化。

④逻辑分割模块：用于对设计进行逻辑分割。

⑤逻辑适配模块：将通过逻辑综合的设计映射到所选器件中。

⑥时序仿真文件生成模块：生成用于时序仿真的各种文件。

⑦装配模块：生成用于器件编程和下载的各种文件。

单击“Start”按钮，即可启动编译器，每运行到一个功能块，下面的进程指示线将变成红色。MAX + plus Ⅱ编译器将检查设计项目是否有错，并对设计项目进行逻辑综合，然后适配到目标器件中，同时将产生报告文件、编程文件和用于仿真的输出文件。

1. 器件的选择

在编译项目时，需要为项目指定一个目标器件，可选择菜单命令 Assign/Device，弹出如图 3.21 所示的“Device”对话框，从“Device Family”下拉列表框中选择器件类型（如 MAX7000、FLEX10K），然后在“Devices”下拉选项中指定器件或选择 AUTO 让编译器自动指定与项目相匹配的器件，单击“OK”按钮即可。

2. 引脚锁定

锁定引脚是指将设计文件中的输入/输出端口映射到所选器件的指定引脚上的过程。MAX + plus Ⅱ软件提供了两种锁定引脚的方法，即编译前锁定和编译后锁定。

编译前锁定引脚是在项目编译前的项目顶层设计图中锁定引脚；而编译后锁定引脚是在项目编译后的平面布局编辑器上，通过编辑适配结果来修改引脚锁定。

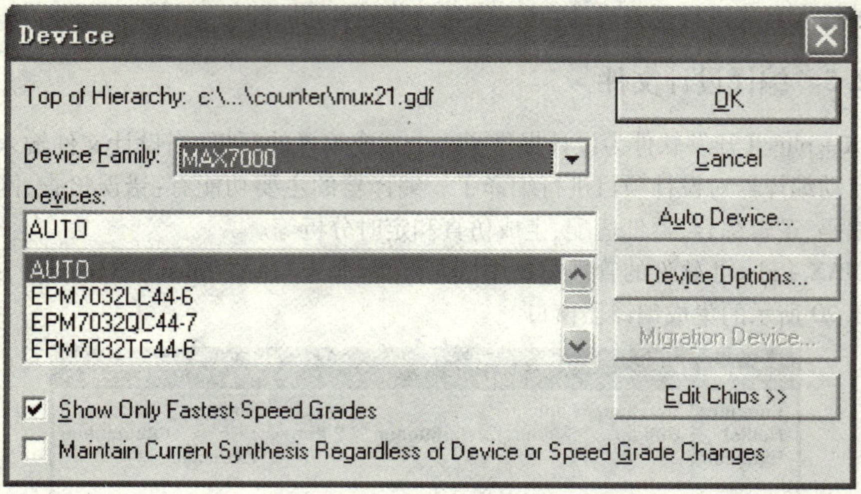

图 3.21 “Device”对话框

编译前锁定引脚的操作步骤如下：

(1)打开引脚锁定对话框

选择菜单命令 Assign/Pin/Location/Chip，或在打开的顶层原理图文件中，右键单击待锁定的引脚，在出现的关联菜单中选择 Assign/Pin/Location/Chip 命令，则出现如图 3.22 所示的引脚锁定对话框。

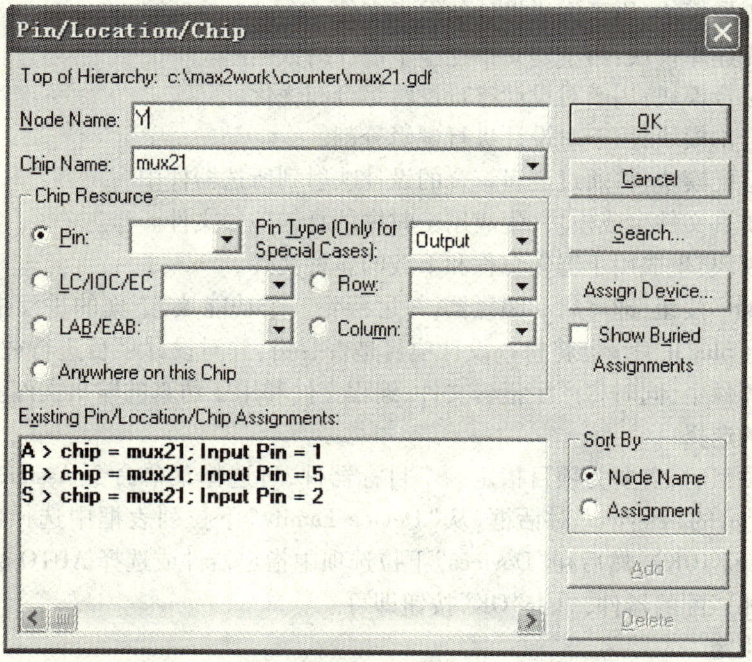

图 3.22　引脚锁定对话框

(2)输入锁定的端口名

在“Node Name”对话框中输入要锁定的端口名，或单击“Search”按钮，进入“Search

Node Database”对话框，单击“List”按钮，在“Name in Database”列表中选择要锁定的端口名，按“OK”按钮回到前一个对话框中。

(3)选择引脚号

在“Chip Resource”栏中，选择“Pin”选项，在后面的下拉列表中选择锁定的引脚号，并在“Pin Type”下拉选项中选择“Input”或“Output”。

(4)锁定引脚

当新引脚被锁定后，图 3.22 所示的对话框中的“Add”按钮被激活，单击该按钮，即可完成一个引脚的锁定，待设计文件中所有引脚都被锁定后，单击“OK”按钮，完成引脚锁定工作。

(5)在引脚锁定对话框中，单击“Assign Device”按钮还可以进行器件选择。

3. 运行编译器

在已打开的编译器窗口中，如图 3.20 所示，单击“Start”按钮，即开始对当前设计项目进行编译。在编译过程中所产生的全部信息、错误和警告都将显示在自动打开的“Messages Compiler”窗口中。当编译出现错误时，选中该错误信息，单击“Locate”按钮，编译器将在设计文件中自动定位错误。

编译结束后，编译过程中所产生的输出文件都以图标的形式显示在各功能模块的下方，双击这些图标，可以打开相应的输出文件。

3.2.6　设计仿真

设计输入和编译完成后，并不代表设计就是成功的。编译的成功只能保证为项目创建一个编程文件，保证了设计输入的基本正确性，而不能保证该项目的逻辑关系的正确性，也不能保证时序的正确性。应用 MAX + plus Ⅱ 软件的仿真工具后，就可以随时对设计的逻辑电路进行仿真、模拟、修改，直到满意为止。

仿真包括功能仿真和时序仿真。功能仿真(前仿真)是在不考虑器件延时的理想情况下的一种项目验证方法，通过功能仿真来验证一个项目的逻辑功能是否正确；时序仿真(后仿真)是在考虑设计项目具体适配器件的各种延时的情况下的一种项目验证方法。时序仿真不仅测试逻辑功能，还测试目标器件最差情况下的时间关系。因此，电路设计经过时序仿真后，基本上能够达到设计要求。

MAX + plus Ⅱ 软件支持这两种形式的仿真，两者主要区别是编译过程的设置不同。若要进行功能仿真，编译时则需选择菜单命令 Processing/Functional SNF Extractor 打开功能仿真网表文件提取器；若要进行时序仿真，编译时则需选择菜单命令 Processing/Timing SNF Extractor 打开时序仿真网表文件提取器。编译器所创建的网表文件(.cnf)是一种二进制文件，包含了模拟、延时预估和定时分析所需要的逻辑信息、时间信息，并被用做仿真器的输入。

下面以例 3.1 中 2 选 1 数据选择器的图形设计文件“mux21.gdf”为例，介绍时序仿真的操作过程。

1. 仿真波形文件的建立

MAX + plus Ⅱ 软件是通过建立一个仿真波形文件来完成仿真功能的。仿真波形文件就是利用波形编辑器输入激励波形,为仿真器提供输入向量。在对一个项目进行仿真时,仿真器根据输入节点的逻辑电平计算出未定义的隐含节点和输出节点的逻辑电平,并在波形编辑器窗口中显示其波形。仿真文件的建立过程与其他文件的建立过程类似,在建立的过程中,系统默认的文件名为“mux21. scf”,无需更改。

2. 仿真波形文件的编辑

仿真波形文件的编辑与 3. 2. 4 节介绍的波形设计文件的编辑类似,都是在波形编辑器中进行的,其操作包括显示参数的设定、输入/输出节点的建立和输入波形的绘制等。

3. 设计项目的仿真

输入节点波形编辑完成之后,就可以对设计项目进行仿真操作,具体步骤如下:

(1)在图 3. 23 所示的工作界面中,选择菜单命令 MAX + plus Ⅱ/Simulator 或单击“”快捷按钮,打开仿真器,如图 3. 24 所示。

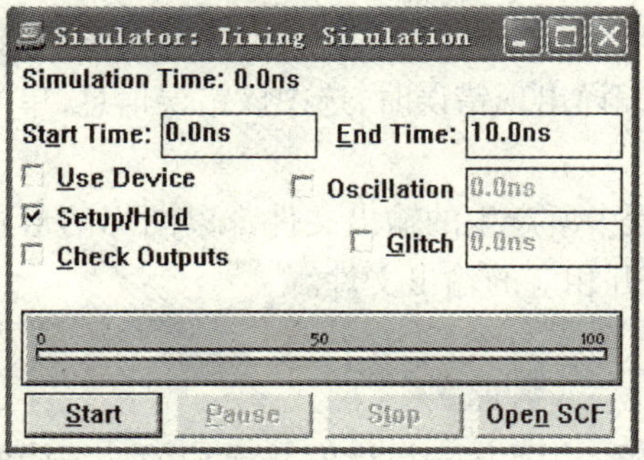

图 3. 23　MAX + plus Ⅱ 仿真器窗口

(2)在“Start Time”和“End Time”对话框中,分别输入仿真起始时间和终止时间,输入的时间应该在仿真波形文件的显示时间范围内。若输入的起始时间超出这个范围,则默认为 0,而终止时间应大于起始时间,否则会出错。

(3)单击“Start”按钮运行仿真器,同时仿真进程条将显示仿真的进程情况。仿真过程结束后,将会弹出仿真信息框,提示仿真过程中是否有错误和警告发生。

(4)仿真成功后,单击“Open SCF”按钮,即可打开当前设计项目的仿真波形文件,观察仿真结果。2 选 1 数据选择器的仿真结果如图 3. 24 所示。

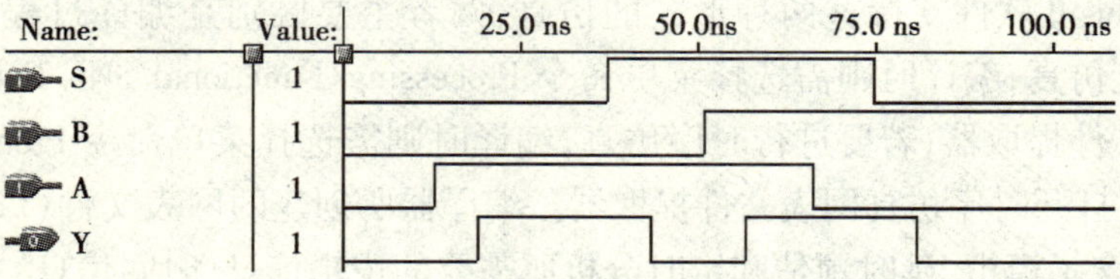

图 3. 24　2 选 1 数据选择器的仿真结果

(5)分析仿真结果。移动参考线查看节点的逻辑状态,逻辑状态值显示在 Value 域。需要注意的是,在时序仿真时,输入和输出的状态是有延时的,在功能仿真时逻辑状态是一一对应的。

通过对设计项目的仿真,设计人员就可以在计算机上查看设计结果,使设计项目在编程下载之前得到全面验证，以确保在各种可能的条件下都有正确的响应，缩短设计周期，提高设计效率。

3.2.7　定时分析

当设计项目的仿真完成后，可以利用定时分析器对设计项目的时域性能进行分析。MAX + plusⅡ开发软件为设计人员提供了三种分析模式，这三种分析模式分别是：

(1)延时矩阵分析(Delay Matrix)

用于计算引脚或节点之间的传输延时，只需在设计中对引脚或节点指定起点和终点(选择菜单命令 Node)，即可确定最短与最长传输延时。

(2)建立/保持时间矩阵分析(Setup/Hold Matrix)

用于计算从输入引脚到触发器、锁存器和异步 RAM 的信号输入所需要的最小建立时间和保持时间。

(3)时序逻辑性能分析(Registered Performance)

用于分析时序逻辑电路的性能，包括有限定值的延时、最小时钟周期和最高工作频率等。

选择菜单命令 MAX + plusⅡ/Timing Analyzer，或单击工具栏中的“”按钮，出现定时分析器窗口，通过选择 Analysis 子菜单中的 3 个命令，或单击工具栏中的 3 个快捷按钮“”中的一个，就可以选择其中一种分析方式，即延时矩阵分析、建立/保持时间矩阵分析或者时序逻辑性能分析。

3.2.8　器件编程/配置

所谓器件编程就是将可编程逻辑器件按照设计结果进行链接和配置，从而实现用户的设计，制成 ASIC。Altera 可编程逻辑器件的编程可以通过 JTAG 在系统编程、编程器编程和 Altera 在线配置三种方式进行。

JTAG 在系统编程是利用 MAX + plusⅡ软件的编译器对采用 E^2PROM 工艺的器件进行编译，将产生的编程文件(.pof)或是 JEDEC 文件(.jed)，通过 ByteBlaster 下载电缆下载到器件的过程。

在线配置是对 FLEX、ACEX 等系列的器件进行编译，所生成的 .sof 文件通过 ByteBlaster 电缆对器件进行配置的过程。

Altera 公司的 CPLD/FPGA 器件基本上都支持 JTAG 在系统编程方式，这种方式简单易行，用户只需通过下载电缆将计算机与装有目标器件的 PCB 板相连，就可以对器件进行在系统编程，不需要专门的编程器。通常情况下，采用 ByteBlaster 电缆进行编程下载，将电缆的一端与计算机的并行口相连，另一端的 10 针阴极头与 PCB 板的阳极头插座相连。编程时，目标板必须为 ByteBlaster 电缆提供电源，并接通电源。

1. 编程文件

编程文件是一种经过编译而产生的二进制数据文件，包含了对器件进行编程时所需要的数据。不同系列的器件，需要配置不同类型的编程文件，MAX + plusⅡ软件支持多种格式的编程文件,常用的编程文件有:编程目标文件、SRAM 目标文件和串行比特流文件。编程目标文件主要用于 MAX 系列的 CPLD 和 EPC 配置器件的编程,扩展名为 .pof;SRAM 目标文件的数据格式适合于 FLEX、ACEX 等 SRAM 类的器件,扩展名为 .sof,此类文件可通过 ByteBlaster 电缆直接下载到器件中;串行比特流文件是为了 FLEX、ACEX 等 FPGA 器件进行在线串行同步配置的数据文件,扩展名为 .sbf,此类文件可通过 BitBlaster 电缆对器件进行编程下载。

2. 启动编程器

在 MAX + plus Ⅱ 软件的管理窗口中,选择菜单命令 MAX + plus Ⅱ/Programmer,或单击“”快捷按钮,或在编译器窗口中双击“”图标,都可以直接打开如图 3.25 所示的编程器窗口。

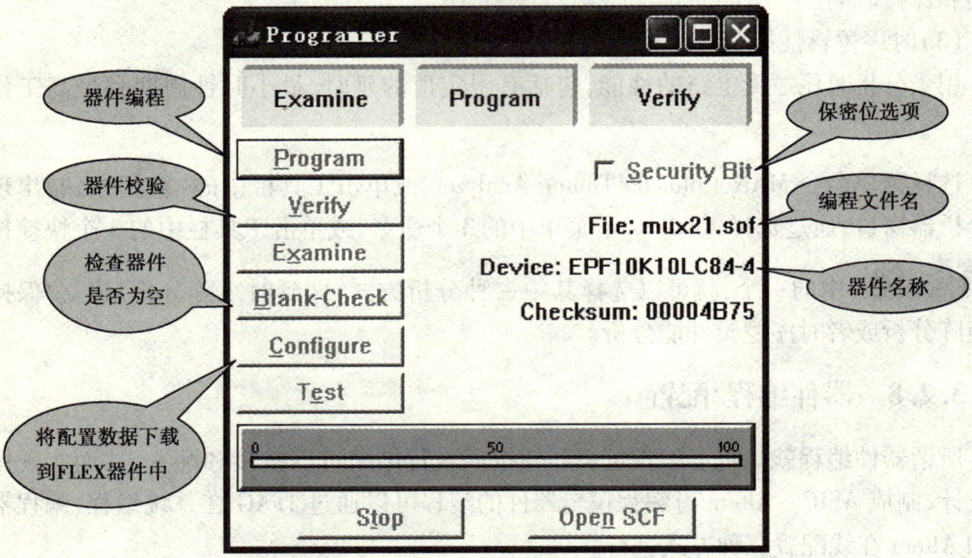

图 3.25　编程器窗口

3. 通过 JTAG 实现在系统编程

通过 JTAG 实现在系统编程的具体步骤如下:

(1)将 ByteBlaster 电缆的一端与计算机的并行口相连,另一端的 10 针阴极头与含有可编程逻辑器件的 PCB 板的阳极头插座相连。编程时,该板必须为 ByteBlaster 电缆提供电源,并接通电源。

(2)选择菜单命令 Options/Hardware Setup,出现设置编程硬件对话框。在其中的“Hardware Type”栏选择“ByteBlaster”选项,在“Parallel Port”栏选择使用并行口(LPT1)。设置完成后,单击“OK”按钮。

(3)单击“Program”即可开始编程。若器件、电缆或电源有问题,则会产生错误警告信息。

4. 通过在线配置实现 FLEX 系列器件的配置

通过在线配置实现 FLEX 系列器件的配置的具体步骤如下：

（1）将 ByteBlaster 电缆的一端与计算机的并行口相连，另一端的 10 针阴极头与装有可编程逻辑器件的 PCB 板的阳极头插座相连。该板还必须为 ByteBlaster 电缆提供电源。

（2）选择 Options/Hardware Setup 命令，在弹出的窗口中选择"ByteBlaster"并设定相应的并行口（LPT1）。单击"OK"按钮，回到器件编程窗口。

（3）进行多器件配置时，要在 FLEX 菜单中打开 Device FLEX Chain，然后选择 Multi-Device FLEX Chain Setup 命令，出现进行多个器件的 FLEX 链的设置对话框。接着按电路板上的顺序添加 FLEX 编程文件。选定全部文件后，单击"OK"按钮。

（4）按下"Configure"按钮，即开始配置器件，如有错，将出现警告信息。除此之外，还可以用 Multi – Device JTAG Chain 来配置多个 FLEX 器件，也可以用 Altera EPROM 或微处理器来配置 FLEX 器件。

3.3　Quartus Ⅱ 软件综述

Quartus Ⅱ 软件是 Altera 公司的第四代可编程逻辑器件开发设计软件，可开发 FPGA、CPLD 和结构化 ASIC，是 MAX + plus Ⅱ 软件的升级版本。Quartus Ⅱ 将设计、综合、布局、仿真验证和编程下载以及第三方 EDA 工具集成在一个无缝的环境中，可以进行系统级设计、嵌入式系统设计和百万门以上的可编程逻辑器件的设计。

为适应 MAX + plus Ⅱ 使用者的需要，Quartus Ⅱ 软件提供了两种不同的界面形式：Quartus Ⅱ 主界面和 MAX + plus Ⅱ 主界面。用户可以使用菜单命令 Tools/Customize 定制合意的界面。当然，不管选择哪种界面，软件中各种命令和按钮功能是相同的。本节的介绍是在 Quartus Ⅱ 主界面下进行的。

3.3.1　软件的功能简介及支持的器件

Quartus Ⅱ 软件具有完全集成且与电路结构无关的开发包环境，提供了丰富的图形用户界面，并配有带示例的在线帮助。完整的 Quartus Ⅱ 系统涵盖了从"设计输入"到"器件编程"的每一步骤，用户可以轻而易举地综合不同类型的设计文件到一个结构化的工程当中，自由选择认为合适的设计输入方式。

Quartus Ⅱ 的编译器是软件的核心部分，为用户工程的芯片级实现提供强大的设计处理功能。另外，它还支持软件源文件的添加创建，能自动定位编译错误，带有高效的编程与验证工具，可读入标准的 EDIF 网表文件、VHDL 网表文件和 Verilog HDL 网表文件，同时也能生成可供第三方 EDA 软件工具使用的 VHDL、Verilog HDL 网表文件。设计者可以很方便地将不同类型的设计文件组合起来，以项目的形式进行管理。Quartus Ⅱ 软件具有功能强大的逻辑综合工具，完备的电路功能与时序逻辑仿真工具，能进行时序分析与关键路径延时分析。

综上所述，Quartus Ⅱ 软件是一种全集成的设计工具，将其所具有的功能概括起来，有以下几点：

①可利用原理图、结构图、HDL 硬件描述语言完成逻辑电路的描述和编辑。

②支持软件源文件的创建、添加，将它们连接起来生成编程文件。

③功能强大的逻辑综合工具，并提供了 RTL 查看器（原理图视图和层次结构列表）。

④自动定位编译错误，提供高效的器件编程与验证工具。

⑤完备的电路功能仿真与时序逻辑仿真工具。

⑥新的实时和时序分析功能，分析控制时钟斜移和数据斜移。

⑦NativeLink 第三方 EDA 工具集成。

⑧LogicLockTM 增量设计方法，在渐进式编译流程中，设计者可建立并优化设计系统，然后添加对原始系统性能影响较小或没有影响的后续模块。

⑨使用 SignalTap Ⅱ逻辑分析工具进行嵌入式的逻辑分析。

⑩引入了功率分析和优化套件 PowerPlay 技术，可详细估算静态和动态功率。

⑪PowerGaugeTM 功耗估算。

⑫SOPC Builder 多时钟域支持。

⑬RTL-to-Gates 形式验证。

⑭生成测试台模板和内存初始化文件。

⑮节点锁定和网络许可选项。

Quartus Ⅱ软件将默认安装 SOPC Builder，自动添加、参数化和连接 IP 核，包括嵌入式处理器、协处理器、外设和用户自定义逻辑，从而为嵌入式系统的开发提供方便。

在设计的每一步，Quartus Ⅱ软件都能够让用户集中精力于设计本身，而不是软件的应用。Quartus Ⅱ出众的集成工作环境和强大的功能能够大大提高用户的工作效率。

Quartus Ⅱ软件能够支持更多的器件，如：Stratix、Stratix GX、Stratix Ⅱ、Stratix Ⅱ GX、Stratix Ⅲ、MAX3000A、MAX7000B、MAX7000S、MAX7000AE、MAX Ⅱ、FLEX6000、FLEX10K、FLEX10KA、FLEX10KE、Cyclone、Cyclone Ⅱ、Cyclone Ⅲ、APEX Ⅱ、APEX20KC、APEX20KE、ACEX1K 等，使用面更广。

3.3.2 软件的安装与系统配置

1. 软件的安装

Quartus Ⅱ软件按使用对象可分为商业版和基本版，安装方法基本相同，这里仅介绍基于 PC 机在 WindowsXP 平台上 Quartus Ⅱ9.0 的安装过程。

(1)软件系统的安装

在安装向导的提示下，便可完成 Quartus Ⅱ9.0 的安装。

(2)软件系统的授权许可设置

在首次运行 Quartus Ⅱ9.0 时，还必须设置 Altera 公司提供的授权文件 License，否则将不能实现预期的设计功能。启动软件系统，弹出“License Setup Required”对话框，选择“Specify valid license file”项，打开“Specify valid license file”对话框。单击“…”按钮，在弹出的“License File”对话框中选择“License. dat”文件或直接在“License File”文本框中输入带全路径名的“License. dat”文件名。设置好授权文件后，单击“OK”按钮，就可以正常使用 Quartus Ⅱ9.0 软件了。

2. 系统配置

为了使 Quartus Ⅱ 软件的性能达到最佳，Altera 公司建议计算机的最佳配置如下：

①CPU 在 Pentium Ⅱ400 MHz 以上，系统内存在 512 MB 以上；

②大于 800 MB 的安装 Quartus Ⅱ 软件所需的硬盘空间；

③WindowsNT4.0(Service Pack4 以上)、Windows2000 或 WindowsXP 操作系统；

④CD－ROM 驱动器；

⑤Microsoft IE5.0 以上的浏览器；

⑥TCP/IP 网络协议；

⑦有如下的端口之一：用于 ByteBlaster Ⅱ 或 ByteBlaster MV 下载电缆的并行口(LPT口)；用于 MasterBlaster 通信电缆的串行口；用于 USB－Blaster 下载电缆、MasterBlaster 通信电缆以及 APU(Altera Programming Unit)的 USB 口(仅用于 Windows2000 或 WindowsXP)。

3.4　Quartus Ⅱ 的设计指南

Quartus Ⅱ 软件提供完整的、易于操作的图形用户界面，可以完成整个设计过程中的各个阶段。其设计流程与 MAX＋plus Ⅱ 软件的设计流程十分相似，对于相同或相似的部分，这里只做简单介绍。Quartus Ⅱ 软件设计流程如图 3.26 所示。

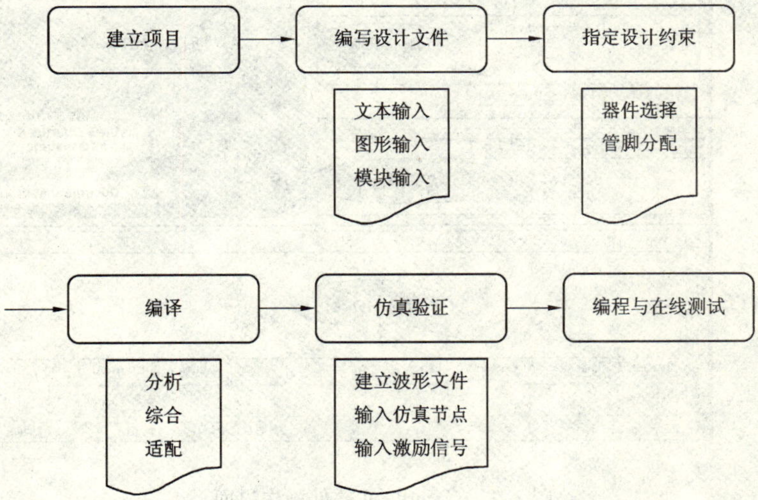

图 3.26　Quartus Ⅱ 软件的设计流程

(1)设计输入

设计输入包括原理图输入、HDL 文本输入、波形输入以及由第三方 EDA 工具产生的 EDIF 网表文件输入等多种输入方式。

(2)编译

先根据设计要求设定编译方式和编译策略，如器件的选择、逻辑综合方式的选择等。

然后根据设定的参数和策略对设计项目进行网表提取、逻辑综合、器件适配,并产生报告文件、延时信息文件及编程文件,供分析、仿真和编程使用。

(3)仿真验证

仿真验证包括功能仿真、时序仿真和定时分析,可以利用软件的仿真功能来验证设计项目的逻辑功能和时序关系是否正确。

(4)编程与在线测试

用得到的编程文件通过编程电缆配置 PLD,加入实际激励,进行在线测试。

在设计过程中,如果出现错误,则重新回到设计输入阶段,改正错误或调整电路后重复上述过程即可。

3.4.1 QuartusⅡ的启动及工具按钮的使用

在 QuartusⅡ软件安装完成之后,用户可以双击桌面上的图标,或单击“开始”按钮,在“程序”菜单下选择“QuartusⅡ9.0”选项,即可打开软件系统。

启动 QuartusⅡ软件后默认的界面如图 3.27 所示,主要由标题栏、菜单栏、主工具栏、项目工作区、资源管理窗口、编译状态显示窗口和信息显示窗口等几部分组成。

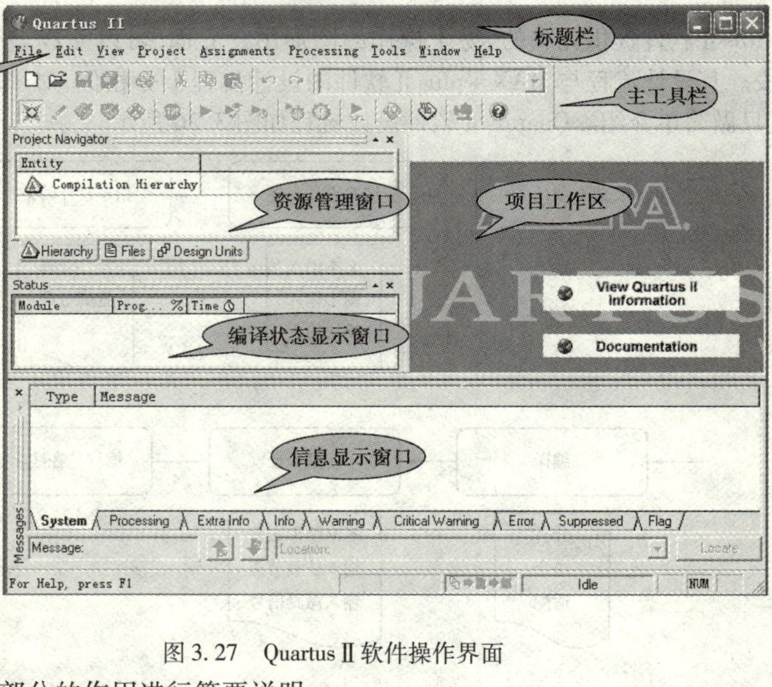

图 3.27　QuartusⅡ软件操作界面

下面对各个部分的作用进行简要说明。

1. 标题栏

标题栏用来指明当前编辑文件的路径及名称。

2. 菜单栏

在没有打开任何项目文件时,菜单栏主要由 File、Edit、View、Project、Assignments、Processing、Tools、Window 和 Help 9 个下拉菜单构成。

其中核心的菜单有 Project、Assignments、Processing 和 Tools。Project 菜单主要是对项目的一些操作；Assignments 菜单主要针对项目的一些参数进行设置；Processing 菜单主要是对文件执行综合、布局布线、时序分析等设计流程；Tools 菜单用来调用软件中集成的设计工具。其余菜单的使用方法与其他软件窗口的功能相似，在此不再赘述。

3. 工具栏

(1) 主工具栏

主工具栏包含了常用命令的快捷按钮，如图 3.28 所示，每个按钮均能在菜单栏中找到相对应的命令菜单。将鼠标移动到某一按钮时，在其下方会出现此按钮的相应含义。

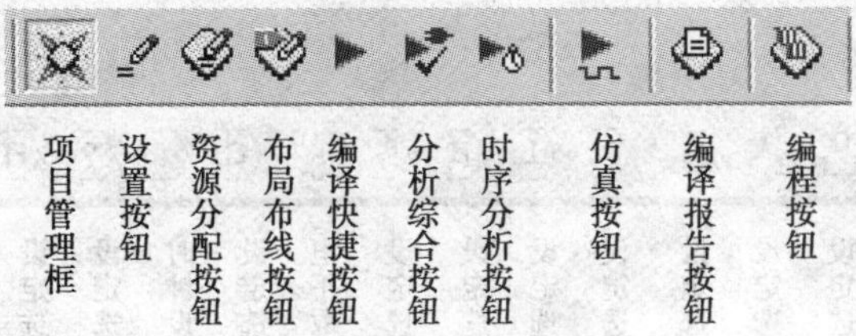

图 3.28　设计项目处理工具栏

(2) 图形编辑工具栏

当设计人员打开图形编辑器时，相应的图形编辑工具栏也随之弹出，如图 3.29 所示。

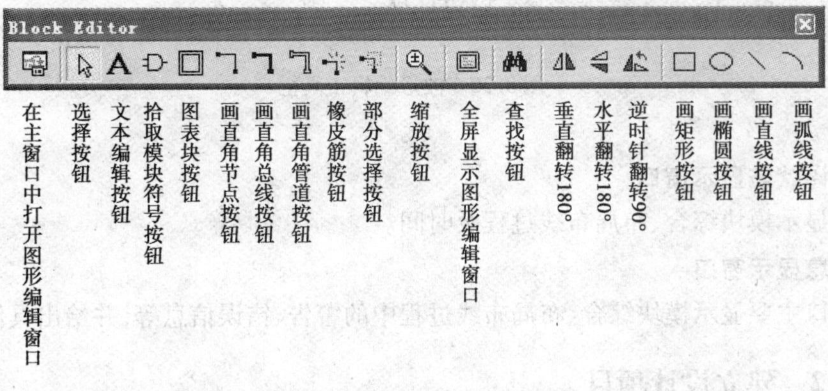

图 3.29　图形编辑工具栏

(3) 波形编辑工具栏

当设计人员打开波形编辑器时，将弹出波形编辑工具栏，其工具按钮如图 3.30 所示。

4. 资源管理窗口

资源管理窗口用于显示当前设计项目中所有相关的资源文件。其下方有 3 个标题栏：Hierarchy（结构层次）、File（文件）和 Design Units（设计单元）。结构层次一栏列出每个源文件使用资源的具体情况，在编译前只显示顶层模块名，编译后按层次列出项目中所有模块；文件一栏列出项目编译后的所有文件；设计单元一栏列出项目编译后的所有单元，一个设计器件文件对应一个设计单元，参数定义文件没有对应的设计单元。

5. 项目工作区

根据设计文件的不同，此区域将打开不同的操作窗口，显示不同的内容及辅助工

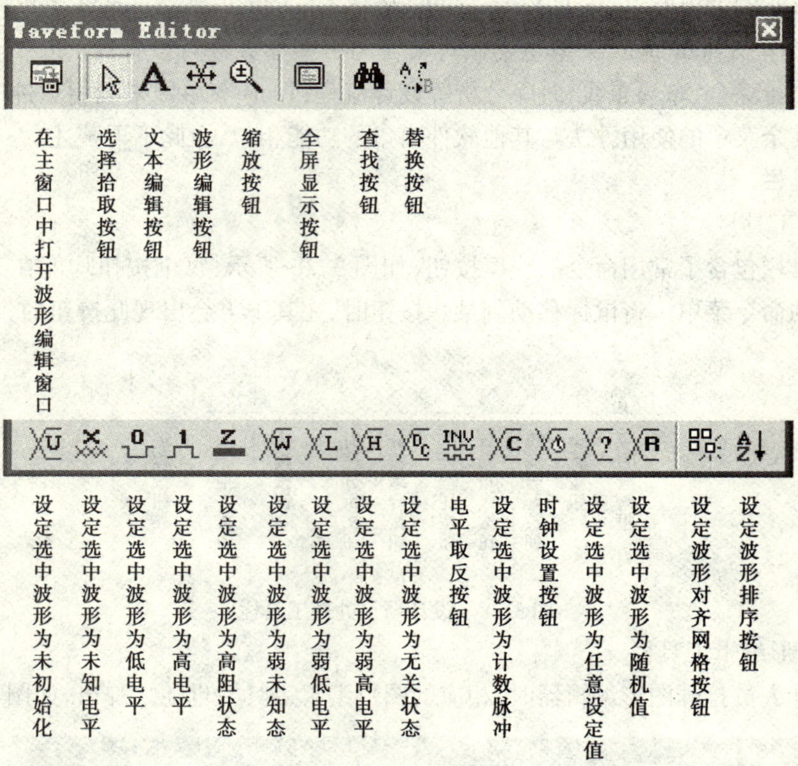

图 3.30 波形编辑工具栏

具栏。

6. 编译状态显示窗口

用于显示模块综合、布局布线过程及时间。

7. 信息显示窗口

此窗口主要显示模块综合、布局布线过程中的警告、错误信息等,并给出具体原因。

3.4.2 建立设计项目

应用 QuartusⅡ进行 PLD 设计的方法非常灵活,可以先通过 Project Wizard 命令进行项目文件的建立,再进行设计文件的建立;也可以先建立设计文件,再通过 Project Wizard 命令进行项目文件的建立。以边沿 D 触发器为例,介绍第一种建立设计项目的步骤。

1. 新建工作库目录

例如创建一个文件夹 F:\dff。

任何一个设计项目都是一个工程(Project),都必须首先为此工程建立一个工作目录以便存放所有与此设计相关的文件,此文件被 EDA 软件默认为工作库(Work Library)。在建立了工作库目录后,可以通过 QuartusⅡ软件编辑设计文件,并将设计文件存储在该项目的工作库目录下。一般来说,不同的项目存放在不同的工作库目录下,而同一个项目的所有相关文件应当存放在同一文件夹下。

2. 启动"New Project Wizard"

选择菜单命令 File/New Project Wizard，弹出的对话框主要是创建新项目的向导描述。

单击"Next"按钮进入创建项目设置对话框，如图 3.31 所示。其中第一项要求指定项目的工作库目录，单击"…"选择 F:\dff；第二项表示此项目的项目名，输入"bydff"；第三项要求填写该项目的实体名，实体名必须与项目同名，所以系统自动默认为"bydff"。设置完成以后单击"Next"按钮，出现如图 3.32 所示的界面，进行设计文件的添加。

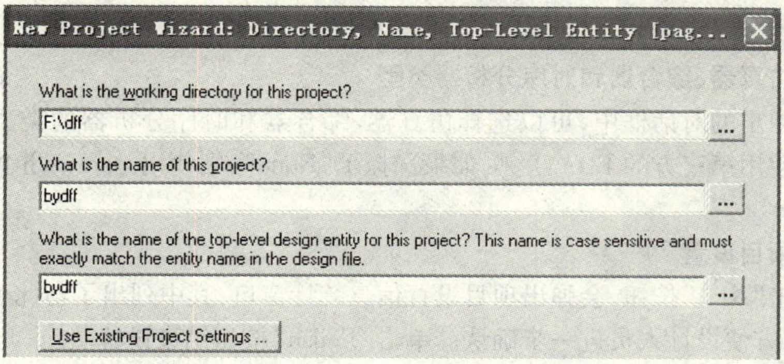

图 3.31　新项目向导 page1

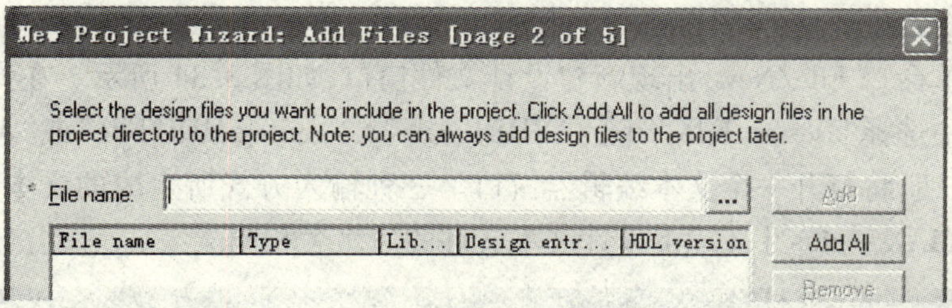

图 3.32　新项目向导 page2

3. 添加设计文件

添加的文件可以是图形文件、文本文件或 EDIF 文件。如果用户需要的文件没有在下面列出，可以单击"…"按钮寻找。需要注意的是，如果设计文件已经在目录中就不需要添加了，另外如果顶层文件和实体名不同就需要添加此项。

4. 选择目标芯片

在上一步设置完成后，继续单击"Next"按钮，进入选择目标芯片对话框，如图 3.33 所示。设计人员可以点选"Auto device selected by the fitter"，交由系统帮助选择器件的系列和类型，其下方的选项表示手动选择目标芯片。单击"Next"按钮，进入项目设置的下一步操作过程。

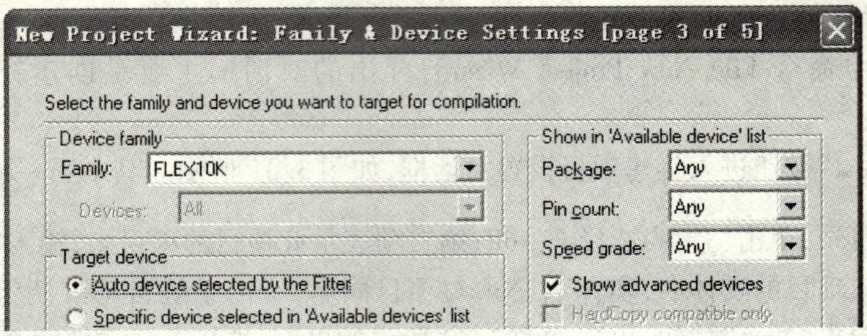

图 3.33　新项目向导 page3

5. 选择仿真器、综合器和时序分析器类型

在此时弹出的对话框中，可以选择仿真器、综合器和时序分析器的类型。Quartus Ⅱ允许设计中使用第三方的 EDA 工具，如果选择了“None”，则使用 Quartus Ⅱ集成的工具进行设计。

6. 结束项目设置

继续单击“Next”按钮，会弹出项目设置信息统计窗口，其中列出了与此项目相关的设置情况信息，方便设计人员进一步确认。单击“Finish”按钮结束设置。

3.4.3　新建设计文件

1. 建立文本设计文件

选择菜单命令 File/New，出现新建设计文件窗口，如图 3.34 所示。在弹出的新建设计文件窗口中选择“Design Files”下的“VHDL File”(“Verilog HDL File”或“AHDL File”)，单击“OK”按钮，将打开一个文本编辑器窗口。三种输入方式所生成的文本文件，其文件后缀名与在 MAX + plus Ⅱ 环境下设计文本文件的后缀名相同。

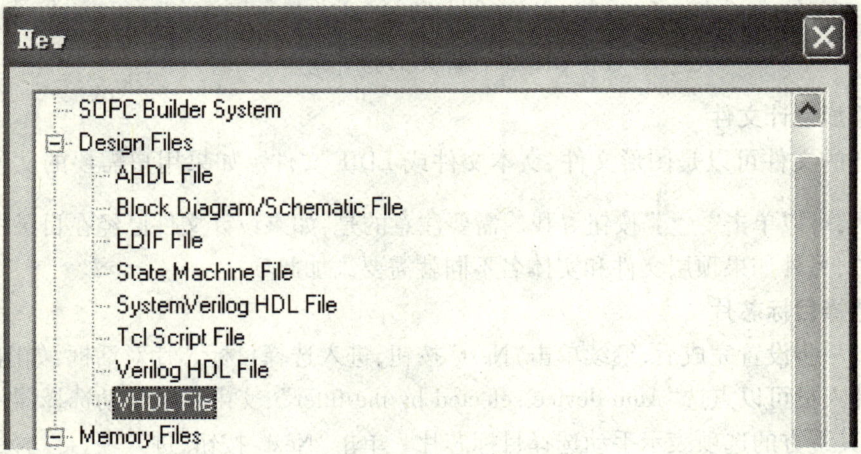

图 3.34　选择编辑文件类型

在文本编辑界面就可以进行设计文件的输入了。对文本文件进行编辑时，文本文件编辑器窗口的标题名称后面将出现一个星号“ * ”，表明正在对当前文本进行编辑操作，存盘后星号消失。

2. 建立原理图设计文件

在图 3. 34 所示的选择编辑文件类型界面中，选择“Design Files”下的“Block Diagram/Schematic File”选项，进入图表和原理图编辑器，在打开的编辑器的上方标题栏显示的文件名称为“Block1. bdf”，而在 MAX + plus Ⅱ 环境下设计的原理图设计文件的后缀名为 . gdf，注意区分。

根据设计的需要，设计人员还可以在图 3. 34 所示的界面中选择建立其他类型的设计文件，其建立方法同文本文件和原理图文件的建立过程相同，在此不做详细介绍。

3. 4. 4　编辑设计文件

1. 编辑文本文件

在打开的文本编辑器窗口中，输入边沿 D 触发器的 VHDL 源代码：

```
LIBRARY   IEEE;
USE IEEE. STD _ LOGIC _ 1164. ALL;
USE IEEE. STD _ LOGIC _ ARITH. ALL;
USE IEEE. STD _ LOGIC _ UNSIGNED. ALL;
ENTITY bydff IS
PORT( cp,d:IN STD _ LOGIC;
          q:BUFFER STD _ LOGIC);
END bydff;
ARCHITECTURE kk OF bydff IS
  BEGIN
    PROCESS(cp,d)
      BEGIN
        IF(cp' EVENT' AND cp = '1') THEN
          q< =d;
        ELSE
          q< =q;
      END IF;
    END PROCESS;
  END kk;
```

选择菜单命令 File/Save 或单击存盘快捷按钮，将文件保存到已建立的项目文件夹 F:\dff 下，存盘文件名应该与实体名一致，即“bydff. vhd”。

2. 编辑原理图设计文件

在打开的图表和原理图编辑器窗口中，编辑边沿 D 触发器的原理图，具体操作步骤如下：

(1)输入逻辑功能符号

QuartusⅡ软件为实现不同的逻辑功能提供了大量的基本单元符号和宏功能模块，设计者可以在原理图编辑器中直接调用，如基本逻辑单元、中规模器件以及参数化模块 LMP 等。

在图形编辑器窗口的空白工作区内双击鼠标左键，或单击图形工具栏的“ ”按钮，或选择菜单命令 Edit/Insert Symbol，都可以弹出“Symbol”对话框。在对话框的“Name”一栏中输入要调用的逻辑功能符号名称，或从“Libraries”库元件中查找所需要的元件符号，单击“OK”按钮，即将逻辑功能符号放置到编辑器窗口中。

要重复放置同一个符号时，可以在“Symbol”对话框中选中重复输入复选框，也可以进行复制操作，方法同 MAX + plus Ⅱ。

(2)放置引脚

引脚包括输入(input)、输出(output)和双向(bidir)三种类型，放置方法与放置符号的方法相同。

(3)连线

符号之间的连线包括信号线和总线。如果需要连接两个端口，则将鼠标指针移动到其中的一个端口上，这时鼠标自动变为“+”形状，一直按住鼠标左键并拖动到第二个端口，放开左键，即可在两个端口之间画出信号线或总线。在连线过程中，当需要在某个地方拐弯时，只需要在该处松开鼠标左键，然后再继续按下左键拖动即可。

(4)引线和引脚命名

元件放置完成后，需要为引线和引脚命名。

引线命名的方法是：在需要命名的引线上单击一下，此时引线处于被选中状态，然后输入名字即可。对单个信号线命名，可用字母、字母与数字组合的形式，如 CP、Y0、Y1 等；对于给 n 位总线命名，可以采用 A[n-1..0]形式。

引脚命名的方法是：在已放置引脚的“pin _ name”处双击鼠标右键，然后输入该引脚的名字，或在引脚上双击鼠标右键，在弹出的引脚属性对话框的引脚名称文本框中输入该引脚名。引脚命名方法与引线命名一样，也分为单信号引脚和总线引脚。

(5)文件存盘

存盘文件名称为“bydff. bdf”。

到这一步原理图输入文件基本编辑完成了，如图 3.35 所示。

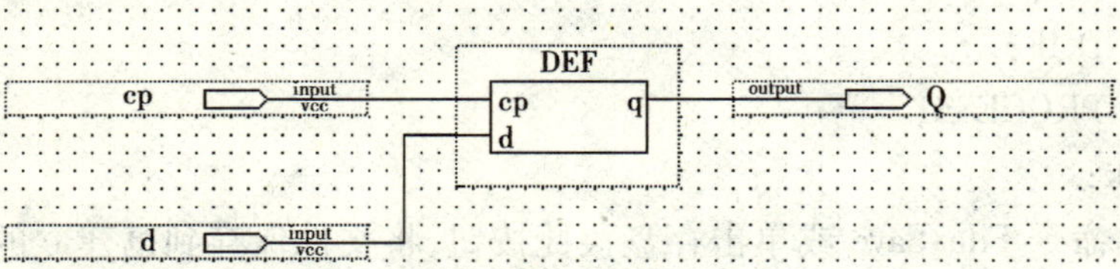

图 3.35　边沿 D 触发器的原理图

3.4.5　编译设计电路

建立好项目和顶层设计文件后，需要对项目进行编译。Quartus Ⅱ 软件的编译器是由一系列处理模块构成的，用来完成对设计项目文件的检错、逻辑综合、提取定时信息、在指定的目标器件中进行适配分割，产生的输出文件将用于设计仿真、定时分析和器件编程，同时产生各种报告文件，包括器件使用统计、编译设置、RTL级电路显示、器件资源利用率、延时分析结构和CPU使用资源等。如果项目文件编译不能通过，说明设计文件中存在语法错误或布局布线错误；如果仿真结果不正确，说明项目的逻辑功能设计存在问题，或在电路行为描述上有错误。

QuartusⅡ软件的编译类型有完全编译和分步编译两种。完全编译的过程包括分析与综合、适配/布局布线、配置和时序分析这4个环节，执行完全编译命令，QuartusⅡ将自动完成整个编译过程。而这4个环节各自对应的菜单命令，可以单独分步执行，也就是分步编译。分步编译就是使用对应命令分步执行对应的编译环节，每完成一个编译环节，生成一个对应的编译报告。完全编译操作简单，适合简单的设计。对于复杂的设计，选择分步编译可以及时发现问题，提高设计纠错的效率，从而提高设计效率。

1. 完全编译

在打开文本设计文件“bydff. vhd”的窗口中，选择菜单命令 Processing/Start Compilation，或在主工具栏中单击“▶”按钮可以进行完全编译。在窗口左边的编译状态显示栏中显示编译4个过程的运行状态，如图3.36所示。或者选择菜单命令 Processing/Compiler Tool，将弹出与 MAX + plusⅡ软件相似的编译工具对话框，如图3.37所示。在此对话框中单击“Start”按钮，将显示完全编译的过程。

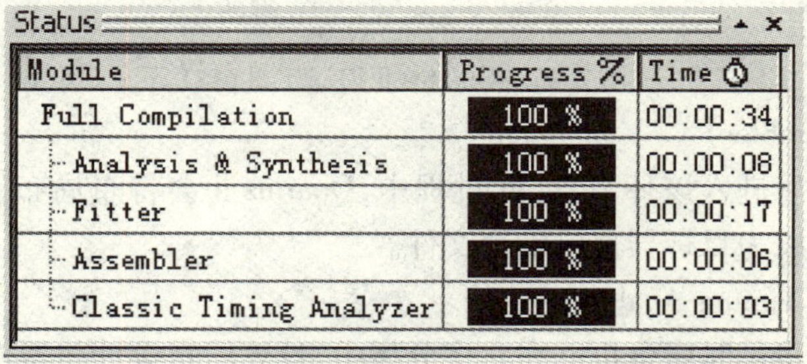

图3.36　完全编译状态

在编译过程中，QuartusⅡ会在信息显示框中显示编译的警告、错误和其他信息，并在编译结束后给出编译报告。在编译过程中遇到错误时，软件会立即终止编译过程，并给出错误信息，双击错误名称，QuartusⅡ会自动定位错误。

完全编译包括的4个过程的主要功能如下：

(1)分析与综合(Analysis & Synthesis)

将HDL语言翻译成最基本的与门、或门、非门、RAM、触发器等基本逻辑单元的连接关系(网表)，并根据约束条件优化所生成的门级逻辑连接，输出网表文件。

(2)适配(Fitter)

根据综合后的网表文件进行布局布线、选择适当的内部互联路径、引脚分配、逻辑元件分配等，将项目的逻辑和时序要求与器件的可用资源相匹配。如果对设计设置了约束条件，则布局布线器将试图使这些资源与器件上的资源相匹配，优化逻辑设计，否则布局布线器将自动优化设计。

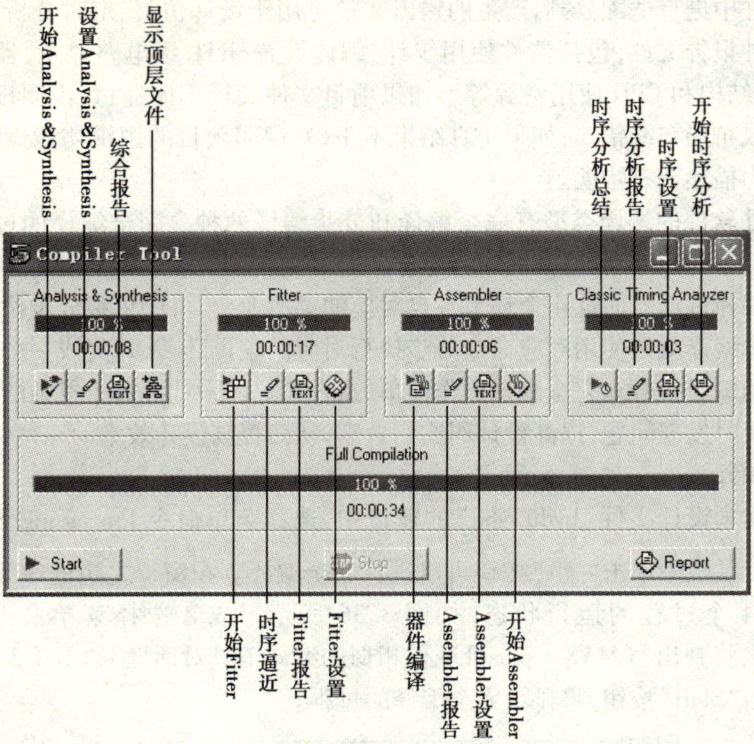

图 3.37　Quartus Ⅱ编译工具窗口

(3)配置(Assembler)

在完成适配之后进入该环节,在此过程中,Quartus Ⅱ会将布局布线结果连同引脚分配等约束条件配置成为目标器件的输出文件。

(4)时序分析(Timing Analyzer)

编译的最后一步是时序分析。在时序分析中,计算给定设计与器件上的延时,完成设计分析的时序分析和所有逻辑的性能分析。

2. 查看 RTL 视图

在设计的调试和优化过程中,可以使用 RTL 阅读器(RTL Viewer)观察设计电路的综合结果,直观地查看到设计文件的电路结构,并可以根据图中的节点回溯到设计描述,验证以及优化设计。RTL 阅读器是观察和确定源设计是否实现了设计要求的理想工具。

要想利用 RTL Viewer 来观察设计的电路结构,必须首先通过选择菜单命令 Processing/Start/Start Analysis & Elaboration 来分析设计,也可以执行 Analysis & Synthesis 或者进行完全编译,因为这些步骤中包括编译流程的 Analysis & Elaboration 阶段。成功执行 Analysis & Elaboration 后,选择菜单命令 Tools/Netlist Viewer/RTL Viewer,将弹出"RTL Viewer"窗口,如图 3.38 所示,图中界面显示的是综合后边沿 D 触发器的 RTL 级电路图。因此,RTL 视图是在综合及布局布线前生成的,并非设计的最终电路结构。

"RTL Viewer"窗口的右边是显示 RTL 级电路图的主窗口。窗口的左边,是以树状形式显示的层次列表,列出了设计电路的所有单元。层次列表的内容包括以下几个方面:

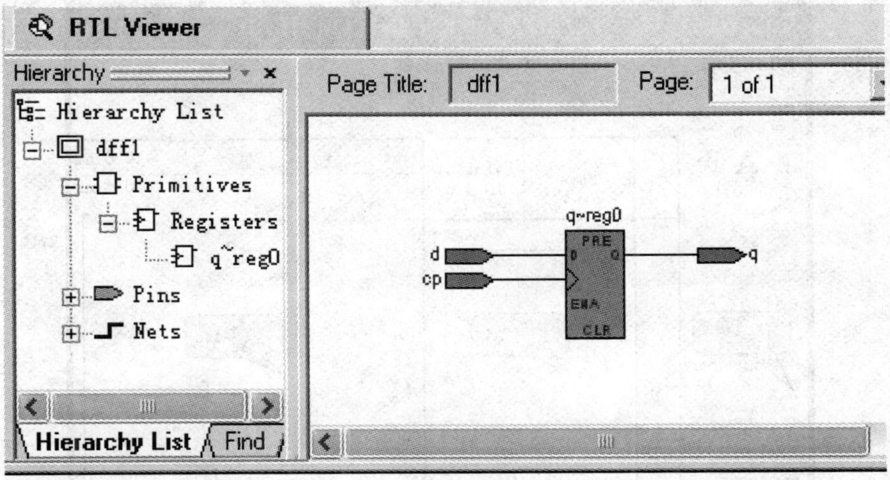

图3.38　“RTL Viewer”窗口

①Instances 能够被展开成低层次模块或实例。

②Primitives 不能被展开为任何低层次模块的低层次节点。

③Pins 当前层次的 I/O 端口，如果端口是总线，也可以将其展开，观察到端口中每一个端口的信号。

④Nets 是连接节点的连线，当网线是总线时也可以展开，观察每条网线。

在窗口的右边，单击设计模块可以选中此模块，同时被选中的单元在窗口左边的列表中也被选中，此模块的等级列表自动展开。双击结构图中的 Instances，可以展开此模块的下一级结构图。

3.4.6　设计仿真

在整个设计流程中，完成了设计输入和编译，只能说明设计符合一定的语法规范，对其是否满足设计者的功能要求并不能保证，这就需要设计者通过仿真对设计进行验证。仿真的目的就是在软件环境下，验证电路的行为和设想中的是否一致。仿真一般需要建立波形文件、输入信号节点、编辑输入波形、波形文件的保存和运行仿真器等过程。

1. 建立波形文件

波形文件用来为设计产生输入激励信号。利用 Quartus Ⅱ 软件的波形编辑器可以创建矢量波形文件(.vwf)。波形文件以波形图的形式描述仿真输入矢量，并在仿真结束后产生仿真输出矢量。

创建一个新的矢量波形文件的步骤如下：

(1)选择 Quartus Ⅱ 主界面下的菜单命令 File/New，弹出新建对话框如图 3.34 所示。

(2)在新建对话框中选择“Vector Waveform File”，单击“OK”按钮，则打开一个空白的波形编辑器窗口，主要分为信号栏、工具栏和波形栏，如图 3.39 所示。

2. 设置仿真时间区域

为了使仿真时间轴设置在一个合理的时间区域上，在图 3.39 所示的窗口中，选择菜单命令 Edit/End Time，在弹出的窗口中键入 2.0，单位选“ns”，即整个仿真域的时间设定

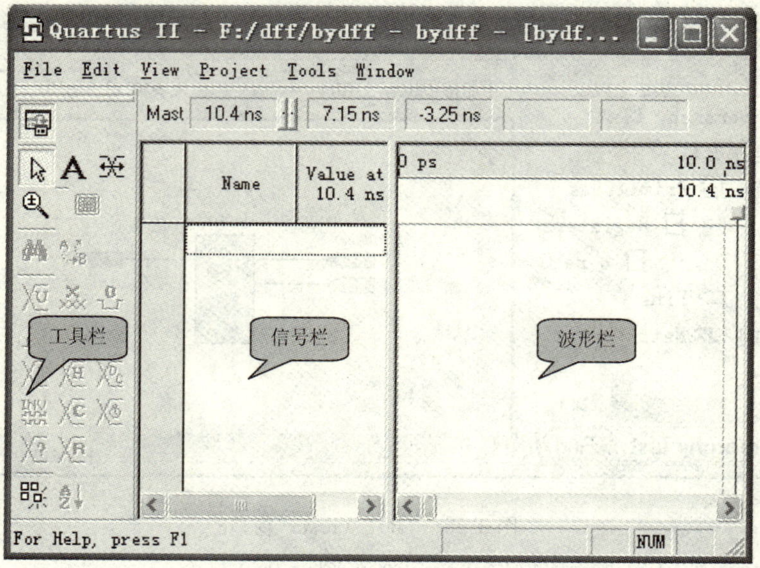

图 3.39 新建波形文件窗口

为 2.0 ns，点击“OK”按钮，结束设置。

3. 输入信号节点

在波形编辑方式下，执行菜单命令 Edit/Insert/Insert Node or Bus，或者在波形编辑器左边“Name”列的空白处单击鼠标右键，弹出“Insert Node or Bus”对话框，如图 3.40 所示。单击对话框中的“Node Finder...”按钮，弹出如图 3.41 所示的“Node Finder”窗口。

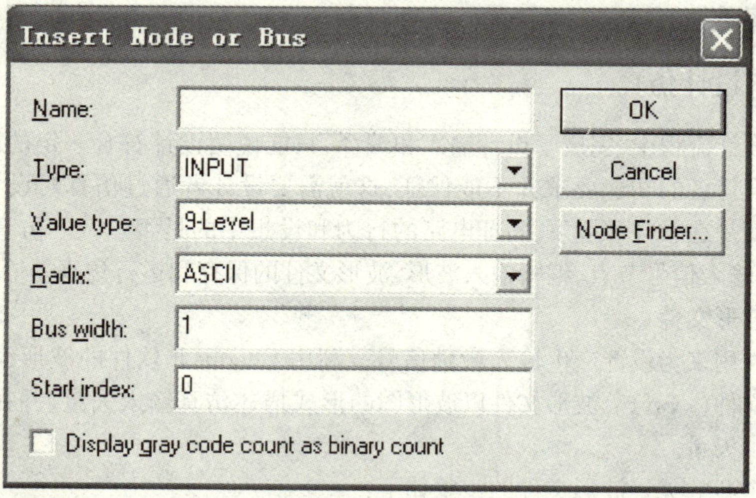

图 3.40 “Insert Node or Bus”对话框

在出现的“Node Finder”窗口中，在“Filter”列表中选择“Pins：all”，然后单击“List”按钮，则在“Nodes Found”栏列出设计中的所有节点名。在此栏中选择要加入波形文件的节点名称，然后单击“ > ”按钮，所选择的节点即加入到右边的“Selected Nodes”栏，单击“ >> ”按钮可将全部节点加入到“Selected Nodes”栏中。如果要删除某个节点，首先选

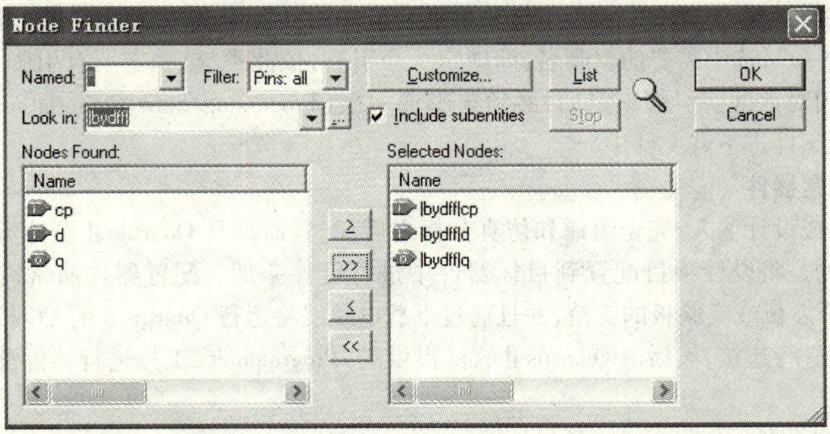

图 3.41　“Node Finder”窗口

择要删除的节点,然后单击“ < ”按钮即可,单击“ << ”可删除所有节点。

4. 编辑输入波形

编辑输入信号是指在波形编辑器中指定输入节点的逻辑电平变化,编辑输入节点的波形。单击波形编辑器窗口中的全屏显示按钮,使窗口全屏显示,使用波形编辑窗口中的各种波形赋值按钮,编辑各输入信号的激励波形。还可以设置各个信号的数据格式,有五种数据格式可供选择:Binary(二进制)、Hexadecimal(十六进制)、Octal(八进制)、Signed Decimal(有符号十进制)、Unsigned Decimal(无符号十进制)。本例中将所有信号都设置为二进制格式。

5. 启动仿真器

所有参数设置完毕后,选择菜单命令 Processing/Start Simulation 或单击“ ”快捷按钮,即可启动仿真器,直到出现“Simulator was successful”提示框为止。

6. 观察仿真波形

仿真完成后,查看仿真波形,边沿 D 触发器的时序仿真输出波形如图 3.42 所示。

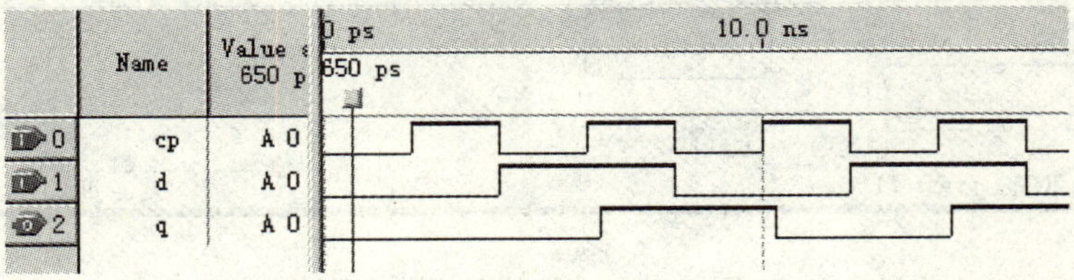

图 3.42　边沿 D 触发器的时序仿真输出波形

3.4.7　器件编程/配置

1. 引脚锁定

为了能对设计好的项目进行硬件测试,首先应将设计项目的输入输出信号锁定在芯片确定的引脚上,再将设计文件下载到芯片中。假设现在已打开了“bydff”项目,选择菜单命令 Assignments/Assignments Editor,在弹出的对话框中,选中右上方的“Pins”项,双击下方最左边一栏的“New”，将弹出信号名列表，选择其中一个信号端，再双击其右侧一栏对应的“New”，选中需要的引脚名，即锁定一个引脚，依此类推，锁定所有引脚，最后点击存盘，关闭对话框。引脚锁定后，必须再编译一次（Processing/Start Compilation），将引脚锁定信息编译进下载文件中。

2. 配置器件

在完成设计输入、完全编译和仿真分析之后，配置器件是 QuartusⅡ设计流程的最后一步，目的是将设计项目配置到目标器件中进行硬件验证。配置器件通常需要 CPLD/FPGA的开发板或实验板的支持，并且通过下载电缆线将运行 QuartusⅡ的 PC 机与目标器件开发板进行连接，然后由 QuartusⅡ软件提供的“Programmer”工具进行器件配置。其步骤如下：

（1）启动“Programmer”工具

选择菜单命令 Tools/Programmer，或者单击工具栏中的“”快捷按钮，可弹出“Programmer”对话框，如图 3.43 所示，在“Mode”栏选择合适的编程模式。

（2）器件配置

在开始对器件进行配置前，还需要指定编程文件（.sof 或 .pof）。在“Programmer”对话框中。单击“Add File”按钮，选择编程文件，并在图 3.43 中的“Program/Configure”栏下的框内打对“√”标记，然后单击“Start”按钮即可完成对器件的配置。“Progress”进行达到 100%，实验开发板上的芯片便根据设计要求成为具有一定功能的电路系统。

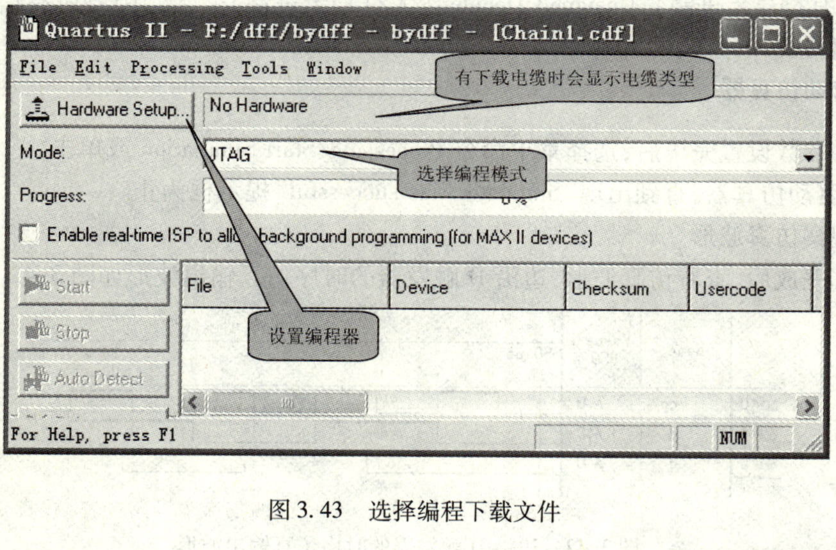

图 3.43 选择编程下载文件

3.5 MAX + plus Ⅱ与 Quartus Ⅱ的功能比较

MAX + plus Ⅱ和 Quartus Ⅱ是 Altera 公司提供的可编程逻辑器件开发工具，Quartus Ⅱ可以说是 MAX + plus Ⅱ的高端版本。MAX + plus Ⅱ作为 Altera 的上一代 PLD 设计软件，由于其友好的界面和出色的易用性而得到了广泛的应用，现在 Altera 已经停止了对 MAX + plus Ⅱ的更新支持。Quartus Ⅱ是目前 CPLD/FPGA 开发工具中较为理想的综合、仿真软件,具有许多优良特性。

(1)继承了 MAX + plus Ⅱ的优点

图形输入依然形象,图形符号与MAX + plus Ⅱ一样符合数字电路的特点,大量74系列器件符号能使初学者在较短的时间里利用图形编辑设计出需要的电路。文本输入方式几乎和MAX + plus Ⅱ相同,而且在文本的每一行都有行号,使用硬件语言编写的电路清晰易读。低层编辑仍然采用Chipview方式,引脚排列位置映射了实际器件引脚,只需要简单地用鼠标拖放即可完成低层编辑。

(2)兼容两种操作界面

Quartus Ⅱ的界面相对于与MAX + plus Ⅱ的界面已经有了很大的改变,不过对于程序的基本设计流程与MAX + plus Ⅱ没有什么区别,并且也兼容MAX + plus Ⅱ的界面操作模式。

(3)支持的器件更多

Quartus Ⅱ的支持面更广,支持的器件更多,除了支持MAX3000、MAX7000、FLEX6000、FLEX 10KE、ACEX1K等MAX + plus Ⅱ已经支持的器件外,还支持APEX Ⅱ、APEX20KC、APEX20KE、MAX Ⅱ、Stratix等MAX + plus Ⅱ无法支持的大容量、高性能的器件。

(4)更强的编译性能

Quartus Ⅱ具有更强的编译综合性能。这两个软件的编译算法不一样,得出的结果也会有差异。

(5)提供更多的信息

Quartus Ⅱ可以提供更多的编译报告,更多的仿真提示信息和时序分析信息等。

(6)增加了网络编辑能力

Quartus Ⅱ支持一个工作组环境下的设计要求,包括支持基于Internet的协作设计,与Cadence、Exemplar Logic、Mentor Graphics、Synopsys和Synplicity等EDA供应商的开发工具相兼容。

(7)提升了调试能力

Quartus Ⅱ增加了一个新的快速适配编译选项,可保留最佳性能的设置,加快了编译过程,可缩短50%的编译时间,对设计性能的影响小。

(8)增加了库文件

Quartus Ⅱ相对MAX + plus Ⅱ改进了许多设计功能,增加了库文件,所涉及的领域更广。

(9)增加辅助设计工具

QuartusⅡ中包含了许多诸如SignalTap Ⅱ、Chip Editor和RTL Viewer的设计辅助工具,集成了SOPC和HardCopy设计流程。

(10)不足之处

软件结构庞大,使用复杂,不如MAX + plus Ⅱ简单、易学、易用。

本章小结

MAX + plus Ⅱ与 Quartus Ⅱ是 Altera 公司推出的 CPLD/FPGA 开发工具,其共同点是提供了一种与结构无关的设计环境,设计人员只需使用自己熟悉的开发工具,通过设计软件提供的多种输入方式进行编译、仿真和综合,最终将设计方案转化为可编程逻辑器件所需的格式便可完成设计开发。本章主要介绍了 MAX + plus Ⅱ与 Quartus Ⅱ开发工具的主要功能及其设计流程。

(1)介绍了 MAX + plus Ⅱ与 Quartus Ⅱ的安装过程和授权许可设置方法。

(2)详细介绍了 MAX + plus Ⅱ与 Quartus Ⅱ的图形设计文件、文本设计文件的设计过程和创建项目的具体操作过程。

(3)详细介绍了设计处理过程:编译器的功能包括选择目标芯片、适配器件、仿真分析和产生下载编程的输出文件。MAX + plus Ⅱ与 Quartus Ⅱ都允许对整个设计项目进行仿真测试,也可以对设计中的任何子模块进行仿真测试。仿真操作前必须利用波形编辑器建立一个矢量波形文件作为仿真激励。

(4)详细介绍了引脚锁定和器件配置相关内容。

习　　题

1. 叙述一下 MAX + plus Ⅱ的设计流程,说明各流程的要点。

2. 简述功能仿真和时序仿真有什么区别?如何判断这两种仿真波形的正确性?

3. MAX + plus Ⅱ可以接受哪几种输入方式?

4. 简述 Quartus Ⅱ进行 HDL 输入的完整设计流程,并举例说明。

5. 使用 Quartus Ⅱ进行 4 人抢答器系统的设计。

6. 用 Quartus Ⅱ软件的图形输入方式设计同步十进制计数器,完成编译和仿真分析。

7. 设计一带进位输出的十二进制加法计数器,编译并进行时序仿真分析,说明电路设计的正确性。

8. 设计一个 4 位移位寄存器,编译并进行时序仿真分析,说明设计的正确性。

9. 对 MAX + plus Ⅱ与 Quartus Ⅱ开发工具进行比较,说明两者有什么相同点和不同点?

第 4 章

VHDL 语法基础

【内容提要】

利用硬件描述语言(Hardware Description Language,HDL)来描述电子系统是 EDA 建模和实现技术中最基本和最重要的方法,其他的许多方法都是建立在这一基础之上的,因此 VHDL 的学习在 EDA 技术的掌握中具有十分重要的地位。

本章首先介绍了 VHDL 程序的基本结构,然后详细地说明了 VHDL 语言的数据类型、数据对象和数据的操作符的功能以及使用方法,并配以程序的实例,对其进行了深入浅出地讲解。对本章内容的充分理解,是进行 VHDL 设计的前提。

4.1 VHDL 概述

VHDL 的英文全称为 Very High Speed Integrated Circuit Hardware Description Language,即超高速集成电路硬件描述语言。VHDL 语言是随着集成电路系统化和高度集成化的发展而逐步发展起来的,它是一种用形式化的方法来描述数字电路和设计数字逻辑系统的硬件描述语言。

4.1.1 VHDL 的起源

对于小规模的数字集成电路,通常可以用传统的原理图输入方式来完成。但纯原理图输入方式对于大型的、复杂的系统,由于种种条件和环境的制约,其工作效率较低,而且容易出错,暴露出很多弊端。在信息技术高速发展的今天,对集成电路提出了高集成度、系统化、微尺寸、微功耗的要求,因此,高密度可编程逻辑器件和 VHDL 便应运而生。

VHDL 诞生于 1982 年。1987 年美国国防部开发的超高速集成电路硬件描述语言 VHDL 被 IEEE 确认为 IEEE1076 标准,VHDL 是最早被接纳为 IEEE 标准的硬件描述语言。1993 年,IEEE 对 VHDL 进行了修订,从更高的抽象层次和系统描述能力上扩展 VHDL 的内容,公布了新版本的 VHDL,即 IEEE 标准的 1076—1993 版本。VHDL 支持数字系统设计、综合、验证和测试。目前,绝大多数的 EDA 工具都支持 VHDL,VHDL 因其简明的语言结构,多层次的功能描述,良好的移植性以及快速的 ASIC 转换能力,获得了广泛的应用。

4.1.2 常用硬件描述语言比较

常用的硬件描述语言有 VHDL、Verilog 和 ABEL 语言。VHDL 起源于美国军方，Verilog HDL 起源于集成电路的设计，ABEL 则来源于早期可编程逻辑器件的设计。目前最主要的硬件描述语言是 VHDL 和 Verilog，它们都通过了 IEEE 标准。

一般的硬件描述语言可以在 3 个层次上进行电路的描述，其层次由高到低依次可分为行为级、RTL(寄存器)级和门电路级。VHDL 语言适应于行为级(也包括 RTL 级)的描述，也被称为行为描述语言。Verilog 属于 RTL 级硬件描述语言，通常只适于 RTL 级和门电路级的描述。对于任何一种语言的源程序，最终都要转换成门电路级才能被布线器或适配器所接受，因此 Verilog 比 VHDL 语言的源程序综合过程要稍简单。VHDL 语言是一种高级描述语言，适用于电路高级建模，比较适合于 FPGA/CPLD 目标器件的设计。Verilog语言是一种较低级的描述语言，更适用于描述门级电路，易于控制电路资源，因此更适合于大规模集成电路或 ASIC 设计。

VHDL 发展得较早，语言比较严格，Verilog 是在 C 语言的基础上发展起来的一种硬件描述语言，语法较自由，容易掌握。VHDL 和 Verilog 两者相比，VHDL 的书写规则比 Verilog繁琐一些。

VHDL 和 Verilog 两种语言差别不大，描述能力也类似。在 IC 设计领域，通常会采用 Verilog 语言进行设计。但是对于其他 CPLD/FPGA 的设计者而言，两种语言可以自由选择。

4.1.3 VHDL 的特点

VHDL 主要用于描述设计复杂数字系统的结构、行为、功能和接口。应用 VHDL 进行工程设计有很多的优点，具体表现有：

①与其他硬件描述语言相比，VHDL 的行为描述能力更强，从而决定了它成为系统设计领域最佳的硬件描述语言。

②VHDL 具有丰富的仿真语句和库函数，随时可对设计进行仿真模拟，因而能将设计中的错误消除在电路系统装配之前，在设计早期就能检查设计系统功能的可行性，有很强的预测能力。

③VHDL 设计方法灵活，对设计的描述具有相对独立性。设计者可以不懂硬件结构，不必顾及最终设计实现的目标器件，而进行独立的设计。

④VHDL 支持广泛，目前大多数 EDA 工具几乎都在不同程度上支持 VHDL。

4.1.4 VHDL 的编程思想

VHDL 适应于实际电路系统的工作方式，以并行和顺序的多种语句方式来描述在同一时刻中所有可能发生的事件。因此可以认为，VHDL 具有描述由相关和不相关的多维时空组合的复合体系统的功能，因此，系统设计人员要摆脱一维的设计方式，以多维并发的思路来完成 VHDL 的程序设计。

一个优秀的 VHDL 设计的评判标准包括功能要求能否完成，速度要求能否满足，并考虑其可靠性以及资源的占用情况。在具体的工程设计中,必须清楚软件程序和硬件构成之间的联系,在考虑语句能够实现功能的同时,还要考虑实现这些功能可能付出的硬件代价。在编程的过程中某个不恰当的语句、算法或可省去的操作等都可能浪费其硬件资源,因此,在保证完成功能的条件下,应该合理而有效地利用VHDL语言所提供的各种语法条件,尽量地优化算法,从而节约硬件资源。

4.2　VHDL的描述结构

VHDL设计的基本单元实际上就是对电子系统的抽象。一个完整的VHDL程序通常包含实体、结构体等几部分组成。本节通过对2选1数据选择器的VHDL描述,介绍VHDL语言的描述结构。

【例4.1】 2选1数据选择器的VHDL描述

```
LIBRARY   IEEE;                          --IEEE库使用说明
USE  IEEE.STD_LOGIC_1164.ALL;
ENTITY mux21 IS                          --实体说明
   PORT( a,b: IN STD_LOGIC;
            s: IN STD_LOGIC;
            y: OUT STD_LOGIC);
END  ENTITY  mux21 ;
ARCHITECTURE arc OF mux21 IS       --  结构体说明
BEGIN
y <= a WHEN s = '0' ELSE
      b WHEN s = '1';
END  ARCHITECTURE arc;
```

由例4.1可见,选择器逻辑功能的VHDL描述使用了三个层次:

1. 库(LIBRARY)说明

VHDL库包含了描述器件的输入、输出端口数据类型时,将要用到的IEEE的标准库中的程序包,本例中用到了IEEE.STD_LOGIC_1164程序包。

2. 实体(ENTITY)说明

由关键词ENTITY引导,以END ENTITY mux21结尾的语句部分,称为实体。实体的电路意义相当于器件,在电路原理图上相当于元件符号。实体是一个完整的、独立的语言模块,它描述了mux21接口信息,定义了器件mux21端口引脚a、b、s和y的输入输出性质和数据类型。图4.1可以认为是实体的图形表达。

3. 结构体(ARCHITECTURE)说明

由关键词ARCHITECTURE引导,以END ARCHITECTURE arc结尾的语句部分,称为结构体。结构体描述电路器件的内部逻辑功能或电路结构。这一层次描述了mux21内部逻辑功能,本例的逻辑描述十分简洁,它并没有将选择器内部逻辑门的连接方式表达出来,而是将此选择器看做一个黑盒,以类似于计算机高级语言的表达方式描述了它的外部

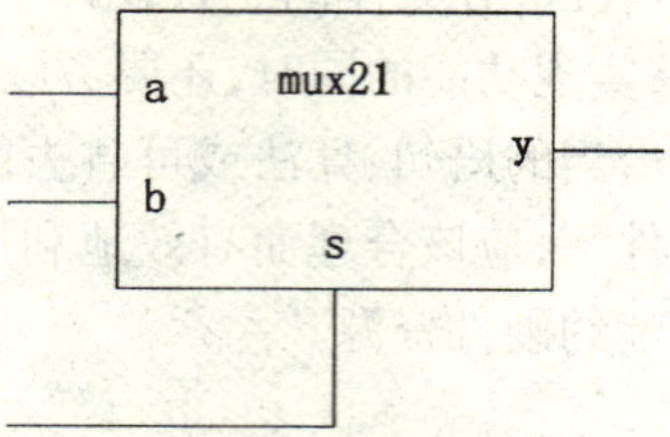

图 4.1　例 4.1 实体的图形表达

逻辑行为。符号“<=”是信号赋值符,是信号传递的意思,“y<=a”表示将 a 获得的信号赋值给 y 输出端,这是一个单向过程。

在 VHDL 结构体中用于描述逻辑功能和电路结构的语句分为顺序语句和并行语句两部分,顺序语句的执行方式十分类似于普通软件语言的程序执行方式,都是按照语句的前后排列顺序执行的。而在结构体中的并行语句,都是同时执行的,与语句的前后次序无关。VHDL 的一条完整语句结束后,必须为它加上“;”,作为前后语句的分界。程序中的注释使用“- -”,线及后面的文字不参与编译和综合。

一个相对完整的 VHDL 程序(或称为设计实体)具有如图 4.2 所示的比较固定的结构。至少应包括三个基本组成部分:库、程序包使用说明,实体和实体对应的结构体。

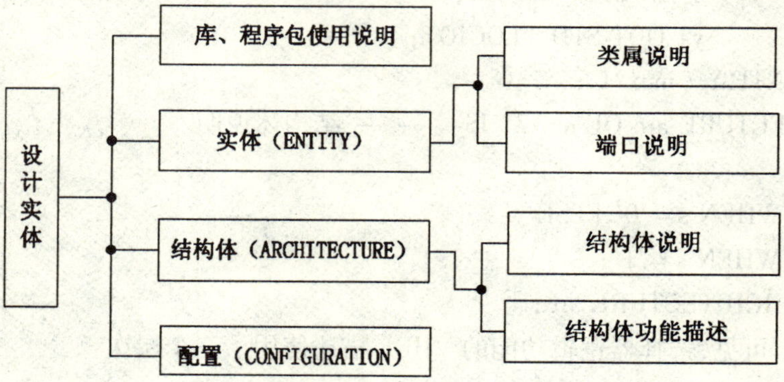

图 4.2　VHDL 程序的结构

4.2.1　实　体

实体(ENTITY)是 VHDL 设计中最基本的组成部分之一,其功能是对这个设计实体与外部电路进行接口描述,它规定了设计单元的输入/输出接口信号或引脚,是设计实体对外的一个通信界面,实体并不描述设计的具体功能。

1. 实体语句结构

实体说明的常用语句结构如下:

```
ENTITY　实体名　IS
  [GENERIC(类属表);]- -本章均用[ ] 表示可选项
  [PORT(端口表);]
END　ENTITY　实体名;
```

实体说明语句中的实体名由设计者自行命名,如例4.1所示的VHDL程序的实体名为"mux21"。在程序设计过程中,要求实体名与存储的文件名一致。

2. 类属(GENERIC)说明语句

类属参量是一种端口界面常数,常以一种说明的形式放在实体或结构体前的说明部分。常用来规定端口的大小、实体中子元件的数目以及实体的定时特性等。它和常数不同,常数只能从设计实体的内部得到赋值且不能改变,而类属参量的值可由设计实体的外部提供。因此,设计者可以从外面通过类属参量的重新设定而容易地改变一个设计实体或一个元件的内部电路结构和规模。

类属说明语句的格式为:

```
GENERIC (常数名: 数据类型[ : =设定值];
              ⋮
          常数名:数据类型[ : =设定值]);
```

例如:定义参数delay的延时值为10 ns。

```
GENERIC(delay:TIME: =10 ns);
```

3. 端口(PORT)说明语句

端口说明是对基本设计实体与外部接口的描述,也可以认为是对外部引脚信号的名称、数据类型和输入、输出方向的描述。其一般书写格式如下:

```
PORT(端口名: 端口模式   数据类型;
          ⋮
     端口名:端口模式   数据类型);
```

(1)端口名

端口类似于原理图元件符号上的外部引脚,端口名是赋予每个外部引脚的名称,端口名在实体中必须是唯一的,端口名应是合法的标识符。如果多个端口的端口模式和数据类型都相同,可以在一行进行定义,各个端口名之间用逗号隔开。

(2)端口模式

端口模式用来说明数据、信号通过该端口的方向。常用的4种端口模式分别为输入、输出、缓冲和双向。如果端口模式未被定义,则该端口默认输入模式。各端口模式的符号如图4.3所示。

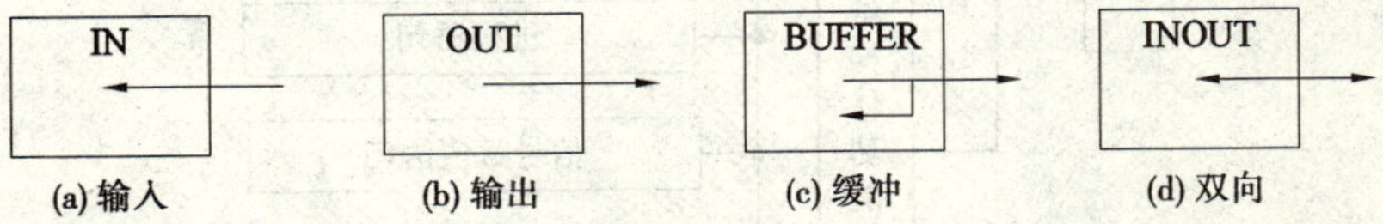

图4.3　各端口模式的符号

①输入(IN):仅允许数据流入端口,它主要用于时钟输入、控制输入(如复位和使能)和单向的数据输入。

②输出(OUT):仅允许数据从实体内部输出,该模式不能用于反馈,常用于计数输出、单向数据输出等。

③缓冲(BUFFER):允许内部引用该端口的信号,缓冲端口既能用于输出,也能用于

反馈。其输入功能是不完整的，它只能将自己输出的信号再反馈回来，并不含有 IN 的功能。

④双向(INOUT)：信号是双向的，既可以进入实体，也可以离开实体，当然也可以允许用于内部反馈。

(3)数据类型

VHDL 是一种强类型语言，任何一种数据对象必须严格限定其取值范围，即对其传输或存储的数据类型作出明确的界定。数据类型就是指端口上流动数据的表达格式或取值类型。VHDL 要求只有相同数据类型的端口信号和操作数才能相互作用。常用的数据类型有 BIT、INTEGER、STD _ LOGIC、STD _ LOGIC _ VECTOR 等，详细内容见 4.4 节。

4.2.2 结构体

结构体(ARCHITECTURE)用于描述设计实体内部工作的逻辑关系。结构体的内部构造的描述层次和描述内容可以用图 4.4 来说明。

结构体将具体实现一个实体。一个实体可以有多个结构体，每个结构体对应着实体功能的不同实现方案，各个结构体的地位是同等的，它们完整地实现了实体的行为，但同一结构体不能为不同的实体所拥有。结构体不能单独存在，它必须有一个界面说明，即一个实体。对于具有多个结构体的实体，必须用 CONFIGURATION 配置语句进行说明，在综合后实现一个实体只对应一个结构体。

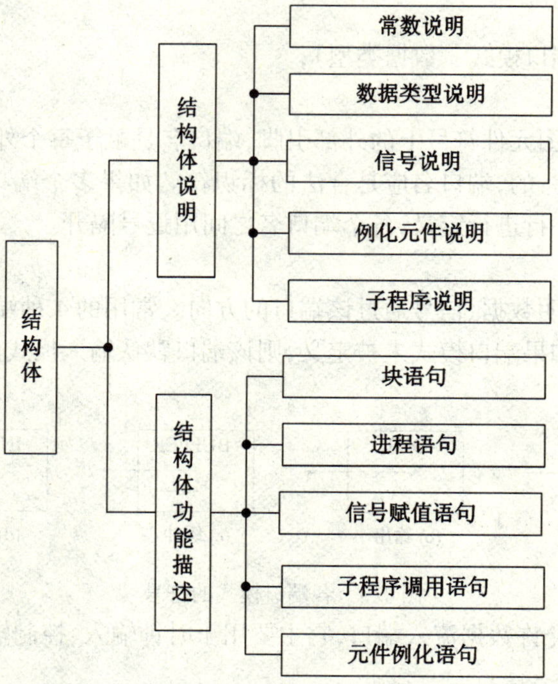

图 4.4　结构体的基本结构

1. 结构体的语句结构

结构体的语句基本格式为：

ARCHITECTURE　结构体名　OF　实体名　IS

　[说明语句]

BEGIN

　[功能描述语句]

END　ARCHITECTURE　结构体名；

结构体说明语句中的结构体名也是由设计者自行命名，它也应符合标识符的要求。

2. 结构体说明语句

结构体说明语句必须放在关键词 ARCHITECTURE 和 BEGIN 之间，用来声明该结构体将用到的信号、数据类型、常数、元件、子程序。需要注意的是，实体说明中定义的信号是外部信号，而结构体定义的信号为该结构体的内部信号，它只能用于这个结构体中。

3. 功能描述语句

结构体的功能描述语句可以含有 5 种不同类型的并行工作方式的语句。每一语句结构内部既可以使用并行语句，也可以使用顺序语句。各功能描述语句的基本组成和功能分别为：

①块(BLOCK)语句：由一系列并行语句构成，它的功能是将结构体中的并行语句组成一个或多个模块。

②进程(PROCESS)语句：内部为顺序语句。用以将从外部获得的信号值或内部的运算数据向其他的信号进行赋值。

③信号(SIGNAL)赋值语句：将设计实体内的处理结果向定义的信号或界面端口进行赋值。

④子程序(过程 PROCEDURE 和函数 FUNCTION)调用：内部为顺序语句。用于调用过程和函数。

⑤元件(COMPONENT)例化：即元件调用。用以调用另一个实体所描述的电路。

4.2.3　库 说 明

库是经编译后的数据集合，它由各种程序包组成。程序包提供了各种数据类型、函数的定义以及各种类型转换函数及运算等，库的好处就在于使设计者可以共享已经编译过的设计结果。在 VHDL 语言中可以存在多个不同的库，但是库和库之间是独立的，不能互相嵌套。

库说明语句的一般格式如下：

LIBRARY　库名；

1. 库的种类

VHDL 中的库分为设计库和资源库两类。设计库不需使用 LIBRARY 和 USE 语句声明；资源库是标准模块和常规元件存放的库，使用之前要声明。

VHDL 语言提供的常用库有 5 种：IEEE 库、STD 库、VITAL 库、WORK 库和自定义库。

(1)IEEE 库

IEEE 库是按国际 IEEE 组织制定的工业标准进行编写的标准资源库,库的内容很丰富,是最常用的资源库。IEEE 库中的标准程序包主要包括 STD _ LOGIC _ 1164、NUMERIC _ BIT 和 NUMERIC _ STD 等程序包。其中的 STD _ LOGIC _ 1164 是最重要和最常用的程序包,大部分基于数字系统设计的程序包都是以此程序包中设定的标准为基础的。

除此之外,还有一些程序包虽不是 IEEE 标准,但由于已成为事实上的工业标准,也都并入了 IEEE 库。这些程序包中,最常用的是 Synopsys 公司的 STD _ LOGIC _ ARITH、STD _ LOGIC _ SIGNED 和 STD _ LOGIC _ UNSIGNED 程序包。一般基于大规模可编程逻辑器件的数字系统设计,IEEE 库中的 4 个程序包 STD _ LOGIC _ 1164、STD _ LOGIC _ ARITH、STD _ LOGIC _ SIGNED 和 STD _ LOGIC _ UNSIGNED 已经足够使用。另需注意的是,IEEE 库中符合 IEEE 标准的程序包并非符合 VHDL 语言标准,如 STD _ LOGIC _ 1164 程序包。因此在使用 VHDL 设计实体的前面必须以显式表达出来。

(2)STD 库

VHDL 语言标准定义了两个标准程序包,即 STANDARD 和 TEXTIO 程序包,它们都被收入在 STD 库。只要在 VHDL 应用环境中,可随时调用这两个程序包中的所有内容,即在编译和综合过程中,VHDL 的每一项设计都自动地将其包含进去了。由于 STD 库符合 VHDL 语言标准,在应用中不必如 IEEE 库那样以显式表达出来。

(3)VITAL 库

使用 VITAL 库可以提高门级时序仿真的精度,一般在 VHDL 语言程序进行时序仿真时使用。该库主要包含两个程序包:

①VITAL _ TIMING 程序包:时序仿真程序包;

②VITAL _ PRIMITIVES 程序包:基本单元程序包。

(4)WORK 库

WORK 库是用户的 VHDL 设计的现行工作库,用于存放用户设计和定义的一些设计单元和程序包。因而是用户自己的仓库,用户将设计项目的成品、半成品模块,以及先期已经设计好的元件都放在其中。

(5)自定义库

设计者自己定义的库文件,把自己的设计内容或通过交流获得的程序包设计实体并入到这些库中。

2. 库的用法

在 VHDL 语言中,库的说明语句总是放在实体单元前面,而且库语句一般必须与 USE 语句一起使用。库语句关键词 LIBRARY,指明所使用的库名。USE 语句指明库中的程序包。

USE 语句的使用将所说明的程序包对本设计实体部分全部开放,即是可视的。USE 语句的使用有两种常用格式:

USE 库名 . 程序包名 . 项目名;

USE 库名 . 程序包名 . ALL;

第一种格式表达的是向本设计实体开放指定库中的指定程序包内所选定的项目。第二种格式表达的是向本设计实体开放指定库中的特定程序包内所有的内容。

例如：

```
LIBRARY IEEE;
USE IEEE.STD_LOGIC_1164.ALL;
USE IEEE.STD_LOGIC_UNSIGNED.ALL;
```

以上的三条语句表示打开 IEEE 库，再打开此库中的 STD_LOGIC_1164 程序包和 STD_LOGIC_UNSIGNED.ALL 程序包的所有内容。

4.2.4　配　置

配置语句描述层与层之间的连接关系以及实体与结构体之间的连接关系。配置可以把特定的结构体指定给一个确定的实体。通常在复杂的 VHDL 工程设计中，配置语句可以为实体指定或配置一个结构体。

在综合或仿真中，利用 VHDL 的配置功能可以选择不同的结构体进行仿真和对比，从而得到最佳的设计目标。配置语句还能用于对元件的端口连接进行重新安排等。

配置语句的一般格式如下：

```
CONFIGURATION　配置名　OF　实体名
    FOR　选配结构体名
    END　FOR;
END　配置名;
```

配置主要为顶层设计实体指定结构体，或为参与例化的元件实体指定某一结构体，以层次的方式来对元件例化作结构配置。每一个实体可以拥有多个不同的结构体，而每个结构体的地位是相同的，此时就可以利用配置说明语句为该实体指定一个结构体。

【例 4.2】　配置的简单应用

```
LIBRARY IEEE;
USE IEEE.STD_LOGIC_1164.ALL;
ENTITY xor2 IS
    PORT ( x,y: IN STD_LOGIC;
           z: OUT STD_LOGIC);
END ENTITY xor2;
ARCHITECTURE arc1 OF xor2 IS
BEGIN
    z<=x XOR y;
END ARCHITECTURE arc1;
ARCHITECTURE arc2 OF xor2 IS
BEGIN
    z<='0' WHEN (x='0') AND (y='0') ELSE
        '1' WHEN (x='0') AND (y='1') ELSE
        '1' WHEN (x='1') AND (y='0') ELSE
```

```
        '0' WHEN (x = '1') AND (y = '1') ELSE
        'Z';
END ARCHITECTURE arc2;
CONFIGURATION second OF xor2 IS
    FOR arc2
    END FOR;
END second;
CONFIGURATION first OF xor2 IS
    FOR arc1
    END FOR;
END first;
```

在例 4.2 所示程序中，若指定配置名为 second，则为实体 xor2 配置的结构体为 arc2；若指定配置名为 first，则实体 xor2 配置的结构体为 arc1。这两种结构体的描述方式是不同的，但具有相同的逻辑功能。

4.3 标识符

标识符是 VHDL 语言中各种成分的名称，这些成分包括常数、变量、信号、端口等。VHDL 的基本标识符是由 26 个大小写英文字母、数字 0 ~ 9 以及下划线"_"组成。VHDL1993 标准还支持扩展标识符，但是目前仍有许多 VHDL 工具不支持扩展标识符。合法的标识符必须遵循以下规则：

①VHDL 不区分大小写；

②任何标识符必须以英文字母开头；

③下划线不能连用；

④下划线不能放在结尾。

例如 decoder _ 1 _ h、Multi _ abc、ABC123 是合法的标识符；decoder _ _ 1、4 _ found、illegal - 3、multi _ abc _、ABC%3 是非法的。

VHDL 的常用关键字见表 4.1。关键字在 VHDL 中具有特殊的意义，因此不能作为标识符出现。

在程序书写中，熟悉掌握标识符的书写格式非常重要。

表 4.1　VHDL 的关键字

ABS	DOWNTO	LIBRARY	POSTPONED	SRL
ACCESS	FLSE	LINKAGE	PROCEDURE	SUBTYPE
AFTER	FLSIF	LITERAL	PROCESS	THEN
ALIAS	END	LOOP	PURE	TO
ALL	ENTITY	AMP	RANGE	TRANSPORT

续表 4.1

AND	EXIT	MODE	RECORD	TYPE
ARCHITECTURE	FILE	NAND	REGISTER	UNAFFECTED
ARRAY	FOR	NEW	REJECT	UNITES
ASSERT	FUNCTION	NEXT	REM	UNTIL
ATTRIBUTE	GENERATE	NOR	REPORT	USE
BEGIN	GENERIC	NOT	RETURN	VARIABLE
BLOCK	GROUP	NULL	ROL	WAIT
BODY	GUARDED	OF	ROR	WHEN
BUFFER	IF	ON	SELECT	WHILE
BUS	IMPURE	OPEN	SEVERITY	WITH
CASE	IN	OR	SIGNAL	XNOR
COMPONENT	INERTIAL	OTHERS	SHARED	XOR
CONFIGURATION	INPUT	OUT	SLA	
CONSTANT	IS	PACKAGE	SLL	
DISTANT	LABEL	PORT	SRA	

4.4　VHDL 的数据对象

在 VHDL 中，凡是可以赋予一个值的对象就称为数据对象，它类似于一种容器，可以接受不同数据类型的赋值。VHDL 数据对象包含有专门数据类型，主要有 3 个基本类型：常数、变量和信号。

4.4.1　常　数

常量(CONSTANT)是全局量。它可以在很多部分进行说明，并且可以是任何数据类型。

常数定义一个恒定不变的值，主要是为了使设计实体中的某些量易于阅读和修改。常数说明就是对某一常数名赋予一个固定值。常数通常在程序开始前进行赋值，该值的数据类型在相应的说明语句中说明。

常数说明的一般格式如下：

CONSTANT 常数名：数据类型[：=表达式]；

例如：

```
CONSTANT vcc:REAL:=5.0;                               --实数类型
CONSTANT dhf:STD_LOGIC_VECTOR:="1011";                --标准位矢量型
CONSTANT delay:TIME:=10 ns;                           --时间类型
```

VHDL 要求所定义的常数数据类型必须与表达式的数据类型一致。

4.4.2 变 量

变量(VARIABLE)是局部量。变量只能在进程和子程序中使用,不能将信息带出对它作出定义的当前设计单元。

变量是在设计实体中会发生变化的值,变量的赋值是理想化数据传输,赋值是立即生效的,不存在任何的延时行为。定义变量的语法格式如下:

VARIABLE 变量名:数据类型[:= 初始值];

例如:VARIABLE a: INTEGER RANGE 0 TO 9; －－a 为整数型变量

VARIABLE b: STD _ LOGIC; －－b 为数组型变量

变量的定义语句中的初始值可以是一个常数,也可以是一个全局静态表达式,但其数据类型必须与该变量一致。此初始值也不是必需的,由于硬件电路上电后的状态具有随机性,因此综合器并不支持设置初始值,但仿真器支持该初始值。变量赋值的一般表达式是:

目标变量名:=表达式;

变量的使用规则如下:

①变量赋值和初始化赋值都是用“:=”表示;

②变量不能用于硬件连线和存储元件;

③变量所赋的初值不是预设的,某一时刻只能包含一个值;

④变量不能用于在进程间传递数据。

4.4.3 信 号

信号(SIGNAL)是全局量。信号一般在结构体、程序包和实体中使用。

信号是描述硬件系统的基本数据对象。信号可以作为设计实体中并行语句模块间的信息交流通道。信号作为一种数值的容器,不但可以容纳当前值,也可以保持历史值。这一属性与触发器的记忆功能有很好的对应关系。定义信号的一般格式如下:

SIGNAL 信号名:=数据类型[:=初始值];

例如:

SIGNAL qn:STD _ LOGIC _ VECTOR (3 DOWNTO 0):="0000";

信号赋值语句语法格式如下:

目标信号名 < =表达式;

例如:q < =qn;

对信号赋初值一般会在结构体中完成,而不是在信号定义处,因为综合器往往会忽略信号声明时所赋初值。信号的赋值并不是立即执行的,至少要经历一个特定的延时时间 δ。

信号与变量有许多的不同之处,使用时应当特别注意。

①信号类似于电路设计中的一条硬件连接线;变量与硬件没有直接对应关系,通常用来暂存某些值。

②信号是全局量,用于进程间的数据传递;变量是局部量,只能在进程和子程序中使用。

③信号的赋值至少有δ延时,而变量赋值没有延时,是立即执行的。

④信号赋值使用"<="符号;变量赋值使用":="符号。

⑤信号定义在结构体、程序包和实体的说明语句中,变量则定义在进程和子程序说明部分中。

⑥在一个进程中多次为一个信号赋值时,只有最后一次赋值会起作用;而当为变量赋值时,变量的改变是立即发生的。即变量将保持着当前值,直到被赋予新的值为止。

4.5 VHDL的数据类型

VHDL具有很强的数据类型,因此VHDL语言中信号、变量、常数都要指定数据类型。为此,VHDL提供了多种标准数据类型。另外,为使用户设计方便,还可以由用户自定义数据类型。这样可以使语言的描述能力更强,描述方式更自由,从而为系统高层次的仿真提供了必要的手段。

在VHDL语言中,数据类型的定义相当严格,不同类型的数据不能相互传递和作用,而且,即使数据类型相同,但位长不同时也不能直接代入。

1. VHDL的标准数据类型

(1)布尔(BOOLEAN)量

布尔量常用来表示信号的状态或者总线上的情况,它实际上是一个二值枚举类型。一个布尔量只有TURE和FALSE两种状态:"真"或"假"。布尔量不能进行算术运算,只能进行关系运算。例如:它可以在IF语句中被测试,测试结果产生一个布尔量TURE或FALSE,综合器将其变为1或0信号值。

(2)字符(CHARACTER)

字符允许的数据内容为128个标准ASCII标准字符,字符量通常用单引号引起来,如'A'。一般情况下,VHDL对大小写是不区分的,但用了单引号的字符的大小写是有区别的。

(3)字符串(STRING)

字符串是字符的一个非约束型数组,或称字符串数组。字符串要用双引号标明,VHDL综合器支持字符串数据类型。字符串的定义示例如下:

SIGNAL string _ kj:SRTRING(1 TO 5):="ac de";

(4)整数(INTEGER)

整数与数学中整数的定义相同,在VHDL中,整数的取值范围为-2 147 483 647~+2 147 483 647,即可用32位有符号的二进制数表示,范围从$-(2^{31}-1)\sim+(2^{31}-1)$。在实际应用中,VHDL仿真器通常将整数作为有符号数处理,而VHDL综合器则将整数作为无符号数处理。

如语句"SIGNAL hsk:INTEGER RANGE 0 TO 9;"规定整数hsk的取值范围是0~9共10个值,可用4位二进制来表示,因此,hsk将被综合成由四条信号线构成的信号。

不同进制的整数常量的书写方式示例如下：

4　　　　　　　——十进制整数 4，注意不加单、双引号

3E2　　　　　　——十进制整数 300

8#12#　　　　　——八进制整数 12

2#10110101#　　——二进制整数 10110101

(5)实数(REAL)

VHDL 的实数类似于数学上的实数，或称浮点型。实数的取值范围为 -1.0E38 ~ +1.0E38。由于实数类型的实现相当复杂，目前在电路规模上难以承受。通常情况下，实数类型仅能在 VHDL 仿真器中使用，综合器不支持实数。

实数常量的书写方式示例如下：

4.3332　　　　　——十进制实数 4.3332

16#4F.6#E+1　　——十六进制实数 4F6

(6)自然数(NATURAL)和正整数(POSITIVE)

自然数是整数的一个子类型，非负的整数，即零和正整数；正整数也是整数的一个子类型，它包括整数中非零和非负的数值。它们在 STANDARD 程序包中的定义如下：

```
SUBTYPE NATURAL IS INTEGER RANGE 0 TO INTEGER'HIGH
SUBTYPE POSITIVE IS INTEGER RANGE 1 TO INTEGER'HIGH
```

(7)位(BIT)

位数据类型与布尔量一样，都属于枚举型，取值只能是'1'或者'0'。位数据类型通常也用单引号引起来。位的数据对象，如变量、信号等，可以参与逻辑运算，运算结果仍是位的数据类型。在程序包 STANDARD 中定义的源代码为：

```
TYPE BIT IS ('0','1');
```

(8)位矢量(BIT _ VECTOR)

位矢量是基于 BIT 数据类型的数组，使用位矢量必须注明宽度，即数组中的元素个数和排列顺序。它是使用双引号括起来的一组位数据，如“11011010”。在程序包 STANDARD中定义的源代码为：

```
TYPE BIT _ VECTOR IS ARRAY (NATURAL RANGE < >)OF BIT;
```

若将信号 a 定义为一个具有 8 位位宽的矢量，其最左位为 a(7)，最右位为 a(0)，则应为如下所示定义：

```
SIGNAL a :BIT _ VECTOR(7 DOWNTO 0);
```

(9)时间(TIME)

时间类型值的范围是整数所定义的范围，时间类型的完整表达方法应包括整数和单位两部分，两部分之间至少留一个空格，如 20 ns，15 ms。时间类型一般用于仿真，对于逻辑综合来说意义不大。

(10)错误等级(SEVERITY LEVEL)

在 VHDL 仿真中，错误用来表征设计系统的工作状态。共有 4 种可能的状态值：NOTE(注意)、WARING(警告)、ERROR(错误)，FAILURE(失败)。在系统仿真过程中，可输出这 4 种值来提示设计者仿真系统的当前工作状况。

2. IEEE 预定义标准逻辑位和矢量

在 IEEE 的程序包 STD _ LOGIC _ 1164 中定义了两个非常重要的数据类型标准逻辑位(STD _ LOGIC)和标准逻辑矢量(STD _ LOGIC _ VECTOR)。

(1)标准逻辑位(STD _ LOGIC)

标准逻辑位类型是 BIT 类型的扩展,共定义了 9 种不同的值,各值的含义分别是:

X——强未知; 0——强 0; 1——强 1; Z——高阻态;

W——弱未知; L——弱 0; H——弱 1; U——未初始化;

-——不可能情况。

其中未知状态方便了系统仿真,高阻状态方便了双向总线的描述。而在这 9 种值中,只有前 4 种取值具有实际物理意义,其他的是为了与模拟环境相容才保留的。

在程序中若使用此数据类型,需在库说明部分加入如下语句:

```
LIBRARY IEEE;
USE IEEE. STD _ LOGIC _ 1164. ALL;
```

目前在设计中通常使用 IEEE 的 STD _ LOGIC,而 BIT 型则很少使用。由于标准逻辑位数据类型的多值性,在编程时要特别注意,要将 STD _ LOGIC 所有的可能取值都要进行处理,否则可能会引入不希望的寄存器。

(2)标准逻辑位矢量(STD _ LOGIC _ VECTOR)

标准逻辑位矢量是工业标准的逻辑类型,STD _ LOGIC 的组合。STD _ LOGIC _ VECTOR数据类型的数据对象赋值方式与一位数组 ARRAY 是一样的,即遵照同位宽、同数据类型的矢量间才能进行赋值的原则。在 VHDL 语言中,标准逻辑位矢量的某一位或某几位的表示方法是用括号将该元素的序号括起来。例如:

```
SIGNAL a,b,c:STD _ LOGIC _ VECTOR(0 TO 7);
SIGNAL k:INTEGER RANGE 0 TO 3;
SIGNAL g,h:STD _ LOGIC;
g < = a(k);                    - - k是不可计算型下标
h  < = b(3);                   - - 3是可计算型下标
c ( 0 TO 3) < = b (0 TO 3);    - -以段的方式进行赋值
```

使用 STD _ LOGIC _ VECTOR 描述总线信号很方便,但需要注意的是总线中的每一根信号线都必须定义为同一种数据类型 STD _ LOGIC。

3. 用户自定义数据类型

除了上述一些标准的数据类型外,VHDL 还允许用户自行定义新的数据类型。由用户定义的数据类型有很多种,如枚举类型(ENUMERATION TYPE)、整数类型(INTEGER TYPE)、数组类型(ARRAY TYPE)、存储类型(ACCESS TYPE)、记录类型(RECORD TYPE)、时间类型(TIME TYPE)、实数类型(REAL TYPE)等。用户定义的数据类型的规范书写格式为:

TYPE 数据类型名 IS 数据类型定义 [OF 基本数据类型];

其中,数据类型定义部分用来描述所定义的数据类型的表达方式和表达内容;基本数据类型是指数据类型定义中所定义的元素的基本数据类型,一般都是取已有的数据类型,如

BIT、STD _ LOGIC 或 INTEGER 等。

(1)枚举类型

枚举类型可以混合不同数据类型的元素,组合出特殊的数据类型,也可将相同类型以枚举方式组成一种新的数据类型。不同枚举可以包含相同元素,但调用时必须标明该枚举的名称。编译器先将集合中元素的位置顺序编码,再据此识别枚举数据类型,并以集合涵盖的方式定义一种新的特殊的数据类型,很适合用于状态机中所有状态的定义。其定义格式如下:

TYPE　枚举类型名　IS (枚举元素 1,枚举元素 2,……);

数据内容出现的顺序会影响关系运算符的运算结果。在括号中,由左至右,编码值依次为 0,1,2…

例如:

TYPE state _ type IS (s0、s1、s2、s3);

此例定义了一个新数据类型名为 state _ type,数据位矢量的长度可以为 2 的状态机的所有可能状态:s0、s1、s2、s3。

(2)整数与实数类型

此处的整数与实数类型是标准包中预定义的整数类型的子集。由于综合器无法综合未限定范围的整数类型的信号或变量,故一定要用 RANGE 子句为所定义整数限定范围以使综合器能决定该信号或变量的二进制的位数,以便能为综合器所接受,从而提高芯片资源的利用率。

整数类型和实数类型用户定义的一般格式如下:

TYPE　数据类型名　IS　RANGE　约束范围;

例如:

TYPE　data　IS　RANGE　-5　TO　5;

(3)数组类型

数组类型是将一组具有相同数据类型的元素集合起来,作为一个数据对象来处理的数据类型。数组可以是每个元素只有一个下标的一维数组,也可以是每个元素有多个下标的多维数组。数据类型的规范书写格式为:

TYPE　数据类型名　IS　ARRAY(约束范围)　OF　原数据类型名称

例如:

TYPE word IS ARRAY (0 TO 15) OF STD _ LOGIC;

定义数据类型 word 为一维的 15 位标准逻辑数组。

TYPE multi IS ARRAY (0 TO 15 , 0 TO 63) OF STD _ LOGIC;

定义数据类型 multi 为 16×64 的二维标准逻辑数组。

(4)记录类型

记录类型与数组类型类似,所不同的是记录类型是将不同类型元素集合成一种新的数据类型,记录中的元素其数据类型可以不是 VHDL 预先定义的,而是在程序中临时定义的。记录数据类型的定义格式为:

TYPE　数据类型名　IS　RECORD

```
    元素名:元素数据类型名;
    元素名:元素数据类型名;
        ⋮
END  RECORD  [记录类型名];
```

例如:

```
TYPE operator IS (s0,s1,s2,s3)
TYPE record_ex IS RECORD
    ad: INTEGER RANGE 0 TO 15;
    syd:STD_LOGIC;
    div:operator;
    decal:STD_LOGIC_VECTOR (7 DOWNTO 0);
END RECORD;
```

此程序以枚举数据类型定义 operator 为一个 4 状态的集合。定义 record_ex 为一种记录,该记录类型包含 4 个不同类型的元素。

4. 用户自定义子类型

用户自定义的子类型是用户对已定义的数据类型做一些范围限制而形成的一种新的数据类型。子类型 SUBTYPE 只是由 TYPE 所定义的原数据类型的一个子集,它满足原数据类型的所有约束条件,原数据类型称为基本数据类型。子类型定义的一般格式为:

```
SUBTYPE  子类型名  IS  基本数据类型  RANGE  约束范围;
```

例如,在 STD_LOGIC_VECTOR 基础上所形成的子类型:

```
SUBTYPE data IS STD_LOGIC_VECTOR (7 DOWNTO 0);
```

由于子类型与其基本数据类型属同一数据类型,因此属于子类型的和属于基本数据类型的数据对象间的赋值和被赋值可以直接进行,因此不需要进行数据类型的转换。

利用子类型定义数据对象可以提高程序的可读性,更显著的优点是子数据类型有利于提高综合的优化效率,这是因为综合器可以根据子类型所设的约束范围有效地推出参与综合的寄存器的最合适的数目。

5. 数据类型的转换

在 VHDL 程序设计中,不同类型的对象不能直接代入。对于某一数据类型的变量、信号、常量赋值时,类型一定要一致,否则在综合或仿真时将无法通过。

为了进行不同类型的数据变换,可以有 3 种转换方法:类型标记法、函数转换法和常数转换法。

(1)用类型标记法实现类型转换

类型标记就是类型的名称。类型标记法只适用于关系亲密的标量类型之间的类型转换,即整数和实数的类型转换。其语句格式如下:

```
        数据类型标识符 (表达式);
```

若

```
        VARIABLE x: INTEGER;
        VARIABLE y: REAL;
```

则

```
x := INTEGER (y);        --把变量 y 取整后赋值给 x
y := REAL(x);            --把变量 x 加上小数点变实数后赋值给 y
```

在上面语句中,实数转换成整数时会发生舍入现象。如果某实数的值正好处于两个整数的正中间,其转换结构可能向任何方向靠拢。

类型标记转换法必须遵循以下规则:

仅限于数据类型相互间的关联性非常大的数据类型之间的转换,如(整型、浮点型),如果浮点型数转换为整型数,则转换结果是最接近的一个整型数。

如果两个数组具有相同的维数,它们的元素是同一类型,并且在各自的下标范围内索引是同一类型或非常接近的类型,那么这两个数组类型可以相互转换。

枚举型不能被转换。

(2)用函数法进行类型转换

在 VHDL 语言中,程序包定义了类型的转换函数,设计人员可以直接调用转换函数进行类型的转换。有 3 种程序包,每个程序包中的转换函数都不相同。引用时,先打开库和相应的程序包。表 4.2 列举了几种转换函数及其功能。

表 4.2　数据类型转换函数及其功能

程序包	函数名	功能
STD_LOGIC_1164	TO_STDLOGICVECTOR(A)	由 BIT_VECTOR 转换成 STD_LOGIC_VECTOR
	TO_BITVECTOR(A)	由 STD_LOGIC_VECTOR 转换成 BIT_VECTOR
	TO_STDLOGIC(A)	由 BIT 转换成 STD_LOGIC
	TO_BIT (A)	由 STD_LOGIC 转换成 BIT
STD_LOGIC_ARITH	CONV_STD_LOGIC_VECTOR(A,位长)	由 INTEGERR、UNSIGNED、SIGNED 转换成 STD_LOGIC_VECTOR
	CONV_INTEGER(A)	由 UNSIGNED、SIGNED 转换成 INTEGER
STD_LOGIC_UNSIGNED	CONV_INTEGER(A)	由 STD_LOGIC_VECTOR 转换成 INTEGER

【例 4.3】 数据类型转换

```
LIBRARY IEEE ;
USE IEEE.STD_LOGIC_1164.ALL;
USE IEEE.STD_LOGIC_UNSIGNED.ALL;
ENTITY con IS
    PORT (red:IN STD_LOGIC_VECTOR(2 DOWNTO 0);
              ⋮
         );
```

```
END con;
ARCHITECTURE arc OF con IS
SIGNAL in_red:INTEGER RANGE 0 TO 5;
    ⋮
BEGIN
    In_red <= CONV_INTEGER(red); --将信号 red 转换成整数后赋值给
                                   in_red
      ⋮
END arc;
```

此外,由 BIT_VECTOR 转换成 STD_LOGIC_VECTOR 也非常方便。代入 STD_LOGIC_VECTOR 的值只能是二进制数,而代入 BIT_VECTOR 的值除二进制以外,还可能是十六进制或八进制。

4.6 VHDL的运算符

在 VHDL 程序中,表达式是通过不同的运算符连接多个操作数来完成算术或逻辑运算的式子。其中操作数是各种运算的对象,而运算符则规定运算的方式。VHDL 语言的运算符有:逻辑(LOGICAL)运算符、关系(RELATIONAL)运算符、算术(ARITHMETIC)运算符、并置(CONCATENATION)运算符,这4类运算符是完成逻辑和算术运算的最基本的运算符单元。如果运算操作符和变量类型不匹配,那么在 EDA 工具的编译和综合过程中是无法通过的。

4.6.1 逻辑运算符

在 VHDL 语言中,有7种逻辑运算符,分别是:

(1)NOT —— 取反
(2)AND —— 与
(3)OR —— 或
(4)NAND —— 与非
(5)NOR —— 或非
(6)XOR —— 异或
(7)XNOR —— 异或非

逻辑运算符所适用操作数的数据类型为 STD_LOGIC、BIT 和 STD_LOGIC_VECTOR 三种。在一个 VHDL 语句中存在两个或两个以上逻辑表达式时,左右没有优先级差别,因此需要使用括号将这些运算分组。一个含有括号的逻辑表达式在运算时通常先做括号内的运算,再做括号外的运算。

逻辑运算符规范书写方法:

①a <= b AND c AND d AND e;　　--等效的逻辑代数为 $a=b\times c\times d\times e$
②a <= b OR c OR d OR e;　　--等效的逻辑代数为 $a=b+c+d+e$

③a < =(b AND c) OR (d AND e); - -等效的逻辑代数为 a =(b×c) +(d×e)

4.6.2 算术运算符

VHDL 语言有 10 种算术运算符,分别是:

(1) + —— 加运算

(2) - —— 减运算

(3) * —— 乘运算

(4) / —— 除运算

(5)MOD —— 取模运算

(6)REM —— 取余运算

(7) + —— 正(一元运算)

(8) - —— 负(一元运算)

(9) * * —— 指数运算

(10)ABS —— 取绝对值

(11)& —— 并置运算

算术运算符的使用规则如下:

①一元运算(正、负)的操作数可以为整数、实数、物理量。

②加法和减法运算的操作数可以是整数、实数。而且加法运算的两个操作数必须具有相同的数据类型。

③乘、除运算的操作数可以同为整数和实数。物理量可以被整数或实数相乘或相除,其结果仍为一个物理量。物理量除以相同类型的物理量,其商为整数或实数。

④求模和取余运算的操作数必须是同一整数类型的数据。

⑤指数运算符的左操作数可以是任一整数或实数,而右操作数应为一整数(只有在左操作数是实数时,右操作数才可以是负整数)。

并置运算符"&"用于位的连接。并置运算符的使用规则如下:

①并置运算符可用于位的连接,形成位矢量。

②并置运算符也可用于两个位矢量的连接,以构成更大的位矢量。

例如,将 2 个位用并置运算符"&"连接就可以构成一个具有 2 位长度的位矢量。两个 2 位长度的位矢量用并置运算符"&"连接就可以构成一个具有 4 位长度的位矢量。

```
SIGNAL a,b:STD_LOGIC;
SIGNAL x,y:STD_LOGIC_VECTOR(1 DOWNTO 0);
z < =a&b;  ——z 是 2 位长度的位矢量
w < =x&y;  ——w 是 4 位长度的位矢量
```

加、减、乘能综合为逻辑电路,其余运算综合成逻辑电路很困难或完全不可能实现。

4.6.3 关系运算符

在两个对象作比较运算时,关系运算符可以将两个操作数比较的结果表示出来。这些关系运算符运算的结果为 BOOLEAN 数据类型,即为真(TURE)或为假(FALSE)。

VHDL 语言中有 6 种关系运算符,分别为:

(1) =　　—— 等于

(2) /=　　—— 不等于

(3) <　　—— 小于

(4) <=　　—— 小于等于

(5) >　　—— 大于

(6) >=　　—— 大于等于

在 VHDL 程序设计中,关系运算符有如下规则:

①两个对象进行比较时,数据类型一定要相同。

②等于和不等于运算符适用于所有数据类型的对象之间的比较。

③大于、小于、大于等于、小于等于适用于整数、实数、位、位矢量及数组类型的比较。

④"<="符号有两种含义:信号赋值运算符和小于等于运算符,具体是哪一种要根据上下文进行判断。

⑤在进行关系运算时,左右两边的操作数的数据类型必须相同,但位长不一定相同。

⑥在利用关系运算符对矢量进行比较时,比较过程是从最左边的位开始,从左至右按位进行比较的。在位长不同的情况下,只能按从左至右的比较结果作为关系运算的结果。

下面是对 4 位和 5 位的位矢量进行比较的实例。

```
SIGNAL a:STD_LOGIC_VECTOR(3 DOWNTO 0);
SIGNAL b:STD_LOGIC_VECTOR(4 DOWNTO 0);
a<="1111";
b<="10001";
IF(a<b)THEN
  ⋮
ELSE
  ⋮
```

上例比较结果应该为 a<b。但是,由于位矢量是从左至右按位比较的,当比较到次高位时,a 的次高位为 1 而 b 的次高位为 0,故比较结果 a>b 。这样的比较结果显然与实际情况不符。

为了能使位矢量进行关系运算,在程序包 STD_LOGIC_UNSIGNED 中对 STD_LOGIC_VECTOR 关系运算重新作了定义,使其可以正确地进行关系运算。因此,在位矢量比较之前,必须说明调用该程序包。当然,此时位矢量还可以和整数进行关系运算。

4.6.4　操作符的运算优先级

在 VHDL 程序设计中,逻辑运算、关系运算、算术运算、并置运算优先级是各不相同的,各种运算符不可能放在一个程序语句中,所以把各种运算符排成一个统一的优先顺序表意义不明显。运算符的优先顺序仅在同一行的情况下有顺序、有优先,不同行的语句是并行的。运算符的优先级见表 4.3 所示,其运算符的优先级由高到低。NOT 优先级别最高,XOR 的优先级别最低。

表 4.3　VHDL 中运算符的优先级

优先级顺序	运算符类型	运算符	运算符功能
高	逻辑运算符	NOT	取非
	算术运算符	ABS	取绝对值
		* *	指数运算
		REM	取余
		MOD	求模
		/	除法
		*	乘
		−	负
		+	正
	并置运算符	&	并置
	算术运算符	−	减法
		+	加法
	关系运算符	> =	大于等于
		< =	小于等于
		>	大于
		<	小于
		/ =	不等于
		=	等于
	逻辑运算符	XOR	异或
		NOR	或非
		NAND	与非
		OR	或
低		AND	与

本章小结

一个完整的 VHDL 程序通常包括实体（ENTITY）、结构体（ARCHITECTURE）、配置（CONFIGURATION）、程序包（PACKAGE）和库（LIBRARY）5 部分。其中最基本的是实体、结构体和库部分。

在 VHDL 语言中的数据对象主要包括：信号、变量和常数。信号类似于电路设计中的一条硬件连接线；变量与硬件没有直接对应关系，通常用来暂存某些值。信号是全局量，用于进程间的数据传递；变量是局部量，只能在进程和子程序中使用。在一个进程中多次为一个信号赋值时，只有最后一个值会起作用；而当为变量赋值时，变量的改变是立即发生的。即变量将保持着当前值，直到被赋予新的值为止。

在 VHDL 语言中，数据类型的定义相当严格，不同类型的数据不能相互传递和作用，而且，即使数据类型相同，但位长不同，也不能直接代入。VHDL 语言提供了多种标准数据类型。另外，为使用户设计方便，还可以由用户自定义数据的类型。

VHDL 语言中的运算符有逻辑运算符、关系运算符、算术运算符和并置运算符 4 种。操作数的类型应该和运算符所要求的类型相一致。另外，运算符是有优先级。

习　题

1. 简述实体说明和结构体说明的基本书写格式并说明各个组成部分的作用？
2. 试说明 VHDL 语言中实体的端口模式 BUFFER 和 INOUT 之间的区别？
3. 基本标识符的规则有哪些？
4. 信号和变量在描述和使用时有哪些主要区别？
5. VHDL 的运算符包括哪几种？每一种运算符所适用操作数的数据类型分别是什么？
6. VHDL 中类型转换函数的程序包有哪些？
7. 试说明下面语句中定义的意义。

```
    SIGNAL a,b,c:BIT := '1' ;
    CONSTANT time0,time1:15 ms;
    VARIABLE x,y:STD_LOGIC_VECTOR(3 DOWNTO 0):='0000';
```

8. 试说明下面程序所执行的结果。

```
    LIBRARY IEEE;
    USE IEEE.STD_LOGIC_1164.ALL;
    ENTITY use_variable IS
        PORT ( a,b,c:IN STD_LOGIC;
               x,y:OUT STD_LOGIC);
END use_variable;
ARCHITECTURE arc OF use_variable IS
BEGIN
    PROCESS (a,b,c)
    VARIABLE d,f:STD_LOGIC;
    BEGIN
        d:=c;
        x<=a xor d;
        d:=b;
        f:=a or b;
        y<=c and d and f;
    END PROCESS;
END arc;
```

第 5 章 VHDL 主要描述语句

【内容提要】

在用 VHDL 进行硬件电路描述时，按照语句的执行顺序可以把 VHDL 中的语句分成两大类：顺序描述语句和并行描述语句。

顺序描述语句就是在语句的执行过程中，语句的执行顺序是按照语句的书写顺序一个语句一个语句地执行的；并行描述语句就是在语句的执行过程中，语句的执行顺序与语句的书写顺序无关，所有语句是并发执行的。在逻辑系统的设计中，这些语句从多侧面完整地描述数字系统的硬件结构的基本逻辑功能，其中，包括通信的方式、信号的赋值、多层次的元件例化以及系统行为等。

除以上两个内容外，本章还对 VHDL 提供的子程序、程序包以及时钟、复位信号的 VHDL 描述进行了详细的描述。子程序是一个 VHDL 程序模块，它是利用顺序语句来定义和完成算法的，应用它能更有效地完成重复性的设计工作。程序包主要用来存放各个设计都能共享的数据类型、子程序说明、属性说明和元件说明等部分。

5.1 顺序描述语句

顺序描述语句的特点是每一条顺序语句的执行（指仿真执行）顺序是与它们的书写顺序基本一致的，但其相应的硬件逻辑工作方式并非如此，希望读者在理解过程中要注意区分 VHDL 语言的软件行为及描述综合后的硬件行为之间的差异。所谓“顺序”，就是指语句的执行顺序是完全按照源代码中语句的出现顺序来执行的，而且还意味着在源代码中前面语句的执行结果可能会对后面语句的执行结果产生影响。

顺序语句只能出现在进程（PROCESS）和子程序中。利用顺序语句可以描述逻辑系统中的组合逻辑、时序逻辑或它们的综合体。

VHDL 中常用的顺序语句主要有赋值语句、IF 语句、CASE 语句、LOOP 语句、NEXT 语句，EXIT 语句、null 语句等。

5.1.1 变量赋值语句和信号赋值语句

赋值语句的功能就是将一个值或一个表达式的运算结果传递给某一数据对象，如信号或变量，或由此组成的数组（矢量）。VHDL 设计实体内的数据传递以及对端口界面外部数据的读写都必须通过赋值语句的运行来实现；赋值语句有两种，即变量赋值语句和信号赋值语句，其语句格式如下：

变量赋值目标：= 表达式；

信号赋值目标 < = 表达式；

注意赋值符号两边的数据类型和宽度必须保持一致，即表达式的值必须与赋值对象的类型、宽度一致。

在 VHDL 中，信号的说明只能在源代码的并行部分进行，而在使用时既可用在源代码的并行部分又可用在源代码的顺序部分。变量的说明和赋值语句只能在源代码的顺序部分进行说明和使用，即只能出现在进程、过程和函数中。

变量赋值和信号赋值在概念和语法上有着较大的差异，可先从变量与信号本身的性质来分析。

变量具有局部特征，它的有效范围只局限于所定义的一个进程或一个子程序，它是一个局部的、暂时性的数据对象。变量值只能在进程或子程序中使用，无法传递到进程或子程序之外，不能用做不同实体之间的连接参数。因此，它类似于一般高级语言的局部变量，只在局部范围内有效。

信号则不同，信号具有全局性特征，它不但可以作为一个设计实体内部各单元之间数据传送的载体，而且可通过信号与其他的实体进行通信（实体中描述的端口本质上也是一种信号）。信号是一种能够体现功能模块间联系的全局性的数据对象。

变量赋值使用“：=”操作符。对变量的赋值是立即发生的，当对变量进行赋值时，变量的值立刻被更新。其值保持到该变量被赋给另一个不同的值为止。

信号赋值使用“ < = ”操作符。如果同一进程中同一信号赋值目标有多个赋值源时，那么只有最后一次赋值有效，信号赋值目标获得的是最后一个赋值源的赋值，前面的赋值语句无任何实际意义，可不予考虑。如果进程中的信号被多次赋值和读取，无论在进程中的什么位置，所读的值仍是最后所赋的值。信号赋值具有延迟性，其值的更新是在进程结束时发生的。

下面给出一个例子，从中可看出变量与信号赋值的特点及它们之间的区别。

【例 5.1】 变量与信号赋值的 VHDL 描述

```
SIGNAL s1,s2:STD_LOGIC;
SIGNAL svec:STD_LOGIC_VECTOR(0 TO 3);
……
PROCESS(s1,s2)
VARIABLE v1,v2:STD_LOGIC;
BEGIN
v1:='1';              --立即将变量 v1 置位为 1
v2:='1';              --立即将变量 v2 置位为 1
s1<='1';              --信号 s1 被赋值为 1
s2<='1';              --由于在本进程中，这里的 s2 不是最后一个赋值语句故不作
```

```
                     任何赋值操作
svec(0) <= v1;     --将变量 v1 在上面的赋值 1,赋给 svec(0)
svec(1) <= v2;     --将变量 v2 在上面的赋值 1,赋给 svec(1)
svec(2) <= s1;     --将信号 s1 在上面的赋值 1,赋给 svec(2)
svec(3) <= s2;     --将最下面的赋予 s2 的值 0,赋给 svec(3)
v1 := '0';         --将变量 v1 置入新值 0
v2 := '0';         --将变量 v2 置入新值 0
s2 <= '0';         --由于这是信号 s2 最后一次赋值,赋值有效,此 0 将上面准备
                     赋入的 1 覆盖掉
END PROCESS;
```

如果有几个进程给同一个信号赋值,则驱动源是连接在一起的,最终的电路可能无效,也可能是“线与”、“线或”或者是“3 态总线”。如例 5.2 所示。

【例 5.2】 信号赋值的 VHDL 描述

```
ARCHITECTURE rtl OF ex IS
  SIGNAL a: STD_LOGIC;
BEGIN
 lable1:PROCESS(…)
  BEGIN
       a <= b;
       ……
  END PROCESS;
lable2:PROCESS(…)
  BEGIN
       a <= c;
       ……
  END PROCESS;
END ex;
```

在例 5.2 结构体中,包含两个进程,两个进程分别对同一个信号 a 进行了赋值,则最终的结果可能无效,也可能是“线与”、“线或”或者是“3 态总线”。通常情况下,不建议采用这种方法对信号进行赋值。

5.1.2 IF 语句

IF 语句是一种条件语句,它根据语句中所设置的一种或多种条件,有选择地执行指定的顺序语句,常用 IF 语句的语句格式有以下三种:

```
(1)IF 条件 THEN
      顺序处理语句;
   END IF
```

```
(2)IF 条件 THEN
     顺序处理语句;
     ELSE
     顺序处理语句;
  END IF ;
(3)IF 条件 THEN
     顺序处理语句;
     ELSIF 条件 THEN
     顺序处理语句;
        ……
     ELSIF 条件 THEN
     顺序处理语句;
     ELSE
     顺序处理语句;
  END IF;
```

IF 语句语句格式(1)称为 IF 语句的门闩控制,见例 5.3;IF 语句语句格式(2)称为 IF 语句的二选择控制,见例 5.4;IF 语句语句格式(3)称为 IF 语句的多选择控制,见例 5.5。

IF 语句中至少应有一个条件句,条件句必须由布尔表达式构成。IF 语句根据条件产生的判断结果 TRUE 或 FALSE,有条件地选择执行其后的顺序语句。如果某个条件的布尔值为 TRUE,则执行该条件句后的关键词 THEN 后面的顺序语句,否则结束该条件句的执行,或执行 ELSIF 或 ELSE 后面的顺序语句后,结束该条件句的执行,直到执行到最外层的 END IF 语句才完成全部 IF 语句的执行。IF 语句中隐含了优先级别的判断,最先出现的条件优先级最高,可用于设计具有优先级的电路,如 8－3 优先级编码器等。

【例 5.3】　锁存器电路 IF 语句描述(图 5.1)

```
IF(ena ='1') THEN
     q <= d;
END IF;
```

在例 5.3 中,当锁存器的使能端 ena 为 1 时,即为高电平时,将输入信号 d 赋给输出信号 q。

【例 5.4】　二选一多路选择器电路 IF 语句描述(图 5.2)

```
ARCHITECTURE rtl OF 21mux IS
   BEGIN
     PROCESS(a, b, sel)
       BEGIN
         IF(sel ='1')THEN
           y<=a;
         ELSE
           y<=b;
```

```
        END IF;
    END PROCESS;
END rtl ;
```

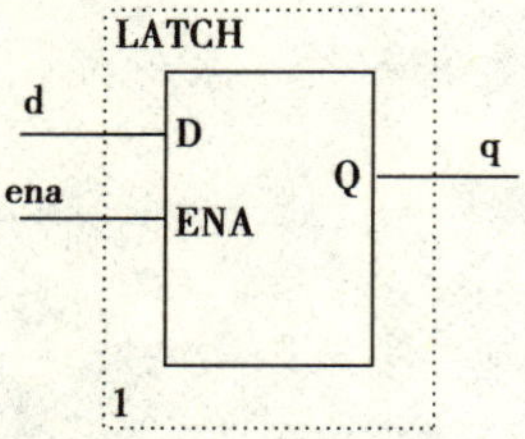

图 5.1　锁存器电路

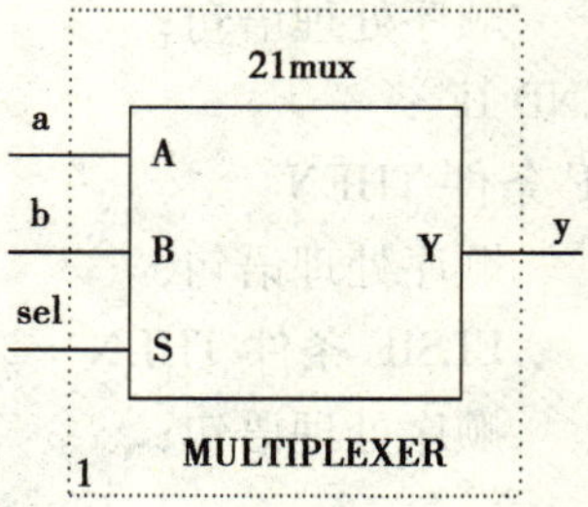

图 5.2　二选一多路选择器电路

在例 5.4 中出现的 PROCESS 是 VHDL 中的一种并行描述语句，详见 5.2.1 节内容，IF 语句属于顺序语句，必须放在进程或子程序中使用。例 5.4 中 IF 语句为：判断当条件 sel = '1' 为真时，即 sel = '1' 时，则执行相应的顺序语句 y < = a，将 a 的值赋给 y，否则，执行 else 后面的顺序语句 y < = b，将 b 的值赋给 y。

【例 5.5】　四选一多路选择器电路的 IF 语句描述

```
LIBRARY IEEE;
USE IEEE. STD_LOGIC_1164. ALL;
ENTITY mux4 IS
    PORT(a,b,c,d:IN STD_LOGIC_VECTOR (3 DOWNTO 0);
         s:IN STD_LOGIC_VECTOR(1 DOWNTO 0);
         x:OUT STD_LOGIC_VECTOR(3 DOWNTO 0));
END mux4;
ARCHITECTURE behave OF mux4 IS
    BEGIN
      Mux4:PROCESS(a,b,c,d)
        BEGIN
            IF s = "00" THEN X < = a;
              ELSIF s = "01" THEN X < = b;
              ELSIF s = "10" THEN X < = c;
              ELSE X < = d;
            END IF;
        END PROCESS mux4;
END behave;
```

5.1.3　CASE 语句

在用 VHDL 进行硬件电路设计的过程中，有一些语句的操作是根据某个表达式的值来进行操作的,这时常常使用 CASE 语句。CASE 语句常用来描述总线或编码、译码行为。虽然用 IF 语句也能完成类似的功能,但是 CASE 语句的条件式与执行语句的对应关系十分明显,因此它的可读性语句要比 IF 语句强得多。

CASE 语句的语句格式如下:

```
CASE <表达式> IS
    WHEN <选择值1> => <顺序语句>; ... ; <顺序语句>;
    WHEN <选择值2> => <顺序语句>; ... ; <顺序语句>;
    ...
    WHEN OTHERS => <顺序语句>; ... ; <顺序语句>;
END CASE;
```

当执行到 CASE 语句时,首先计算表达式的值,然后按条件语句的书写先后顺序查找与之相同的选择值,当查找到与表达式相等的选择值时,执行后面对应的顺序语句,然后结束 CASE 语句。表达式可以是一个整数类型或枚举类型的值,可以是由这些数据类型的值构成的数组。需注意的是,条件句中的“=>”并不是操作符,它只相当于 IF 语句中的“THEN”,起分隔作用,可视为一个分隔符。

选择值可以有四种不同的表达方式:

①单个普通的数值,如 3;

②数值选择范围,如(2 TO 4),表示取值 2,3 或 4;

③并列数值,如 3|5,表示取值为 3 或者 5;

④混合方式,以上三种方式的混合。

【例 5.6】　四选一多路选择器电路的 CASE 语句描述。

```
LIBRARY IEEE;
USE IEEE.STD_LOGIC_1164.ALL;
ENTITY mux4 IS
PORT (i0,i1,i2,i3:IN STD_LOGIC;
          sel:IN STD_LOGIC_VECTOR(1 DOWNTO 0);
          q:OUT STD_LOGIC);
END mux4;
ARCHITECTURE body_mux4 OF mux4 IS
    BEGIN
    PROCESS(i0,i1,i2,i3,sel)
    BEGIN
    CASE sel IS
          WHEN "00" => q <= i0;
          WHEN "01" => q <= i1;
          WHEN "10" => q <= i2;
          WHEN "11" => q <= i3;
          WHEN OTHERS => NULL;
```

```
    END CASE;
  END PROCESS;
END;
```

在例 5.6 中,CASE 语句描述的逻辑功能是:当表达式 sel 的值为 00 的时候,执行 q < = i0语句,即把输入信号 i0 的值赋给输出信号 q;当表达式 sel 的值为 01 的时候,执行 q < = i1 语句,即把输入信号 i1 的值赋给输出信号 q;当表达式 sel 的值为 10 的时候,执行 q < = i2 语句,即把输入信号 i2 的值赋给输出信号 q;当表达式 sel 的值为 11 的时候,执行 q < = i3 语句,即把输入信号 i3 的值赋给输出信号 q;当表达式 sel 的值为除以上四种取值以外的其他值时,为空操作,NULL 语句详见 5.1.6。即该例实现了四选一多路选择器电路逻辑功能的描述。

使用 CASE 语句需注意以下几点:

①条件句中的选择值必须在表达式的取值范围内。

②除非所有条件句中的选择值能完整覆盖 CASE 语句中表达式的取值,否则最末一个条件句中的选择必须用"OTHERS"表示,它代表已给的所有条件中未能列出的其他可能的取值,这样可以避免综合器插入不必要的寄存器。这一点对于定义为 STD _ LOGIC 和 STD _ LOGIC _ VECTOR 数据类型的值尤为重要,因为这些数据对象的取值除了 0 和 1 以外,还可能有其他的取值,如高阻态 Z、不定态 X 等。

③CASE 语句中每一条件句的选择只能出现一次,不能有相同选择值的条件语句出现。

④CASE 语句执行时必须选中,且只能选中所列条件语句中的一条,这表明 CASE 语句中至少包含一个条件语句。

【例 5.7】 CASE 语句的误用

```
SIGNAL value: INTEGER RANGE 0 TO 15;
SIGNAL out _ 1: BIT;
CASE value IS                    - - 缺少 WHEN 条件语句
END CASE;
CASE value IS                    - - 分支条件不包含 2 到 15
    WHEN 0 = > out _ 1 < = '1';
    WHEN 1 = > out _ 1 < = '0';
END CASE;
CASE value IS                    - - 在 5 到 10 上发生重叠
    WHEN 0 TO 10 = > out _ 1 < = '1';
    WHEN 5 TO 15 = > out _ 1 < = '0';
END CASE;
```

一般的,能用 CASE 语句描述的逻辑电路,同样也可以用 IF 语句来描述,而且有的逻辑用 CASE 语句无法描述,只能用 IF 语句来描述。与 IF 语句相比,使用 CASE 语句的程序可读性要好一些,这是因为它把条件中所有可能出现的情况全部列出来了,可执行条件一目了然。

5.1.4　LOOP 语句

LOOP 语句与其他高级语言中的循环语句相似。LOOP 语句,即循环语句,它可使其所包含的一组顺序语句被循环执行。

VHDL 中的循环语句有三种形式,即 LOOP 语句、FOR LOOP 语句和 WHILE LOOP 语句。

(1)无条件循环 LOOP 语句,其语句格式为:

```
[循环体标号]:LOOP
顺序语句;
EXIT [循环体标号];
END LOOP [循环体标号];
```

从 LOOP 至 END LOOP 组成了一个循环体。LOOP 前可置一个循环体标号(该循环体标号不是必须的),作为该循环的标志。循环体内包含若干顺序语句,一旦开始执行此循环,这些顺序语句将周而复始地执行,直到遇到跳出循环语句 NEXT 或 EXIT,才终止循环。NEXT 和 EXIT 语句的用法将在 5.1.5 节中介绍。

【例 5.8】　无条件循环 LOOP 语句的描述

```
l3:LOOP
   q: =q +1;
   EXIT L3 WHEN q >10;
   END LOOP L3;
   ……
```

在例 5.8 中,无条件进入标号为 L3 的 LOOP 循环语句中循环执行 q: =q +1 语句,当 q 大于 10 时,才退出该 LOOP 循环。

(2)FOR LOOP 语句

FOR LOOP 语句是一个有限次循环语句。其语句格式为:

```
[循环体标号]:FOR 循环变量 IN 循环变量取值范围 LOOP
             顺序语句;
             END LOOP[循环体标号];
```

FOR 循环的循环次数由循环变量取值范围决定。执行该循环时,由循环变量从指定范围中依次每取一值进行一次循环,取尽范围中所有指定值,即结束循环。循环变量不需另外说明,其作用范围仅限于当前循环体内,且只可读不可写。注意,循环变量取值范围必须是可计算的整数范围,格式如下:

整数表达式 TO 整数表达式

整数表达式 DOWNTO 整数表达式

其中 TO 表示序列由低到高,如:“2 TO 8”;DOWNTO 表示序列由高到低,如:8 DOWNTO 2。

【例 5.9】 用 FOR LOOP 语句编写的 8 位偶校验电路

```
LIBRARY IEEE;
USE IEEE.STD_LOGIC_1164.ALL;
ENTITY pcheck1 IS
  PORT(a:IN STD_LOGIC_VECTOR(7 DOWNTO 0);
       y:OUT STD_LOGIC);
END;
ARCHITECTURE test OF pcheck1 IS
  BEGIN
    PROCESS (a)
      VARIABLE tmp:STD_LOGIC;
    BEGIN
      tmp:='0';
      FOR n IN 0 TO 7 LOOP
        tmp:=tmp XOR a(n);
      END LOOP;
      y<=tmp;
  END PROCESS;
END;
```

(3) WHILE LOOP 语句

WHILE 循环是一种条件循环。形式为：

```
[循环体标号]:WHILE 条件表达式 LOOP
            顺序语句;
            END LOOP [循环体标号];
```

执行此循环时，先判别条件表达式的取值，条件为真，则完成本轮循环，并转入下一轮循环的条件判别；条件为假，则结束循环。

【例 5.10】 用 WHILE LOOP 语句编写的 8 位奇校验电路的 VHDL 程序。

```
LIBRARY IEEE;
USE IEEE.STD_LOGIC_1164.ALL;
ENTITY pcheck2 IS
  PORT(a:IN STD_LOGIC_VECTOR(7 DOWNTO 0);
       y:OUT STD_LOGIC);
END;
ARCHITECTURE test OF pcheck2 IS
  BEGIN
    PROCESS (a)
      VARIABLE tmp:STD_LOGIC;
      VARIABLE n:INTEGER RANGE 0 TO 8;
```

```
    BEGIN
      tmp:='0';
      n:=0;
    CHECKLOOP: WHILE n<8 LOOP
      tmp:=tmp XOR a(n);
      n:=n+1;
    END LOOP CHECKLOOP;
    y<=tmp;
  END PROCESS;
END;
```

注意:循环变量 n 需先定义、赋初值、指定变化方式,再使用。一般综合工具不支持 WHILE LOOP 语句,所以很少被使用。

5.1.5　NEXT 和 EXIT 跳出循环语句

VHDL 中提供了两种跳出循环的操作,一种是 NEXT 语句,另一种是 EXIT 语句。

1. NEXT 语句

LOOP 语句中,NEXT 语句用来跳出本次循环。NEXT 语句的语句格式有如下三种:

①NEXT;

②NEXT [LOOP 标号];

③NEXT [LOOP 标号] [WHEN 条件];

格式①,无条件终止当前的循环,跳回到本次循环 LOOP 语句起始位置进入下一次循环。

格式②,无条件终止当前的循环,跳转到指定标号的 LOOP 语句开始处,重新开始执行循环操作。当有多重 LOOP 语句嵌套时,标号尤其重要。

格式③,当条件表达式的值为 TRUE,则执行 NEXT 语句,即结束本次循环,跳到标号所指的下次循环的位置,否则继续向下执行。

如果 NEXT 后有 LOOP 标号,但无 WHEN 条件,与没加 LOOP 标号的功能是基本相同的,只是当有多重 LOOP 语句嵌套时,前者可以跳转到指定标号的 LOOP 语句处,重新开始执行循环操作。

【例 5.11】　NEXT 语句的应用举例 1

```
……
l1: WHILE i<10 LOOP
l2: WHILE j<20 LOOP
        ……
        NEXT l1 WHEN i=j;
        ……
        END LOOP l2;
        END LOOP l1;
        ……
```

该例是两层嵌套循环。当 $i=j$ 时，NEXT 语句被执行，程序跳出 L2 循环(内循环)，跳转到 L1 循环(外循环)的下一次循环的开始处执行。

【例 5.12】 NEXT 语句的应用举例 2

```
……
l _ x:FOR cnt _ value IN 1 TO 8 LOOP
     s1:a(cnt _ value):='0';
        k:=0
l _ y:LOOP
     S2:b(k):='0';
          NEXT l _ x WHEN (e>f);
     S3:b(k+8):='0';
        k=k+1;
        NEXT LOOP l _ y;
        NEXT LOOP l _ x;
……
```

该例是两层嵌套循环，外层循环是 FOR LOOP 语句，内层循环是 LOOP 语句。当 e>f 为真时，执行语句 NEXT l _ x，跳转到 l _ x，使 cnt _ value 加 1，从 s1 处开始执行语句；若为假，则执行 s3 后的语句。

2. EXIT 语句

EXIT 语句用于结束循环状态，并强迫循环语句从正常执行中跳到由语句标号所指定的新位置继续执行。EXIT 语句的语句格式有如下三种：

①EXIT;

②EXIT [LOOP 标号];

③EXIT [LOOP 标号] [WHEN 条件];

在这里，三种语句格式与对应的 NEXT 语句格式和操作功能都非常相似，唯一的区别在于：NEXT 语句跳转的方向是 LOOP 标号指定的 LOOP 语句开始处，当没有 LOOP 标号时，跳转到当前 LOOP 语句的循环起始点，而 EXIT 语句跳转的方向是 LOOP 标号指定的 LOOP 循环结束处，即完全跳出指定的循环，并开始执行循环外的语句。即，NEXT 语句是转向 LOOP 语句的起始点，而 EXIT 语句则是转向 LOOP 语句的终点。

【例 5.13】 EXIT 语句的应用举例，比较两个数的大小。

```
SIGNAL a,b:STD _ LOGIC _ VECTOR(1 DOWNTO 0);
SIGNAL a _ lessthan _ b:BOOLEAN;
……
a _ lessthan _ b<=FALSE;
FOR i IN 1 DOWNTO 0 LOOP
   IF(a(i)='1'AND b(i)='0') THEN
      a _ lessthan _ b<=FALSE;
      EXIT;
```

```
      ELSIF(a(i) ='0' AND b(i) ='1') THEN
      a_lessthan_b <= TRUE;
      EXIT;
      ELSE NULL;
    END IF;
  END LOOP;
```

此程序先比较 a 和 b 的高位,高位是 1 者为大,输出判断结果 TRUE 或 FALSE 后退出比较程序,当高位相等时,继续比较低位。NULL 为空操作语句,详见 5.1.6 节说明。

5.1.6　NULL 语句

NULL 为空操作语句,它不完成任何动作,只是把运行操作指向下一条语句。NULL 语句常用在 CASE 语句中,利用 NULL 来表示其余的不用的条件下的操作行为,以满足 CASE 语句对条件值全部列举的要求。NULL 语句的语句格式为:

```
NULL;
```

【例 5.14】　NULL 语句的应用举例

```
CASE light IS
    WHEN red   => state_value:=1;
    WHEN green  => state_value:=0;
    WHEN yellow  => state_value:=0;
    WHEN OTHERS => NULL;
END CASE;
```

5.2　并行描述语句

VHDL 不仅提供了顺序描述语句,同时也提供了并行描述语句。并行描述语句最能体现 VHDL 作为硬件设计语言的特点。我们了解,实际的硬件系统中的很多操作都是并发的,因此在对系统进行模拟时要把这些并发性体现出来,并行语句正是用来表示这种并发行为的。

在 VHDL 中,并行描述语句在结构体中是同时并发执行的,其执行顺序与书写的顺序没有任何关系。但要注意,在一个结构体内,存在的各进程语句是并发执行的,它们之间可以通过信号进行通信。但是,每个进程内部的语句是顺序执行的。只有并行描述语句和顺序语句的灵活运用才符合 VHDL 语言设计的要求和硬件特点。

在结构体中并行描述语句的位置:

```
ARCHITECTURE 结构体名 OF 实体名 IS
说明语句
BEGIN
  并行描述语句
END 结构体名;
```

常用的并行描述语句有：并行信号赋值语句、进程语句、元件例化语句、生成语句、块语句等。并行描述语句可以出现在 VHDL 程序中的并行描述部分。

5.2.1 并行信号赋值语句

并行信号赋值语句有三种形式：简单信号赋值语句、条件信号赋值语句和选择信号赋值语句。

这三种信号赋值语句的共同点是：赋值目标必须都是信号；所有赋值语句与其他并行描述语句一样，在结构体内的执行是同时发生的，与它们的书写顺序无关；每一信号赋值语句都相当于一条缩写的进程语句，而这条语句的所有输入信号都被隐性地列入此进程的敏感信号列表中。

因此，任何信号的变化都将启动相关并行描述语句的赋值操作，而这种启动完全是独立于其他语句的，它们都可以直接出现在结构体中。

(1)简单信号赋值语句

简单信号赋值语句是并行描述语句结构的基本单元，语句格式如下：

信号赋值目标 < = 表达式；

其中，信号赋值目标的数据类型必须与赋值符号右边表达式的数据类型一致。

【例 5.15】 简单信号赋值语句的应用举例

```
ARCHITECTURE one OF bc IS
  SIGNAL s,e,f,g,h:STD _ LOGIC;
BEGIN
  output1 < =a AND b;
  output2 < =c + d;
  g< =e OR f;
  h< =e XOR f;
  s1 < =g;
END ;
```

例 5.15 结构体中五条信号赋值语句的执行是并发执行的。

【例 5.16】 以下两种描述等价

```
ARCHITECTURE behav OF a _
  var IS
BEGIN
     output < =a;
END behav;
```

⇔

```
ARCHITECTURE behav OF a _ var IS
BEGIN
     PROCESS(a)
     BEGIN
          output < =a;
     END PROCESS;
END behav;
```

一个简单并行信号赋值语句是一个进程的缩写。

(2)条件信号赋值语句

条件信号赋值语句的格式如下：

```
信号赋值目标<=表达式 WHEN 赋值条件 ELSE
              [表达式 WHEN 赋值条件 ELSE]
              ……
              [表达式 WHEN 赋值条件 ELSE]
              表达式;
```

在结构体中的条件信号赋值语句的功能与在进程中的 IF 语句相似。在执行条件信号赋值语句时，每一赋值条件按书写的先后关系逐项判定，一旦发现赋值条件为 TRUE，立即将表达式的值赋给赋值目标。条件信号赋值语句允许有条件重叠现象，与 CASE 语句有很大的区别。

【例5.17】　条件信号赋值语句的应用举例，以下两种描述等价。

```
ARCHITECTURE ex OF mux IS
  BEGIN
    z<=a WHEN p1='1'
    ELSE
      b WHEN p2='1' ELSE
      c;
END;
```

⇔

```
ARCHITECTURE ex OF mux IS
  BEGIN
PROCESS(p1,p2,a,b,c)
BEGIN
    IF p1='1'THEN
        z<=a;
    ELSIF p2='1'THEN
          z<=b;
        ELSE
        z<=c;
    END IF;
END PROCESS;
END;
```

条件信号赋值语句与进程中的多选择 IF 语句等价。同 IF 语句一样，由于条件测试的顺序性，第一句具有最高赋值优先级，第二句次之，第三句最低。在例5.17中当 p1 和 p2 同时为1时，z 得到的值是 a。

(3)选择信号赋值语句

选择信号赋值语句的书写格式如下：

```
WITH 选择表达式 SELECT
信号赋值目标<=表达式 WHEN 选择值,
              表达式 WHEN 选择值,
              ……
              表达式 WHEN 选择值;
```

在结构体中的选择信号赋值语句与进程中的 CASE 语句作用相似。CASE 语句的执行依赖于进程中敏感信号的改变而启动进程，而且要求 CASE 语句中各子句的条件不能有重叠，必须包容所有的条件。

选择信号赋值语句也有敏感量，即关键词 WITH 右边的选择表达式。每当选择表达式的值发生变化时，就将启动此语句对各子句的选择值进行测试对比，当发现有满足条件的子句的选择值时，就将此子句表达式的值赋给信号赋值目标。与 CASE 语句相类似，选择赋值语句对于子句条件选择值的测试是并行的。不像条件信号赋值语句那样是按照子句的书写顺序从上至下逐条测试的。因此，选择赋值语句不允许有条件重叠的现象，也不允许存在条件涵盖不全的情况，可用 OTHERS 代表所列选择值以外的其他所有选择值。

【例 5.18】 选择信号赋值语句的应用举例，四选一数据选择器描述。

```
ENTITY mux4 IS
    PORT(i0, i1, i2, i3, a, b: IN STD_LOGIC;
        q: OUT STD_LOGIC);
END mux4;
ARCHITECTURE rtl OF mux4 IS
  SIGNAL sel: STD_LOGIC_VECTOR (1 DOWNTO 0);
BEGIN
    sel<=b & a;
    WITH sel SELECT
        q<=i0 WHEN "00",
            i1 WHEN "01",
            i2 WHEN "10",
            i3 WHEN "11",
            'X' WHEN OTHERS;
END rtl;
```

注意：选择信号赋值语句的每一个子句结尾是逗号，最后一句是分号；而条件赋值语句每一子句的结尾没有任何标点，只有最后一句为分号。

例 5.18 中，选择信号赋值语句与进程中的 case 语句等价，即以下两种描述等价。

```
WITH sel SELECT
 q<=i0 WHEN sel="00",
     i1 WHEN sel="01",
     i2 WHEN sel="10",
     i3 WHEN sel="11",
'X' WHEN OTHERS;
```

⟺

```
PROCESS(sel,i0,i1,i2,i3)
BEGIN
    CASE sel IS
        WHEN"00"=>q<=i0;
        WHEN"01"=>q<=i1;
        WHEN"10"=>q<=i2;
        WHEN"11"=>q<=i3;
        WHEN OTHERS=>q<='X';
    END CASE;
END PROCESS;
```

5.2.2 进程语句

进程语句是最具 VHDL 语言特色的语句。进程语句本身属于并行描述语句,但它内部却由一系列顺序描述语句组成。尽管设计中的所有进程同时执行,可每个进程中的顺序描述语句却是按顺序执行的。需要注意的是,在 VHDL 中,所谓顺序仅仅是指语句在仿真时是按先后次序执行的,但这并不意味着 PROCESS 语句结构所对应的硬件逻辑行为也具有相同的顺序性。PROCESS 结构中的顺序语句及其所谓的顺序执行过程只是相对于计算机中的软件行为仿真的模拟过程而言的,这个过程与硬件结构中实现的对应的逻辑行为是不相同的。

进程语句的结构如下:

```
[进程标号:] PROCESS [(敏感信号表)] [IS]
            [进程说明部分]
            BEGIN
            顺序描述语句
            END PROCESS [进程标号];
```

其中,进程标号是该进程的名称,但这个标号不是必需的。

敏感信号表是进程要读取的所有敏感信号(包括端口)的列表,格式如下:

信号名称[,信号名称]

VHDL1987 标准不支持在进程语句中使用保留字 IS。

进程说明部分主要定义一些局部变量,可包括变量、常数、数据类型、子程序、属性等。但需注意的是,在进程说明部分不允许定义信号。

所谓进程对信号敏感,就是指当这个信号发生变化时,能触发进程中顺序语句的执行。当进程中定义的任一敏感信号发生更新时,由顺序语句定义的行为就要立即重复执行一次。当进程中最后一个语句执行完成后,执行过程将返回到进程的第一个语句,以等待下一次敏感信号变化。只要其敏感表中的任一信号发生变化,进程可以在任何时刻被激活,而所有被激活的进程都是并行运行的,这就是为什么进程语句本身是并行描述语句的道理。一般综合后的电路需要对所有进程中要读取的信号敏感,为了保证 VHDL 仿真器和综合后的电路具有相同的结构,进程敏感表就得包括所有对进程产生作用的信号。

敏感信号表的特点:

(1)同步进程的敏感信号表中只有时钟信号

如:

```
PROCESS(clk)
    BEGIN
   IF (clk'EVENT AND clk  ='1') THEN
    IF reset =  '1' THEN
     data < ="00";
      ELSE
       data < =  in _ data;
    END IF;
```

```
    END IF;
  END PROCESS;
```

(2)异步进程敏感信号表中除时钟信号外,还有其他信号

```
如:PROCESS(clk,reset)
    BEGIN
     IF reset ='1' THEN
          data<="00";
        ELSIF (clk'EVENT AND clk='1') THEN
          data<=in_data;
     END IF;
  END PROCESS;
```

通常情况下,VHDL 编译器将检查敏感表的完备性,对任何进程内要读取,而敏感表中没有列出的信号要给出警告信息。如果进程中,时钟信号被当做数据读取,则会产生错误。

一般可以把敏感表中的敏感信号转移到进程内部用 WAIT 语句来描述,WAIT 语句可以看成是一种隐式的敏感信号表。当进程执行到 WAIT 语句时,将会被挂起,当满足 WAIT 语句的条件后(如信号发生变化),进程才结束 WAIT 语句并继续下面语句的运行。如果有 WAIT 语句,则不允许有敏感信号表。

【例 5.19】 PROCESS 语句的应用举例

```
ENTITY mul IS
PORT(a,b,c,selx,sely:IN BIT;
           dataout:OUT BIT);
END mul;
ARCHITECTURE ex OF mul IS
  SIGNAL temp:BIT;
BEGIN
  p_a:PROCESS (a,b,selx)
    BEGIN
      IF(selx='0') THEN temp<=a; ELSE temp<=b;
      END IF;
    END PROCESS p_a;
  p_b:PROCESS (temp,c,sely)
    BEGIN
      IF(sely='0') THEN dataout<=temp; ELSE dataout<=c;
      END IF;
    END PROCESS p_b;
END ex;
```

例 5.19 中有两个进程:p_a 和 p_b,它们的敏感信号分别为 a、b、selx 和 temp、c、sely。除 temp 外,两个进程完全独立运行,除非两组敏感信号中的一对同时发生变化,两

个进程才被同时启动。

5.2.3　元件例化语句

对一个硬件进行结构描述,就是要描述它由哪些子元件组成以及各个子元件之间的互联关系。具体地说,在 VHDL 语言中,由实体说明元件、端口与信号;由结构体描述元件之间的连接关系以及端口与元件中信号的对应关系。其中,元件是硬件的描述,即门、芯片或者电路板。而信号则是硬件连线的一种抽象表示,它既能保持变化的数据,又可以连接各个子元件对应端口。

结构描述方法能很好地体现层次化设计的优点。设计者可以将已有的设计成果方便地应用到新设计中,提高设计的效率。结构描述也比行为描述更加具体化。其结构非常清晰,与电路原理图有直接的对应关系,但同时,它也要求设计者必须具备足够的硬件设计知识。

VHDL 语言的描述风格有行为描述、数据流描述及结构描述等。其中结构描述主要依靠元件说明(COMPONENT)语句和元件调用(PORT MAP)语句来实现。

元件说明语句的语句格式为:

```
COMPONENT 元件实体名 [IS]
    [GENERIC (类属声明);]
    [PORT (端口声明);]
END COMPONENT [元件名];
```

元件说明语句用来说明元件的外部特性(端口名称、端口方向、数据类型),类似实体声明。它相当于对一个现成的设计实体进行封装,使其只留出对外的接口界面,就像一个集成芯片只留几个引脚在外面一样。元件说明语句可以出现在结构体、程序包和块语句中。元件说明语句与元件调用语句配合使用。

元件调用语句又称为元件例化语句,用于引用在较低层次已经定义好的一个子元件。其一般的语句格式为:

```
例化名:实体名(即元件名)　PORT MAP　(端口列表);
```

其中例化名(即子元件名)是必须存在的。实体名就是在 COMPONENT 中说明的元件名。元件例化语句类似于标在当前系统(电路板)中的一个插座名,而元件名则是准备在此插座上插入的、已定义好的元件名,PORT MAP 是端口映射的意思。端口列表是将在元件说明语句中已定义好的元件端口的名字与当前系统准备接入的元件对应端口相连的通信端口,相当于插座上各插针的引脚名。

以下是两个元件例化的应用举例,例 5.20 中首先完成了一个 2 输入与非门的设计,然后利用元件例化产生了如图 5.3 所示的由 3 个相同的与非门连接而成的电路。

【例 5.20】　元件例化语句的应用举例 1

```
LIBRARY IEEE;
    USE IEEE.STD_LOGIC_1164.ALL;
ENTITY nd2 IS
    PORT(a,b:IN STD_LOGIC;
```

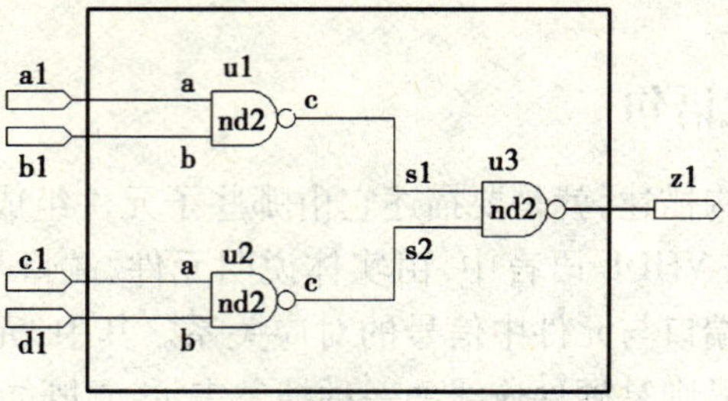

图 5.3　ord41 逻辑原理图

```
        c:OUT STD_LOGIC);
    END nd2;
    ARCHITECTURE artnd2 OF nd2 IS
    BEGIN
    c <= a NAND b;
END;

LIBRARY IEEE;
    USE IEEE.STD_LOGIC_1164.ALL;
ENTITY ord41 IS
    PORT(a1,b1,c1,d1:IN STD_LOGIC;
         z1:OUT STD_LOGIC);
END ord41;
ARCHITECTURE artord41 OF ord41 IS
    COMPONENT nd2 IS
        PORT(a,b:IN STD_LOGIC;
                c:OUT STD_LOGIC);
END COMPONENT;
    SIGNAL x,y:STD_LOGIC;
    BEGIN
    u1:nd2 PORT MAP(a1,b1,x);
    u2:nd2 PORT MAP(a => c1,c => y,b => d1);
    u3:nd2 PORT MAP(x,y,c => z1);
END;
```

【例 5.21】 元件例化语句的应用举例 2

```
LIBRARY IEEE;
    USE IEEE.STD_LOGIC_1164.ALL;
ENTITY half_add IS
    PORT(a,b:IN BIT;
         so,co:OUT BIT);
```

```
END;
ARCHITECTURE al OF half_add IS
  BEGIN
    so <= a XOR b;
     co <= a AND b;
END;

LIBRARY IEEE;
  USE IEEE.STD_LOGIC_1164.ALL;
ENTITY full_add IS
  PORT(a,b,c:IN BIT;
        so,co:OUT BIT);
END;
ARCHITECTURE al OF full_add IS
    COMPONENT half_add IS
      PORT(a,b:IN BIT;
           so,co:OUT BIT);
    END COMPONENT;
SIGNAL u0_co,u0_so,u1_co:BIT;
BEGIN
u0: half_add PORT MAP(a,b,u0_so,u0_co);
u1: half_add PORT MAP(u0_so,c,so,u1_co);
co <= u0_co OR u1_co;
END;
```

例5.21是一个利用元件例化语句进行描述的全加器电路，首先完成了一个半加器的设计，如图5.4所示，然后利用元件例化产生了如图5.5所示的由2个相同的半加器及或门电路连接而成的全加器电路。

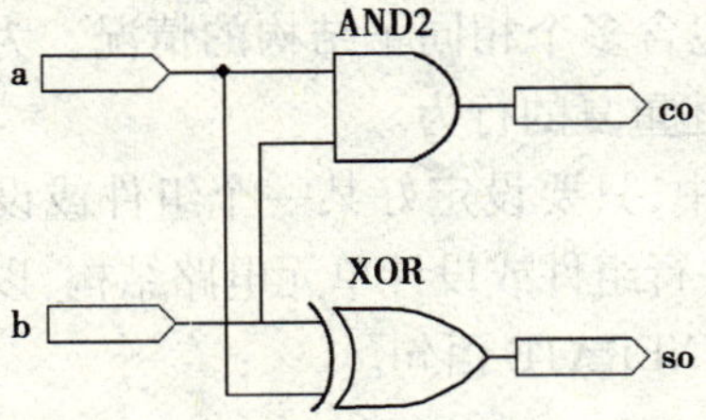

图5.4　半加器原理图

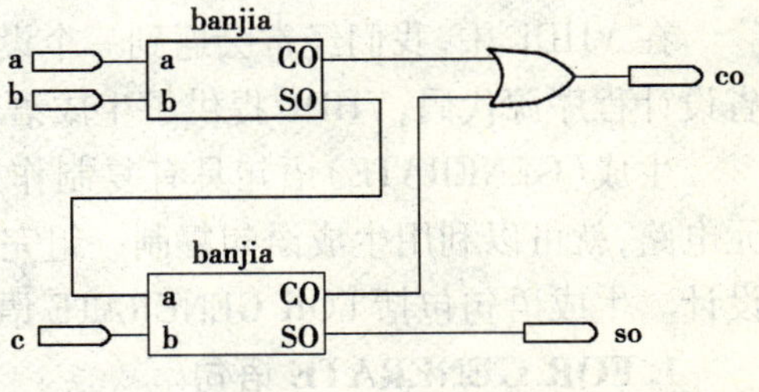

图5.5　全加器原理图

总之，元件说明语句就是对所调用的较低层次的实体模块（元件）的名称、类属参数、端口类型、数据类型的声明；元件例化语句就是把低层元件安装（调用）到当前层次设计实体内部的过程。

在 VHDL 中,较低层次模块的元件端口名与当前层次模块的端口名有两种映射方法:

(1)位置映射方法

所谓位置映射方法就是在下一层中元件端口说明中的信号书写顺序位置和 PORT MAP( )中指定的实际信号书写顺序位置是一一对应的。其端口列表格式为:

当前层次端口名,当前层次端口名,……

如例 5.20 中的 u1,按书写顺序,当前层次端口名 a1 对应低层次端口名 a,当前层次端口名 b1 对应低层次端口名 b,当前层次端口名 x 对应低层次端口名 c;再如例 5.21 中的 u0 和 u1,按书写顺序,u0 中的当前层次端口名 a 对应低层次端口名 a,当前层次端口名 b 对应低层次端口名 b,当前层次端口名 u0 _ so 对应低层次端口名 so,当前层次端口名 u0 _ co 对应低层次端口名 co; u1 中的当前层次端口名u0 _so 对应低层次端口名 a,当前层次端口名 c 对应低层次端口名 b,当前层次端口名 so 对应低层次端口名 so,当前层次端口名 u1 _ co 对应低层次端口名 co。

(2)名称映射方法

所谓名称映射方法就是将已经存于库中的现成模块的各端口名称通过" = >"符号,与其在设计模块中的实际信号名对应。其端口列表格式为:

低层次端口名 = >当前层次端口名, 低层次端口名 = >当前层次端口名,……

如例 5.20 中的 u2,按书写顺序,当前层次端口名 c1 对应低层次端口名 a,当前层次端口名 d1 对应低层次端口名 b,当前层次端口名 y 对应低层次端口名 c;因为是通过" = >"符号进行名称对应的,所以端口列表的书写顺序是任意的,下面的两种用法实际作用是一样的。

```
u2:nd2 PORT MAP(b = >d1,c = >y, a = >c1);
u2:nd2 PORT MAP(c = >y,a = >c1, b = >d1);
```

元件例化语句是一种应用广泛的 VHDL 语句,它使得在进行 VHDL 描述时可以使用之前建立的 VHDL 模块,避免大量的重复工作。

5.2.4 生成语句

在 VHDL 中,我们经常会遇到一个设计单元内包含多个相同子结构的情况。为了节省设计程序源代码,VHDL 提供了生成语句,用来描述重复的行为。

生成(GENERATE)语句具有复制作用,在设计中,只要设定好某一个组件或设计单元电路,就可以利用生成语句复制一组完全相同的并行组件或设计单元电路结构,以简化设计。生成语句包括 FOR GENERATE 语句和 IF GENERATE 语句。

1. FOR GENERATE 语句

FOR GENERATE 语句的语句格式为:

```
[标号:]FOR 循环变量 IN 取值范围 GENERATE
        说明语句;
        BEGIN
        并行描述语句;
```

```
END GENERATE [标号];
```

2. IF GENERATE 语句

IF GENERATE 语句的语句格式为：

```
[标号:]IF 条件 GENERATE
        说明语句;
        BEGIN
        并行描述语句;
        END GENERATE [标号];
```

这两种语句格式共同部分的解释如下：

①标号：生成语句的标号不是必需的，但如果在嵌套式生成语句结构中就是十分重要的了。

②生成方式：FOR GENERATE 语句结构和 IF GENERATE 语句结构，都是用于规定复制方式的。

③说明语句部分：这部分包括对数据类型、数据对象（信号、变量、常量）、子程序作局部说明。

④并行描述语句：对被复制元件的结构和行为进行描述，主要包括元件、进程语句、块语句、并行信号赋值语句等。它用来拷贝基本单元。

FOR GENERATE 语句中，循环变量是一个局部变量。循环变量在取值范围内递增或递减的变化，取值范围的格式同前述 FOR LOOP 语句。

FOR GENERATE 语句结构，主要用于描述设计中一些有规律的单元结构，其生成参数及其取值范围的含义和运行方式与 LOOP 语句非常相似，区别在于生成语句中使用的是并行处理语句，因为在结构内部的语句不是按书写顺序执行的，而是并发执行的。

IF GENERATE 语句中 IF 条件为“真”时，才执行结构体内部的语句。它主要是用来描述产生例外的情况，如电路两端（边界：输入和输出）总是具有不规则性，无法用同一种结构来解决上述问题的时候使用该语句。IF GENERATE 语句与转向控制 IF 语句有很大的区别，转向控制 IF 语句的处理语句是顺序执行的，而 IF GENERATE 语句的处理语句是并行处理语句，是并发执行的，且 IF GENERATE 中没有类似于 IF 语句的 ELSE 或 ELSIF 等分支语句。

【例 5.22】　FOR GENERATE 语句应用举例，四位移位寄存器（图 5.6）。

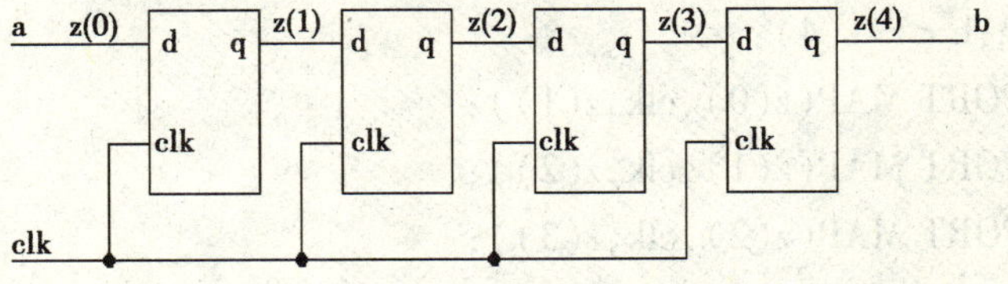

图 5.6　四位移位寄存器

```
LIBRARY IEEE;
USE IEEE. STD _ LOGIC _ 1164. ALL;
```

```
ENTITY shift _ reg IS
  PORT(a,clk:IN STD _ LOGIC;
        b:OUT STD _ LOGIC);
END;
ARCHITECTURE al OF shitt _ reg IS
  COMPONENT dff
    PORT(d,clk:IN STD _ LOGIC;
          q:OUT STD _ LOGIC);
  END COMPONENT;
SIGNAL z: STD _ LOGIC _ VECTOR(4 DOWNTO 0);
BEGIN
  z(0) < =a;b < =z(4);
  g1:FOR i IN 0 TO 3 GENERATE
     dffx:dff PORT MAP(z(i),clk,z(i+1));
     END GENERATE;
END;
```

上例 FOR GENERATE 语句描述与下例元件例化语句描述功能等效。

```
LIBRARY IEEE;
USE IEEE. STD _ LOGIC _ 1164. ALL;
ENTITY shift _ reg IS
  PORT(a,clk:IN STD _ LOGIC;
        b:OUT STD _ LOGIC);
END;
ARCHITECTURE al OF shift _ reg IS
COMPONENT dff
  PORT(d,clk:IN STD _ LOGIC;
        q:OUT STD _ LOGIC);
END COMPONENT;
SIGNAL z: STD _ LOGIC _ VECTOR(4 DOWNTO 0);
BEGIN
  z(0) < =a;b < =z(4);
  dffx1:dff PORT MAP(z(0),clk,z(1));
  dffx2:dff PORT MAP(z(1),clk,z(2));
  dffx3:dff PORT MAP(z(2),clk,z(3));
  dffx4:dff PORT MAP(z(3),clk,z(4));
END;
```

【例 5.23】 IF GENERATE 语句的应用举例,8 位串并转换器(图 5.7)。

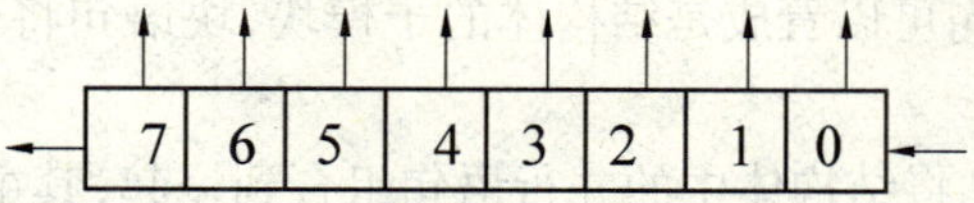

图 5.7　8 位串并转换器

```
ENTITY converter IS
  PORT(clk,data:IN BIT;
        convert:OUT BIT_VECTOR(7 DOWNTO 0));
END;
ARCHITECTURE behavior OF converter IS
  SIGNAL s:BIT_VECTOR(7 DOWNTO 0);
BEGIN
g:FOR i IN 7 DOWNTO 0 GENERATE
  g1:IF(i>0) GENERATE
     PROCESS
       BEGIN
         WAIT UNTIL(clk'EVENT AND clk='1');
           s(i)<=s(i-1);
       END PROCESS;
    END GENERATE g1;
    g2: IF(i=0) GENERATE
       PROCESS
         BEGIN
           WAIT UNTIL(clk'EVENT AND clk='1');
             s(i)<=data;
           END PROCESS;
         END GENERATE g2;
       convert(i)<=s(i);
  END GENERATE g;
END;
```

在实际应用中可以把两种格式混合使用,设计中,可以根据电路两端的不规则部分形成的条件用 IF GENERATE 语句来描述,而用 FOR GENERATE 语句描述电路内部的规则部分。使用这种描述方法的好处是,使设计文件具有更好的通用性、可移植性和易改性。实用中,只要改变几个参数,就能得到任意规模的电路结构。

5.2.5　块语句

对于一个大规模的设计,在传统的硬件电路设计中通常包括一个总电路原理图和若干张子电路原理图。对于 VHDL 设计来说,一个设计的结构体对应于总电路原理图,那么块语句就对应着电路原理图中的子原理图。因此,不难看出一个结构体可以由若干个块语句组成,每个块语句可以看成是结构体的子模块,块语句将若干并发语句组在一起,形成一个子模块。

块语句(BLOCK)是将结构体中的并行语句组合到一起,其主要目的是改善并行语句及其结构的可读性,一般用于复杂的 VHDL 程序中。任何能在结构体的说明部分进行说明的对象都能在 BLOCK 中进行说明。

块语句一般语句格式如下

```
[块标号:]BLOCK [块保护表达式]
          块头部分;
          说明语句;
          BEGIN
          并行语句;
          END BLOCK [块标号];
```

块语句的块头部分,主要通过类属语句(GENERIC)、类属接口表(GENERIC MAP)、端口子句(PORT)和端口接口表(PORT MAP)来实现信号的映射和参数的定义。块的说明语句部分可以定义的项目有 USE 语句、子程序、数据类型、子类型、常数、信号和元件。BLOCK 是可以嵌套的,内层 BLOCK 块可以使用外层 BLOCK 块所定义的信号,而反之则不行。块语句本身属并行语句,块语句中所包含的语句也是并行语句。

块的设置和应用并不像例化语句那样会产生低层次的元件模块电路结构。从综合的角度来看,块语句的存在也是毫无意义的,因为无论是否存在块语句结构,对于同一设计实体,综合后的逻辑功能是不会有任何变化的。在综合过程中,VHDL 综合器将略去所有的块语句。

【例 5.24】 块语句的应用举例,比较两个数的大小。

```
ARCHITECTURE behave OF test _ block IS
BEGIN
p1:BLOCK
        BEGIN
          aequalb  < =  '1' WHEN a = b ELSE '0';
          agreatb  < =  '1' WHEN a > b ELSE '0';
          alessb  < =  '1' WHEN a < b ELSE '0';
    END BLOCK;
END behave;
```

块语句有一种特殊的控制方式:在块语句中包含一个块保护表达式,也称卫式表达式,当块保护表达式为真时,执行块语句;当块保护表达式为假时,不执行块语句。这种通过块保护表达式来对块中的驱动器进行使能的块语句称为卫式块语句。

【例 5.25】 保护的块语句用法举例

```
ARCHITECTURE guarded OF and _ gate IS
  BEGIN
```

```
    Lable:BLOCK(en ='1')                          - -保护条件
    BEGIN
      y< =guarded                                 - -保护性赋值语句
        '1' AFTER DELAY WHEN a ='1' and b ='1' ELSE
        '0'AFTER DELAY;
        END BLOCK;
END;
```

上面的结构体等价于：

```
    ARCHITECTURE guarded OF and _ gate IS
    BEGIN
    BLOCK(en ='1')                                - -保护条件
    Begin
        PROCESS
        BEGIN
        IF guard THEN
          IF a ='1' and b ='1' THEN
            y< ='1' AFTER DELAY ;
              ELSE
              y< ='0'AFTER DELAY;
            END IF;
          END IF;
          WAIT ON guard,a,b;
        END PROCESS;
      END BLOCK;
END;
```

在例 5.25 中，描述了一个用被保护的块书写的模型。在结构体部分，只有一条语句，就是被保护的块语句。被保护的块语句中保护块表达式是“en ='1'”。即当 en 等于 1 时返回“TRUE”，否则返回“FALSE”。在被保护的块中，隐含说明了一个新的命名为 GUARD 的布尔类型信号，信号 GUARD 的值就是保护表达式的值。在该例中，通过 GUARD 来识别。当 GUARD 为“TRUE”时，被保护的信号赋值语句的驱动源将起作用或接通；当 GUARD 为“FALSE”时，被保护的信号赋值语句的驱动源将失去作用或断开。注意，一般综合器不支持卫式块语句。

5.3 子程序

子程序是一个 VHDL 程序模块，它是利用顺序语句来定义和完成算法的，应用它能更有效地完成重复性的设计工作。子程序不能从所在的结构体的其他块或进程结构中直接读取信号值或者向信号赋值，而只能通过子程序调用及与子程序的界面端口进行通信。

VHDL 的子程序有一个非常有用的特性,就是具有可重载性的特点,即允许有许多重名的子程序,但这些子程序的参数类型及返回值数据类型是不同的。

在实际应用中必须注意,综合后的子程序将映射于目标芯片中的一个相应的电路模块,且每一次调用都将在硬件结构中产生具有相同结构的不同的模块,这一点与在普通的软件中调用子程序有很大的不同。因此,在面向 VHDL 的实际应用中,要密切关注和严格控制子程序的调用次数,每调用一次子程序都意味着增加了一个硬件电路模块。

子程序可定义在程序包(PACKAGE)、结构体(ARCHITECTURE)、进程(PROCESS)内。

子程序有两种类型,即过程(PROCEDURE)和函数(FUNCTION)。

过程和函数都有两种形式,即并行过程和并行函数以及顺序过程和顺序函数。并行的过程和函数可在进程语句和另一个子程序的外部,而顺序函数和过程仅存在于进程语句和另一个子程序语句之中。子程序内部的所有语句是顺序的,在子程序中用的进程语句有同样的顺序语句。子程序的重载也是 VHDL 程序设计的重要技巧之一。

5.3.1 过　程

过程语句的语句格式为:

```
PROCEDURE 过程名[(参数声明)];              --过程首
PROCEDURE 过程名[(参数声明)]is             --过程体开始
  {说明部分}
BEGIN
  {顺序语句}
END [过程名];                              --过程体结束
```

过程包括过程首和过程体两部分。

过程首由过程名和参数声明组成。参数声明用于对常数、变量和信号三类数据对象目标进行说明,并用关键词 IN、OUT、INOUT 定义这些参数的工作模式,即信息的流向。

过程体用于定义子程序算法的具体实现。过程体是由顺序语句组成的,过程的调用即启动了对过程体的顺序语句的执行。过程体中的说明部分只是局部的,其中的各种定义只能适用于过程体内部。过程体的顺序语句部分可以包含任何顺序执行的语句,包括 WAIT 语句。但如果一个过程是在进程中调用的,且这个进程已列出了敏感参量表,则不能在此过程中使用 WAIT 语句。

参数声明指明输入输出端口的数目和类型,语法如下:

```
[参数名:方式　参数类型
{;参数名:方式　参数类型}].
```

方式指参数的传递方向,有三种形式:IN、OUT、INOUT。

根据调用环境的不同,过程调用有两种方式,即顺序语句方式和并行描述语句方式。在一般的顺序语句自然执行过程中,一个过程被执行,则属于顺序语句方式;当某个过程处于并行描述语句环境中时,其过程体中定义的任一 IN 或 INOUT 的目标参量发生改变时,将启动过程的调用,这时的调用是属于并行描述语句方式的。过程与函数一样可以重复调用或嵌套式调用。综合器一般不支持含有 WAIT 语句的过程。

两个或两个以上有相同的过程名和互不相同的参数数量及数据类型的过程称为重载过程。对于重载过程，也是靠参量类型来辨别究竟调用哪一个过程。

5.3.2　函　数

函数语句的语句格式为：

```
FUNCTION 函数名 [(参数声明)] RETURN 数据类型;        --函数首
FUNCTION 函数名 [(参数声明)] RETURN 类型 IS          --函数体开始
  {说明部分}
BEGIN
  {顺序语句}
END[函数名称];                                       --函数体结束
```

函数包括函数首和函数体两部分。

函数首是由函数名、参数表和返回值的数据类型三部分组成的。函数的参数表用来定义输入值，它可以是信号或常数，参数名需放在关键词 CONSTANT 或 SIGNAL 之后，若没有特别说明，则参数被默认为常数。如果要将一个已编制好的函数并入程序包，函数首必须放在程序包的说明部分，而函数体需放在程序包的包体内。如果只是在一个结构体中定义并调用函数，则仅需函数体即可。由此可见，函数首的作用只是作为程序包的有关此函数的一个接口界面。

函数体用于定义子程序算法的具体实现。函数体包括对数据类型、常数、变量等的局部说明，以及用以完成规定算法或转换的顺序语句，并以关键词 END FUNCTION 以及函数名结尾。一旦函数被调用，就将执行这部分语句。

参数声明格式与过程相同，唯一区别是对于函数，方式只能用 IN 方式。

VHDL 允许以相同的函数名定义函数，即重载函数(OVERLOADED FUNCTION)。但这时要求函数中定义的操作数具有不同的数据类型，以便调用时用以分辨不同功能的同名函数。在具有不同数据类型操作数构成的同名函数中，以运算符重载式函数最为常用。这种函数为不同数据类型间的运算带来极大的方便。VHDL 中预定义的操作符如“+”、“AND”、“MOD”、“>”等运算符均可以被重载，以赋予新的数据类型操作功能，也就是说，通过重新定义运算符的方式，允许被重载的运算符能够对新的数据类型进行操作，或者允许不同的数据类型之间用此运算符进行运算。

【例 5.26】　过程和函数(放在程序包首中)举例

```
PACKAGE pkg IS                                          --程序包首
    TYPE byte IS ARRAY(7 DOWNTO 0) OF BIT;              --定义 BYTE 数据类型
    TYPE nibble IS ARRAY(3 DOWNTO 0) OF BIT;            --定义 NIBBLE 数据类型
    FUNCTION is_even(num:IN INTEGER)                    --函数首
    RETURN BOOLEAN;
PROCEDURE byte_to_nibbles(b:IN byte;                    --过程首
                          upper:OUT nibble;
```

```
                    lower:OUT nibble);
END pkg;
PACKAGE BODY pkg IS                              --程序包体开始
  FUNCTION is_even(num:IN INTEGER)               --函数体开始
  RETURN BOOLEAN IS
  BEGIN
    RETURN((num REM 2)=0);
  END is_even;                                   --函数体结束
  PROCEDURE byte_to_nibbles(b:IN byte;           --过程体开始
                           upper:OUT nibble;
                           lower:OUT nibble)IS
BEGIN
  upper:=nibble(b(7 DOWNTO 4));
  lower:=nibble(b(3 DOWNTO 0));
END byte_to_nibbles;                             --过程体结束
END pkg;                                         --程序包体结束
```

例 5.26 中,函数首中定义了 is_even 函数名,参数 num 为整数类型的输入参数,返回值的数据类型为布尔类型。

过程首中定义了 byte_to_nibbles 过程名,参数 b 为 byte 数据类型的输入参数,参数 upper 为 nibble 数据类型的输出参数,参数 lower 为 nibble 数据类型的输出参数。

函数体和过程体都是用于定义算法的实现,函数体定义了 num REM 2 算法,其中 REM 为取余运算符,取余运算符的运算数必须是同一整数类型的数据。取余即整数除,num REM 2 结果的符号与 num 相同,其绝对值小于 2 的绝对值,取余结果作为函数的返回值。过程体定义了将 b 参数的高四位转换为 nibble 数据类型后赋值给 upper 输出参数,将 b 参数的低四位转换为 nibble 数据类型后赋值给 lower 输出参数。

过程和函数的区别:过程的调用可通过其界面获得多个返回值,而函数只能返回一个值。在函数入口中,所有参数都是输入参数,而过程有输入参数、输出参数和双向参数。过程在结构体或者进程中按分散语句的形式存在,而函数经常在赋值语句或表达式中使用。过程可作为一种独立的语句结构而单独存在,函数通常作为表达式的一部分来调用。

过程和函数的相似点:过程和函数都有两种形式,即并行过程和并行函数以及顺序过程和顺序函数。并行的过程与函数可在进程语句和另一个子程序的外部,而顺序函数和过程仅存在于进程语句和另一个子程序语句之间。

5.4 程序包

在 VHDL 中,程序包主要用来存放各个设计都能共享的数据类型、子程序说明、属性说明和元件说明等部分。如果设计人员要使用程序包中的某些说明和定义,只需要用 USE 语句来进行说明就可以了,USE 语句格式见 4.2.3 节内容。

一个程序包一般由以下两个部分组成:程序包说明(包首)部分和程序包包体部分。

程序包的语句格式为:

```
PACKAGE 程序包名 IS                      --程序包首
  {包说明项}
END 程序包名;
PACKAGE BODY 程序包名 IS                 --程序包体
  {包体说明项}
END 程序包名;
```

程序包说明(包首)部分主要对数据类型、子程序、常量、元件、属性和属性指定等进行说明。程序包说明(包首)部分中的所有说明项目都是对外可见的,与实体说明部分十分相似,二者区别在于:实体说明主要用来指定哪些信号对外可见;而程序包说明部分则用来指定哪些数据类型、子程序、常量和元件等对外可见。

程序包包体部分由程序包说明部分指定的函数和过程的程序体组成,即用来规定程序包的实际功能,同时还允许建立内部的子程序和内部变量、数据类型的说明,但要注意它们对外是不可见的。程序包包体部分的描述方法与结构体的描述方式相同。

【例 5.27】 程序包应用举例

```
LIBRARY IEEE;
USE IEEE.STD_LOGIC_1164.ALL;
USE IEEE.STD_LOGIC_UNSIGNED.ALL;
PACKAGE pack IS
  FUNCTION min(a,b:IN STD_LOGIC_VECTOR) RETURN STD_LOGIC_VEC-
TOR;
  PROCEDURE vector_to_int
  (s:IN STD_LOGIC_VECTOR(7 DOWNTO 0);
  result:INOUT INTEGER);                 --注意不能为 BUFFER 类型
COMPONENT cnt_8
  PORT(reset:IN STD_LOGIC;
       clk:IN STD_LOGIC;
       q:BUFFER STD_LOGIC_VECTOR(3 DOWNTO 0));
END COMPONENT;
END pack;

PACKAGE BODY pack IS
  FUNCTION min(a,b:IN STD_LOGIC_VECTOR) RETURN STD_LOGIC_VEC-
TOR IS
  VARIABLE temp:STD_LOGIC_VECTOR(3 DOWNTO 0);
    BEGIN
      IF(a<b) THEN
```

```
          temp: = a;
        ELSE
          temp: = b;
        END IF;
      RETURN temp;
    END min;
  PROCEDURE vector _ to _ int
      (SIGNAL s:IN STD _ LOGIC _ VECTOR(7 DOWNTO 0);
      result:INOUT INTEGER) IS
      VARIABLE t:INTEGER: = 1;
    BEGIN
      FOR i IN 1 TO 7 LOOP
        t: = t * 2;
      IF s(i) = '1' THEN
        result: = result + t;
      END IF;
    END LOOP;
      IF s(0) = '1' THEN
        result: = result + 1;
      END IF;
    END PROCEDURE;
  END pack;
```

【例 5.28】 调用例 5.27 中程序包 pack 中的函数

```
USE IEEE. STD _ LOGIC _ 1164. ALL;
USE IEEE. STD _ LOGIC _ UNSIGNED. ALL;
USE WORK. pack. ALL;        - --一个程序包所定义的项对另一个单元并不是自动
                              可见的,如果在某个 VHDL 单元之前加上 USE 语
                              句,则可以使得程序包说明中的定义项在该单元中
                              可见
ENTITY pack _ use1 IS
  PORT(a,b:IN STD _ LOGIC _ VECTOR(3 DOWNTO 0);
           c:OUT STD _ LOGIC _ VECTOR(3 DOWNTO 0));
END pack _ use1;
ARCHITECTURE rt1 OF pack _ use1 IS
  BEGIN
  c < = min(a,b);
END rt1;
```

【例5.29】 调用例5.27中程序包pack中的过程

```
LIBRARY IEEE;
USE IEEE.STD_LOGIC_1164.ALL;
USE IEEE.STD_LOGIC_UNSIGNED.ALL;
USE WORK.pack.ALL;
ENTITY pack_use2 IS
  PORT(d:IN STD_LOGIC_VECTOR(7 DOWNTO 0);
       o:INOUT INTEGER);
END pack_use2;
ARCHITECTURE rt2 OF pack_use2 IS
  BEGIN
    PROCESS
      VARIABLE temp_o:INTEGER RANGE 0 TO 255;
        BEGIN
          vector_to_int(d,temp_o);
--因为过程中RESULT是个变量,所以此处也必须定义一个变量temp_o
      o<=temp_o;
    END PROCESS;
END rt2;
```

【例5.30】 调用例5.27中程序包pack中声明的元件

```
LIBRARY IEEE;
USE IEEE.STD_LOGIC_1164.ALL;
USE IEEE.STD_LOGIC_UNSIGNED.ALL;
USE WORK.pack.ALL;
ENTITY pack_use3 IS
  PORT(reset,clk:IN STD_LOGIC;
       q:Buffer STD_LOGIC_VECTOR(3 DOWNTO 0));
END pack_use3;
ARCHITECTURE rt3 OF pack_use3 IS
  BEGIN
    u1:cnt_8 PORT MAP(reset=>reset,clk=>clk,q=>q);
                                  --WORK库中已存在cnt_8这个元件
END rt3;
```

在实际应用中,程序包中的程序包包体部分是一个可选项,当程序包说明部分不含有子程序说明部分时,则程序包包体部分是不需要的;当程序包说明部分含有子程序说明时,则必须有相应的程序包包体部分对子程序的程序体进行描述。

程序包常用来封装属于多个设计单元共享的信息。常用的预定义的程序包有:

(1)STD_LOGIC_1164程序包

STD _ LOGIC _ 1164 程序包是 IEEE 库中最常用的程序包,是 IEEE 的标准程序包。其中包含了一些数据类型、子类型和函数的定义,这些定义将 VHDL 扩展为一个能描述多值逻辑(即除具有 0 和 1 以外,还有其他的逻辑量,如高阻态 Z、不定态 X 等)的硬件描述语言,极大地满足了实际数字系统的设计需求。STD _ LOGIC _ 1164 程序包中用得最多和最广的是定义了满足工业标准的两个数据类型 STD _ LOGIC 和 STD _ LOGIC _ VECTOR。

(2) STD _ LOGIC _ ARITH 程序包

在 STD _ LOGIC _ 1164 程序包的基础上扩展了 3 个数据类型 UNSIGNED、SIGNED 和 SMALL _ INT,并为其定义了相关的算术运算符和数据类型转换函数。

(3) STD _ LOGIC _ UNSIGNED 和 STD _ LOGIC _ SIGNED 程序包

STD _ LOGIC _ UNSIGNED 和 STD _ LOGIC _ SIGNED 程序包都是预先编译在 IEEE 库中的 Synopsys 公司的程序包。这些程序包重载了可用于 INTEGER 型及 STD _ LOGIC 和 STD _ LOGIC _ VECTOR 型混合运算的运算符,并定义了一个由 STD _ LOGIC _ VECTOR型到 INTEGER 型的转换函数。这两个程序包的区别是,STD _ LOGIC _ SIGNED 中定义的运算符考虑到了符号,是有符号数的运算,而 STD _ LOGIC _ UNSIGNED 则是无符号数的运算。

(4)STANDARD 和 TEXTIO 程序包

STANDARD 和 TEXTIO 程序包是 STD 库中的预编译程序包。STANDARD 程序包中定义了许多基本的数据类型、子类型和函数。TEXTIO 程序包中定义了支持文件操作的许多类型和子程序。在使用本程序包之前,需加语句 use std. textio. all。textio 程序包主要供仿真器使用。

5.5 时钟信号的描述

任何时序电路都以时钟信号为驱动信号,时序电路只是在时钟信号的边沿到来时,其状态才发生改变。因此,时钟信号通常是描述时序电路程序的执行条件。

1. 时钟边沿的描述

时钟边沿分上升沿和下降沿,一般的时序电路的同步点在上升沿,下降沿有效的情况也存在。为了描述时钟边沿事件,可以使用时钟信号的属性描述来达到。

关键词 EVENT 是信号属性,VHDL 通过以下语句来测定某信号的跳变边沿:

<信号名> 'EVENT

其值为布尔型,如果正好有事件发生在该属性所附着的信号上(即信号有变化),则其取值为 TRUE,否则为 FALSE。利用此属性可决定时钟边沿是否有效,即时钟是否发生。

时钟信号发生跳变时,为区分其时钟信号是上升沿还是下降沿到来,可以从时钟信号的值是从 0 到 1 变化,还是从 1 到 0 变化中得到。当时钟信号发生跳变时,在 VHDL 中,意味着发生了一个事件,可用 CLK'EVENT 表示。上升沿跳变之后,当前值为 1,下降沿跳变之后,当前值为 0。

例:时钟信号为 clk。

(1)时钟脉冲的上升沿描述

clk'EVENT AND clk = '1'

即时钟变化了,且其值为 1(从 0 变化为 1),因此表示上升沿。

(2)时钟脉冲下降沿描述

clk'EVENT AND clk = '0'

即时钟变化了,且其值为 0(从 1 变化为 0),因此表示下降沿。

2. 时钟在程序中的表达方式

在 VHDL 描述中,时序信号可以用两种方式来体现。

(1)显式表达

显式表达是指将时钟信号列入进程的敏感信号表,显式地出现在 PROCESS 语句后面的括号中,例如 PROCESS(clk)。时钟信号边沿的到来,将作为时序电路语句执行的条件,其语句格式如下:

```
PROCESS (时钟信号名,[其他敏感信号])
BEGIN
[IF 时钟边沿/电平表达式 THEN
  {语句;}
END IF;]
END PROCESS;
```

【例 5.31】 时钟信号使用进程的敏感信号。

```
PROCESS (clock_signal)
BEGIN
IF(clock_edge_condition) THEN
   signal_out <= signal_in
      ……
      其他语句
      ……
   END IF;
END PROCESS;
```

例 5.31 中程序说明,该进程在时钟信号 clock_signal 发生变化时被启动,而在 IF 语句中判断时钟边沿的条件为真时,才真正执行时序电路所要执行的语句。

(2)隐式表达

隐式表达是指不将时钟列入进程的敏感信号表,而是将其作为进程中 WAIT ON 语句的条件,只有时钟信号到来且满足一定条件时,其余语句才能执行。其语句格式如下:

```
PROCESS
BEGIN
[ WAIT ON 时钟信号名 UNTIL 时钟边沿/电平表达式
        { 语句;}]
```

```
END PROCESS;
```

【例 5.32】 时钟信号使用进程中的 WAIT ON 语句。

```
PROCESS
BEGIN
WAIT ON (clock _ signal) UNTIL (clock _ edge _ condition)
signal _ out < = signal _ in;
  ……
  其他语句
  ……
END PROCESS;
```

在上面的格式中,"时钟边沿/电平表达式"表示可根据时序电路的具体类型选用边沿或电平表达形式。

在编写上述两个程序时应注意:

①无论 IF 语句还是 WAIT ON 语句,在对时钟边沿说明时,一定要注明是上升沿还是下降沿(前沿还是后沿),只说明是边沿是不行的。

②当时钟信号作为进程的敏感信号时,在敏感信号表中不能出现一个以上的时钟信号,除时钟信号以外,像复位信号等是可以和时钟信号一起出现在敏感表中的。

③WAIT ON 语句只能放在进程的最前面或者最后面。

5.6 复位、置位信号的描述

时序电路的初始状态一般由复位、置位信号来设置,有同步复位、置位和异步复位、置位两种工作方式。所谓同步复位、置位,就是在复位、置位信号有效且给定的时钟边沿到来时,时序电路才被复位、置位;而异步复位、置位则与时钟无关,一旦复位、置位信号有效,时序电路就立即被复位、置位。

5.6.1 同步方式

在用 VHDL 描述时,同步复位一定在以时钟为敏感信号的进程中定义,且用 IF 语句来描述必要的复位条件。其语句格式为:

```
PROCESS(时钟信号名)
    IF 时钟边沿表达式 AND 复位/置位条件表达式 THEN
        [复位/置位语句;]
      ELSE
        [顺序语句;]
    END IF;
END PROCESS;
```

或

```
PROCESS
```

```
    BEGIN
      WAIT ON 时钟信号名 UNTIL 时钟边沿电平表达式
        IF 复位/置位条件表达式 THEN
          [复位/置位语句;]
        ELSE
          [顺序语句;]
      END IF;
  END PROCESS;
```

【例 5.33】 同步复位、置位 D 触发器

```
LIBRARY IEEE;
USE IEEE.STD_LOGIC_1164.ALL;
ENTITY dff4 IS
PORT(clk,d,reset,set: IN STD_LOGIC;
       q: OUT STD_LOGIC);
END dff4;
ARCHITECTURE dff4_behave OF dff4 IS
BEGIN
  PROCESS(clk)
    BEGIN
  IF (clk'EVENT AND clk = '1') THEN
    IF (set = '0') THEN
      q <= '1';
    ELSIF (reset = '0') THEN
      q <= '0';
    ELSE
      q <= d;
    END IF;
  END IF;
  END PROCESS;
END dff4_behave;
```

例 5.33 是一同步复位、置位 D 触发器。此例中，敏感表中只有时钟信号，只有时钟到来时才启动进程，执行进程中的置位、复位功能以及 D 触发器逻辑功能。根据 IF 语句判断的先后，时钟优先级最高，置位次之，复位最低。

5.6.2　异步方式

描述异步复位、置位时，应将时钟信号和复位、置位信号同时加入到进程的敏感信号表中或 WAIT ON 语句后的信号表中，而且在执行时，需识别进程是由时钟激活还是由复位、置位信号激活，并分别执行相应的操作。其语句格式如下：

```
PROCESS(时钟信号,复位/置位信号)
BEGIN
    IF 复位/置位信号有效 THEN
        [复位/置位语句;]
    ELSIF 时钟边沿表达式 THEN
        [顺序语句;]
    END IF;
END PROCESS;
```

异步复位/置位在描述时与同步方式不同:首先在进程的敏感信号中除时钟信号以外,还应加上复位/置位信号;其次是用 IF 语句描述复位/置位条件;最后在 ELSIF 段描述时钟信号边沿的条件,并加上 EVENT 属性。其描述方式如例 5.32 所示。

【例 5.34】 异步复位的描述举例

```
PROCESS(clock,reset)
  BEGIN
    IF reset ='1' THEN
      count < ='0';
    ELSIF clock'EVENT AND clock ='1' THEN
      count < =count +1;
    END IF;
  END PROCESS;
```

例 5.34 是一个计数器的 VHDL 进程描述,且该计数器的复位方式是异步的。从格式上看,IF 语句第一个判断条件为 reset 信号是否有效,若有效,则复位,该复位信号与时钟信号无关,故为异步复位。在判断 reset 信号无效的情况下,ELSIF 语句判断时钟上升沿是否到来,若为真,则顺序执行 THEN 后面的加 1 语句,实现计数器的功能。

本章小结

本章对 VHDL 所提供的常用语句以及子程序、程序包、时钟、复位信号等进行了详细的讨论,读者要想真正掌握 VHDL,就必须熟练地掌握这些内容,以通过这些语句来实现各种硬件电路的功能描述。只有掌握了这些语句,才能够编写出思路清晰、简单和实用性较强的代码。原则上通过这些语句可以实现任何复杂的硬件电路,实际上功能描述要受到综合工具和具体器件的限制,这样会限制一些语句的使用,读者要注意这一点。

习　题

1. 信号赋值和变量赋值在描述和使用时有哪些主要区别?
2. 顺序描述语句有什么特征,哪些语句是顺序描述语句?
3. 并行信号赋值语句有哪几种形式? 试将这几种形式做比较。
4. 进程的启动条件是什么?
5. 有人说,进程中的语句是可以任意颠倒的,这样做并不会改变所描述电路的功能,这种说法对吗？为什么？请举例说明之。

6. 试用 IF 语句设计一个 4－16 译码器。

7. 试用 CASE 语句设计一个 4－16 译码器。

8. 试比较 IF 语句和 CASE 语句使用场合的差别。若想设计优先级编码器，这两种语句是否都可行？

9. CASE 语句中，在什么情况下可以不用 WHEN OTHERS 语句？在什么情况下必须要用 WHEN OTHERS 语句？

10. FOR 循环语句应用于什么场合，循环变量怎么取值，是否需要事先在程序中定义？

11. 进程语句和并行赋值语句之间有什么对应关系？进程之间通信是通过什么方法来实现的？

12. 放在进程内和进程外的形式完全一样的两个信号赋值语句有何本质上的差别？试举例说明。

第 6 章

有限状态机

【内容提要】

有限状态机(Finite State Machine,FSM)及其设计技术是实用数字系统设计中的重要组成部分,是实现高效率、高可靠逻辑控制的重要途径。状态机的实现符合人的思维逻辑,它在各种数字系统设计,特别是控制器中有着广泛的应用。在所有非纯粹组合电路中,时序电路或者状态机的设计极为必要。本章重点介绍有限状态机的构造方法,通过适当的 VHDL 语言描述,设计和实现状态机对逻辑功能以及逻辑优化的特定要求。

6.1 有限状态机的概述

有限状态机是一种描述或处理数字控制系统的方法。VHDL 的结构非常适合编写状态机,而且编写也并非唯一,不同的编写方式其设计的运行性能和占用资源也不尽相同。

6.1.1 有限状态机的概念及特点

1. 有限状态机的基本概念

数字电路中的有限状态机,主要是用来解决一般时序逻辑电路的问题,它的功能可以用有限个状态来表示,因此称为状态机。在传统的数字电路设计中,实现状态机往往是首先设计原始状态图或状态表,进行状态化简、状态分配,确定驱动方程与输出方程。其过程比较复杂,对于小型简单的系统,这种传统方法还是可行的,但是如果应用于大型复杂的系统,工作量和复杂程度都超乎人的想象。

状态机是事物存在状态的一种综合描述。状态机的描述主要在于根据设计要求找出转换状态和转换条件。

比如,一个单向的路口的红绿灯,它有“亮红灯”、“亮绿灯”和“亮黄灯”3 种状态。在不同情况下,3 种状态互相转换。

转换的条件可以是经过多少时间变换亮灯状态,比如经过 60 s 的时间,由“亮红灯”状态变为“亮绿灯”状态;也可以是特殊条件,例如出现紧急事件时,不论处于什么状态都将转变为“亮红灯”状态。而该设计就是对这盏红绿灯 3 种状态的综合描述,说明任意两个状态之间的转变条件。当然,这是一个最简单的例子,如果是十字路口的红绿灯就复杂一些了。

有限状态机由状态寄存器、状态译码器和输出译码器组成。有限状态机的结构框图如图 6.1 所示。

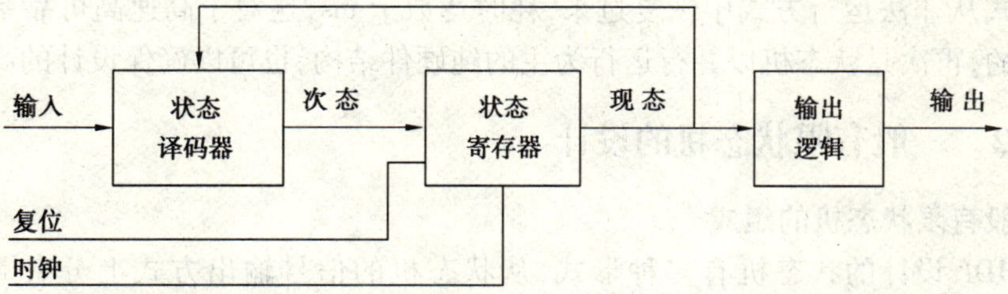

图 6.1　有限状态机的结构框图

状态机可以认为是组合逻辑和时序逻辑的特殊组合。组合逻辑部分主要由状态译码器和输出逻辑构成，状态译码器确定状态机的下一个状态，即在输入信号和现态作用下，经过组合逻辑电路产生次态，输出逻辑确定状态机的输出，即在现态作用下，经过组合逻辑电路而产生输出信号；时序逻辑部分主要由状态寄存器构成，它的作用是存储有限状态机的内部状态。在时钟信号的作用下现态跟随次态而变化。复位信号用于置初始状态，在时钟的作用下复位是同步复位，复位信号不受时钟控制而直接复位是异步复位。

2. 有限状态机的特点

在现代数字系统设计，尤其是数字系统的控制部分的设计时，状态机起着十分重要的作用。无论与基于 VHDL 其他设计方案相比，还是与可完成相似功能的 CPU 相比，状态机都有其难以超越的优越性，它主要表现在以下几方面：

①有限状态机克服了纯硬件数字系统顺序方式控制不灵活的缺点。状态机的工作方式是根据控制信号按照预先设定的状态进行顺序运行的，有限状态机是纯硬件数字系统中的顺序控制电路，因此状态机在其运行方式上类似于控制灵活和方便的 CPU，而在运行速度和工作性能方面都优于 CPU。

②由于状态机的结构模式相对简单，设计方案相对固定，特别是可以定义符号化枚举类型的状态，这一切都为 VHDL 综合器尽可能发挥其强大的优化功能提供了有利条件。而且，性能良好的综合器都具备许多可控或自动的专门用于优化状态机的功能。

③状态机容易构成性能良好的同步时序逻辑模块，这对于对付大规模逻辑电路设计中的竞争冒险现象无疑是一个非常好的选择。

④状态机的 VHDL 设计结构清晰、程序层次分明、易读易懂；在排错、修改和模块移植方面也有其独到的特点，初学者特别容易掌握。

⑤在高速运算和控制方面，状态机更有其巨大的优势。尽管 CPU 和状态机都是按照时钟节拍以顺序时序方式工作的，但是 CPU 是按照指令周期，以粗调制型指令的方式运行的。CPU 实现一个含有运算和控制的完整设计往往需要成百上千条指令，每执行一条指令需要多个机器周期，一个机器周期又由多个时钟周期构成。对于状态机状态转换周期只有一个时钟周期，还可以完成许多并行的预算和控制操作。一般由状态机构成的硬件系统比 CPU 所能完成同样功能的软件系统的工作速度要高出 3 ~4 个数量级。

⑥就可靠性而言，状态机的优势也十分明显。首先状态机的设计中能使用各种完整的容错技术；其次是当状态机进入非法状态并从中跳出，进入正常状态所耗的时间十分短暂，通常只有 2 ~ 3 个时钟周期，约数十个 ns，尚不足以对系统的运行构成损害；而 CPU 通过复位方式从非法运行方式中恢复过来，耗时达数十 ms，这对于高速高可靠系统显然是无法容忍的；再次是状态机以并行运行为主的纯硬件结构，也可以确保设计的高可靠性。

6.1.2　一般有限状态机的设计

1. 一般有限状态机的组成

用 VHDL 设计的状态机有多种形式，从状态机的信号输出方式上分有 Mealy 型和 Moore 型两种状态机；从结构上分，有单进程状态机和多进程状态机；从状态表达方式分有符号化状态机和确定状态编码的状态机；从编码方式上分有二进制编码状态机、格雷码编码状态机和一位热码编码状态机或其他编码方式状态机。然而一般常用的状态机通常包含说明部分、主控时序进程、主控组合进程、辅助进程几部分。

(1)说明部分

说明部分中包括新数据类型 TYPE 的定义及其状态类型(状态名)，和在此新数据类型下定义的状态变量。状态类型常采用枚举类型，其状态名可任意选取，但为了提高程序可读性，状态名最好具有解释性意义。状态变量(如现态和次态)应定义为信号，便于信息传递，说明部分一般放在结构体的 ARCHITECTURE 和 BEGIN 之间，例如：

```
ARCHITECTURE … IS
TYPE state _ type IS ( st0, st1, st2, st3);
SIGNAL current _ state, next _ state: state _ type;
…
BEGIN
…;
```

其中新数据类型名是“state _ type”，其状态类型分别为 st0、st1、st2、st3，使其表达状态机的 4 个状态。定义信号 SIGNAL 的状态变量是 current _ state、next _ state，因此状态变量的取值范围只限于数据类型 state _ type 中的 4 个元素。

(2)主控时序进程

主控时序进程主要负责状态机运转和在时钟驱动下的状态转换。状态机是随外部时钟信号，以同步时序方式工作的。因此状态机中必须包含一个对工作时钟信号敏感的进程，作为状态机的“驱动泵”。一般主控时序进程可以不负责下一个状态的具体状态取值，当时钟的有效跳变到来时，主控时序进程只是机械地将代表次态的信号 next _ state 中的内容送入现态的信号 current _ state 中，而 next _ state 中的内容完全由其他的进程根据实际情况决定。主控时序进程的设计一般比较固定、单一和简单。

(3)主控组合进程

主控组合进程的任务是根据外部输入的控制信号(包括来自状态机外部的信号和来自状态机内部其他信号)和当前的状态值，确定次态信号 next _ state 的取值内容以及确定对外输出或对内部其他组合或时序进程输出控制信号的内容。利用 VHDL 描述主控组合进程时，常用 CASE _ WHEN 语句表示全部的状态，通过 IF _ THEN _ ELSE 语句描述其状态的转移。

(4)辅助进程

辅助进程主要是配合状态机工作的组合进程或时序进程。例如为了完成某种算法的进程或为了稳定输出设置的数据锁存器等。

一般有限状态机通常使用枚举类型表示状态机的状态，并使用两个进程来描述状态机；一个进程描述状态机的时序逻辑部分，另一个进程描述组合逻辑部分(包括状态译码器和输出逻辑)。如图 6.2 所示为一般有限状态机结构框图的工作示意图。

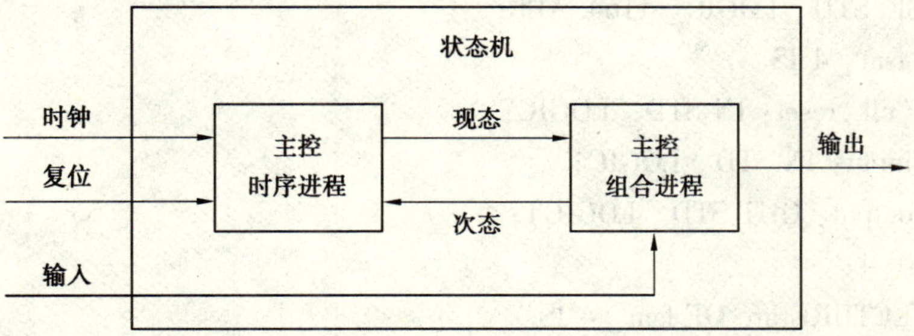

图 6.2 一般有限状态机结构框图的工作示意图

2. 一般有限状态机的设计实例

(1)电路状态转移图

一个简单的有限状态机的状态转移图如图 6.3 所示。该状态有 s0、s1、s2 和 s3 四种状态。当 reset 信号为“1”时，状态机复位到 s0 状态；当 reset 信号为“0”时，状态机正常工作。

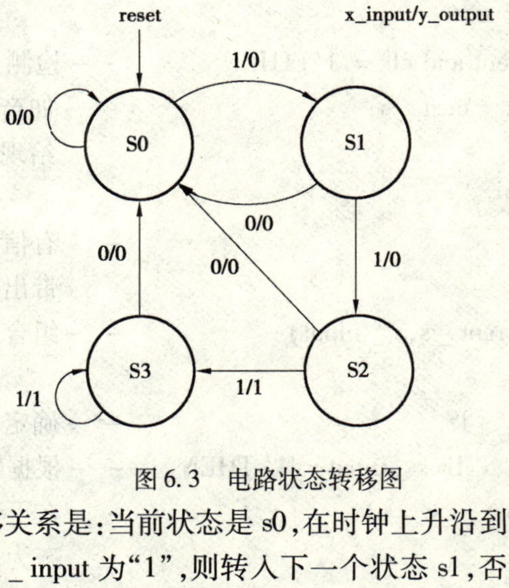

图 6.3 电路状态转移图

状态机的状态转移关系是：当前状态是 s0，在时钟上升沿到来时，输出信号 y _ output 为“0”，如果输入信号 x _ input 为“1”，则转入下一个状态 s1，否则仍停留在原状态 s0；当前状态是 s1，在时钟上升沿到来时，输出信号 y _ output 为“0”，如果输入信号 x _ input 为“1”，则转入下一个状态 s2，否则回到状态 s0；当前状态是 s2，如果输入信号 x _ input 为

"1",则下一个状态是 s3,输出信号 y _ output 为"1",否则回到状态 s0,输出信号 y _ output 为"0";当前状态是 s3,如果输入信号 x _ input 为"1",则下一个状态是 s3,输出信号 y _ output 为"1",否则回到状态 s0,x _ input 为"0"。

此状态机实现的是串行数据检测功能。连续输入 3 个或 3 个以上个"1"时输出为 1,其他输入情况下输出为"0"。

(2)状态机的描述

【例 6.1】 一般有限状态机的 VHDL 设计描述。

```
LIBRARY IEEE;
USE IEEE. STD _ LOGIC _ 1164. ALL;
ENTITY fsm _ 4 IS
  PORT( clk,reset: IN STD _ LOGIC;
    x _ input: IN STD _ LOGIC;
    y _ output: OUT STD _ LOGIC);
END fsm _ 4;
ARCHITECTURE arc OF fsm _ 4 IS
  TYPE states IS( s0,s1,s2,s3);                 - -定义 states 为枚举数据类型
  SIGNAL current _ s,next _ s:states;           - -将现态和次态定义为新数据
                                                   类型
  BEGIN
  reg:PROCESS( clk,reset)                      - -时序逻辑进程
    BEGIN
      IF reset ='1' THEN                       - -复位方式采用异步
        current _ s < =s0;
      ELSIF( clk 'event and clk ='1')THEN       - -检测是否有时钟上升沿产生
        current _ s < =next _ s;                - -如产生上升沿,则将次态送
                                                   给现态
      END IF;
    END PROCESS;                               - -有信号 current _ s 将现态值
                                                  带出此进程,进入 com 进程
  com:PROCESS( current _ s,x _ input)           - -组合逻辑进程
    BEGIN
      CASE current _ s IS                      - -确定现态的状态值
        WHEN s0 = > IF x _ input ='1' THEN     - -根据输入控制信号判断次态
              next _ s < =s1;                  - -在下一个时钟后,reg 进程状
                                                  态为 s1
              ELSE next _ s < =s0;             - -否则,在下一个时钟后,reg
                                                  进程状态为 s0,维持不变
              END IF;
```

```
                y _ output < = '0';
        WHEN s1  = > IF x _ input = '1' THEN
                next _ s < = s2;
            ELSE next _ s < = s0;
            END IF;
            y _ output < = '0';
        WHEN s2  = > IF x _ input = '1' THEN
                next _ s < = s3;
                y _ output < = '1';
            ELSE next _ s < = s2;
                y _ output < = '0';
            END IF;
        WHEN s3  = > IF x _ input = '1' THEN
                next _ s < = s0;
                y _ output < = '1';
            ELSE next _ s < = s3;
        y _ output < = '0';
      END IF;
        WHEN OTHERS = >null;
      END CASE;
    END PROCESS;                                   - -由信号 next _ s 将次态值带
                                                      出此进程,进入 reg 进程
  END arc;
```

本例使用了两个进程来描述状态机:一个进程描述状态机的时序逻辑部分,另一个进程描述组合逻辑部分(包括状态转移和输出逻辑)。进程间是并行运行的,但由于敏感信号的设置不同以及电路的延迟,在时序上进程间的动作也是有先有后的。本例中,在时钟上升沿到来时,进程 reg 首先运行,完成状态转换的赋值操作。进程 reg 只负责将当前状态转换为下一个状态,即将次态送给现态,而不管所转换的状态处于哪个状态(s0、s1、s2、s3)。如果外部输入控制信号 x _ input 不变,只有当来自进程 reg 的信号 current _ s 改变时,进程 com 才开始动作。在 com 进程中,将根据 current _ s 的值和外部控制输入信号 x _ input来决定下一个时钟上升沿到来后,进程 reg 的状态转换情况。这个状态机的输出 y _ output是对现态的译码,可以通过这个输出值了解状态机内部的运行情况,同时也可以利用外部输入控制信号 x _ input 任意改变状态机的状态变化模式。

6.2　Moore 型状态机的设计

从状态机的信号输出方式上分,有 Mealy 型和 Moore 型两类状态机。Mealy 型状态机的输出不仅与当前状态(现态)有关,而且还与所有的输入信号有关。它的输出是在输入信号变化后立即发生的,不依赖时钟的同步。Moore 型状态机的输出仅与当前状态(现态)有关,这类状态机在输入信号发生变化后,还必须等待时钟的到来,时钟使状态变化时才导致输出的变化,所以比 Mealy 型状态机要多等待一个时钟周期。

【例 6.2】 Moore 型状态机的 VHDL 设计模型。

```
LIBRARY IEEE;
USE IEEE.STD_LOGIC_1164.ALL;
ENTITY moore1 IS
  PORT(clk:IN STD_LOGIC;
       a:IN STD_LOGIC;
       d:OUT STD_LOGIC);
END moore1;
ARCHITECTURE arc OF moore1 IS
  SIGNAL b, c: STD_LOGIC;
  BEGIN
  com1: PROCESS (a, c)          --组合逻辑进程1,为时序逻辑进程提供反馈信息
  BEGIN
    b <= func1 (a, c);          --c是反馈信号
  END PROCESS com1;
  com2 : PROCESS (c)            --组合逻辑进程2,为状态机输出提供数据
  BEGIN
    d <= func2(c);              --输出信号d所对应的com2仅与当前状态有关
  END PROCESS com2;
  reg: PROCESS (clk)            --时序逻辑进程,负责状态的转换
  BEGIN
    IF(clk'EVENT AND clk = '1') THEN
      c <= b;                   --b是反馈信号
      END IF;
    END PROCESS reg;
END arc;
```

图 6.4 为此程序的状态机框图,由图可以看出,此状态机由 3 个进程组成,一个是主控时序逻辑进程 reg,另一个是主控组合逻辑进程 com1,最后一个是普通组合逻辑进程 com2。

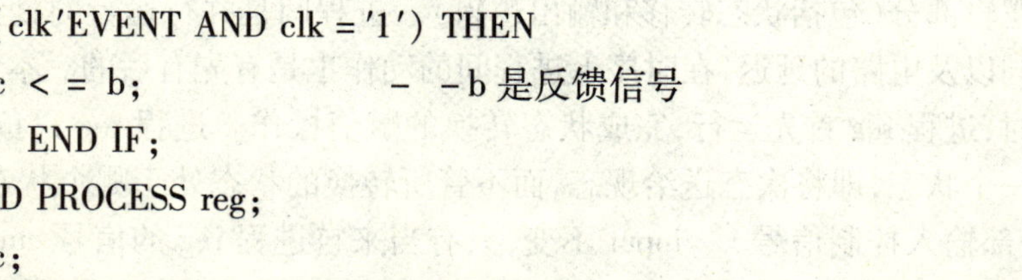

图 6.4 例 6.2 的 Moore 型状态机的框图

例6.2使用了3个进程，为了简化，也可以把进程合并。通常状态机的描述包括三进程状态机、双进程状态机和单进程状态机三种方式。例6.2为多进程状态机描述的实例，它的特点是程序的可读性比较强，程序清晰。如果图6.4所示框图中的任意两个进程合二为一，便可以得到双进程的状态机。当然把3个进程合并就构成了单进程状态机。

例6.3是一个双进程Moore型有限状态机的实例，该有限状态机使用一个进程来描述有限状态机的次态译码器、状态寄存器两个单元的功能，用另一个进程来描述输出逻辑单元的功能，其状态转移图如图6.5所示。

【例6.3】 双进程的Moore型有限状态机。

```
LIBRARY IEEE;
USE IEEE.STD_LOGIC_1164.ALL;
ENTITY count4 IS
  PORT(clk,din,reset: IN STD_LOGIC;
        dout: OUT STD_LOGIC_VECTOR(3 DOWNTO 0));
END count4;
ARCHITECTURE arc OF count4 IS
TYPE state_type IS (s0,s1,s2,s3);
SIGNAL state : state_type;
  BEGIN
  PROCESS (clk,reset)
    BEGIN
  IF reset='1' THEN state <= s0 ;
    ELSIF clk'event and clk='1' THEN
      CASE state IS
        WHEN s0 => IF din='0' THEN
                state <= s1;
                END IF;
        WHEN s1 => IF din='0' THEN
                state <= s2;
                END IF;
        WHEN s2 => IF din='1' THEN
                state <= s3;
                END IF;
        WHEN s3 => IF din='1' THEN
                state <= s0;
                END IF;
                END CASE;
        END IF;
    END PROCESS;
```

```
    PROCESS (state)
      BEGIN
      CASE state IS
        WHEN s0 => dout <= "0001";
        WHEN s1 => dout <= "0010";
        WHEN s2 => dout <= "0100";
        WHEN s3 => dout <= "1000";
      END CASE;
    END PROCESS;
END arc;
```

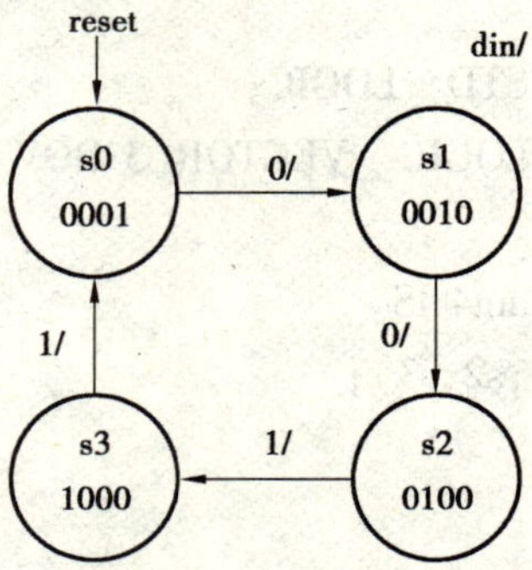

图 6.5　状态转移图

6.3　Mealy 型状态机的设计

与 Moore 型状态机相比，Mealy 型状态机的输出变化要领先一个周期，即一旦输入信号或状态发生变化，输出信号立即发生变化。Moore 型状态机和 Mealy 型状态机在设计上基本相同，稍有不同之处是，Mealy 型状态机的组合逻辑进程中的输出信号是当前状态和当前输入信号的函数。

【例 6.4】　Mealy 型状态机的 VHDL 设计模型。

```
LIBRARY IEEE ;
USE IEEE. STD _ LOGIC _ 1164. ALL;
ENTITY mealy1 IS
  PORT (clk: IN STD _ LOGIC;
        a: IN STD _ LOGIC;
        d: OUT STD _ LOGIC);
END mealy1;
ARCHITETTURE arc OF mealy1 IS
    SIGNAL b: STD _ LOGIC;
    SIGNAL c: STD _ LOGIC;
```

```
BEGIN
reg: PROCESS (clk)
BEGIN
   IF (clk 'EVENT AND clk ='1') THEN
        c < = b;
   END IF;
END PROCESS reg;
com1: PROCESS (a,c)
BEGIN
   b < = func1 (a,c);
END PROCESS com1;
com2: PROCESS (a,c);
BEGIN
   d < = func2 (a,c);
END PROCESS com2;
END arc;
```

图6.6为此程序的状态机框图,由图可以看出,此状态机由3个进程组成,一个是主控时序逻辑进程 reg,一个是主控组合逻辑进程 com1,最后一个是普通组合逻辑进程 com2。

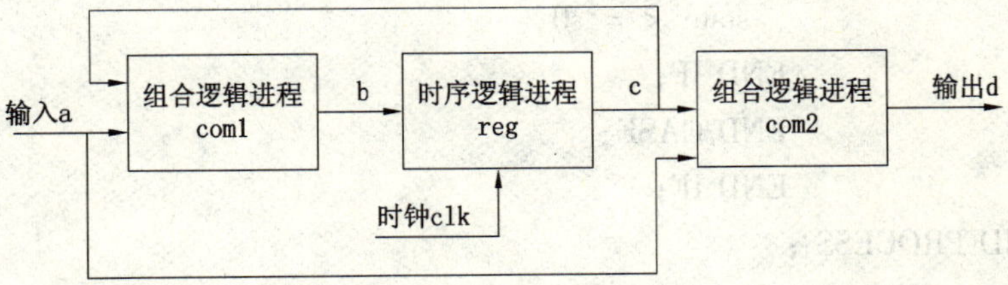

图6.6 例6.4的Mealy型状态机框图

同样Mealy型状态机也可以将程序合并构成单进程或双进程的状态机。例6.5为双进程Mealy型有限状态机,进程 comreg 是时序与组合混合型进程,它将状态机的主控组合进程和主控时序进程(即实现状态译码器和状态寄存器两个单元的功能)同时用一个进程来表达,另一个进程 outputs 负责根据状态和输入信号给出不同的输出信号。它的状态转移图如图6.7所示。

【例6.5】 Mealy型状态机的VHDL描述。

```
LIBRARY IEEE;
USE IEEE. STD_LOGIC_1164. ALL;
ENTITY mealy2 IS
   PORT (clk,din,reset:IN STD_LOGIC;
            dout:OUT STD_LOGIC_VECTOR(3 DOWNTO 0));
END mealy2;
```

```
ARCHITECTURE arc OF mealy2 IS
TYPE state _ type IS (s0,s1,s2,s3);
SIGNAL state:state _ type ;
BEGIN
  comreg:PROCESS (clk,reset)          - -决定转换状态的进程
  BEGIN
    IF reset ='1' THEN state < = s0;
      ELSIF ( clk 'EVENT AND clk ='1') THEN
        CASE state IS
          WHEN s0  = > IF din ='0' THEN
                     state < = s1;
                   END IF;
          WHEN s1  = > IF din ='0' THEN
                     state < = s2;
                   END IF;
          WHEN s2  = > IF din ='1' THEN
                     state < = s3;
                   END IF;
          WHEN s3  = > IF din ='1' THEN
                     state < = s0;
                   END IF;
                   END CASE;
                   END IF;
  END PROCESS ;
  outputs:PROCESS (state)             - -输出控制信号的进程
  BEGIN
    CASE state IS
        WHEN s0  = > IF din ='0' THEN
                       dout < = "0001";
                     ELSE dout < = "0000";
                     END IF;
        WHEN s1  = > IF din ='0' THEN
                       dout < = "0010";
                     ELSE dout < = "0001";
                     END IF;
        WHEN s2  = > IF din ='1' THEN
                       dout < = "0100";
                     ELSE dout < = "0010";
```

```
            END IF;
        WHEN s3  = > IF din ='1' THEN
                dout  < = "1000";
            ELSE dout  < = "0001";
            END IF;
        END CASE;
    END PROCESS;
END arc;
```

由于 Mealy 型状态机的输出是在输入信号发生变化或状态发生变化时,立即发生变化的,因此,一般把输出信号值写在状态变化(即箭头)处。例如,当前状态为 s0,当输入信号为‘0’时,输出信号为“0001”;当输入信号为‘1’时,输出信号为“0000”。

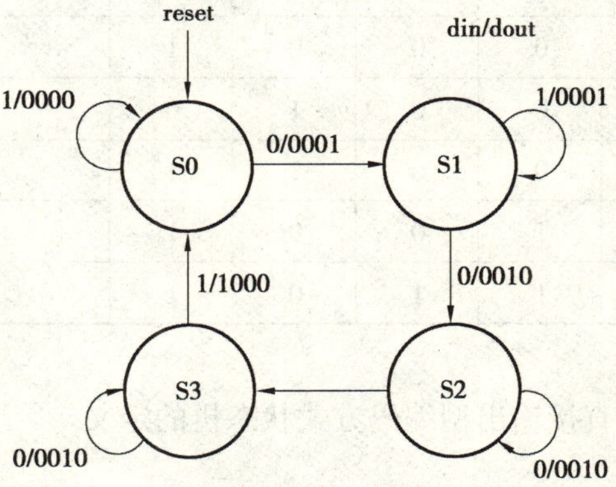

图 6.7　例 6.5 的 Mealy 型状态机的状态转移图

由于输出信号 dout 由组合逻辑直接产生,所以输出信号有许多毛刺。为了解决这个问题,可以考虑将输出信号 dout 值由时钟信号锁存后再输出。通常在 outputs 进程中增加一个 IF 语句,由此产生一个锁存器,将 dout 锁存后再输出。如果实际电路的时间延迟不同或发生变化,就会影响锁存的可靠性,即这类设计方式不能绝对保证不出现毛刺。

6.4　状态机的状态编码和系统容错技术

1. 状态编码

状态机的状态编码方式多种多样,要根据实际情况决定。影响编码方式选择的因素主要有状态机的速度要求、逻辑资源的利用率,系统运行的可靠性以及程序的可读性等方面。编码方式主要有以下几种:

(1)状态位直接输出型编码

这类编码方式最典型的应用实例就是计数器。计数器本质上是一个主控时序进程与一个主控组合进程合二为一的状态机,它的输出就是各状态的状态码。

将状态编码直接输出作为控制信号,要求对状态机各状态的编码作特殊的选择,以适应控制时序的要求。表 6.1 是一个用于设计控制 ADC0809 采样的状态机的状态编码表。

start 是转换启动信号,ale 是 3 位通道选择地址信号的锁存允许信号,eoc 是转换情况状态信号,oe 转换后数据允许输出信号,a、b 是添加的状态位,用于区别 s0、s3 和 s4。这个状态机由 7 个状态组成,从状态 s0 到 s6 各状态的编码分别为“000000”、“100001”、“010001”、“000010”、“000011”、“001001”和“001101”。每一位的编码值都赋予了实际的控制功能。在程序中的定义方式应如例 6.6 所示,其中 data 为模拟信号输入,q 为数字信号输出。

表 6.1　ADC0809 采样的状态表

状态	状态编码						功能说明
	ale	start	oe	lock1	a	b	
s0	0	0	0	0	0	0	初始化
s1	1	0	0	0	0	1	允许通道选择
s2	0	1	0	0	0	1	启动 A/D 转换
s3	0	0	0	0	1	0	检测是否正在转换
s4	0	0	0	0	1	1	检测是否转化完成
s5	0	0	1	0	0	1	输出转换后的数据
s6	0	0	1	1	0	1	锁存转换后的数据

【例 6.6】　状态位直接输出型编码方式状态机的定义

```
LIBRARY IEEE;
USE IEEE. STD _ LOGIC _ 1164. ALL;
ENTITY adc0809 IS
  PORT( data: IN STD _ LOGIC _ VECTOR(7 DOWNTO 0);
      clk,eoc: IN STD _ LOGIC;
      lock,ale,start,oe,adda,a,b : OUT STD _ LOGIC;
      q: OUT STD _ LOGIC _ VECTOR(7 DOWNTO 0));
END adc0809;
ARCHITECTURE arc OF adc0809 IS
SIGNAL current _ s,next _ s: STD _ LOGIC _ VECTOR (5 DOWNTO 0) ;
    CONSTANT s0: STD _ LOGIC _ VECTOR(5 DOWNTO 0) : ="000000";
    CONSTANT s1: STD _ LOGIC _ VECTOR(5 DOWNTO 0) : ="100001";
    CONSTANT s2: STD _ LOGIC _ VECTOR(5 DOWNTO 0) : ="010001";
    CONSTANT s3: STD _ LOGIC _ VECTOR(5 DOWNTO 0) : ="000010";
    CONSTANT s4: STD _ LOGIC _ VECTOR(5 DOWNTO 0) : ="000011";
    CONSTANT s5: STD _ LOGIC _ VECTOR(5 DOWNTO 0) : ="001001";
    CONSTANT s6: STD _ LOGIC _ VECTOR(5 DOWNTO 0) : ="001101";
    SIGNAL qn: STD _ LOGIC _ VECTOR (7 DOWNTO 0);
```

```
    SIGNAL lock1: STD_LOGIC;
BEGIN
    ……
```

这种状态位直接输出型编码方式的状态机的优点是输出速度快,逻辑资源省,缺点是程序可读性差。

(2)顺序编码

顺序编码最为简单,且使用的触发器数量最少,剩余的非法状态最少,容错技术最为简单。以上面的7状态的状态机为例,只需要3个触发器即可,其状态编码方式可作如例6.7所示的改变。

【例6.7】 顺序编码方式状态机的定义。

```
    ……
  SIGNAL current_s,next_s: STD_LOGIC_VECTOR (2 DOWNTO 0);
    CONSTANT s0: STD_LOGIC_VECTOR(2 DOWNTO 0):="000";
    CONSTANT s1: STD_LOGIC_VECTOR(2 DOWNTO 0):="001";
    CONSTANT s2: STD_LOGIC_VECTOR(2 DOWNTO 0):="010";
    CONSTANT s3: STD_LOGIC_VECTOR(2 DOWNTO 0):="011";
    CONSTANT s4: STD_LOGIC_VECTOR(2 DOWNTO 0):="100";
    CONSTANT s5: STD_LOGIC_VECTOR(2 DOWNTO 0):="101";
    CONSTANT s6: STD_LOGIC_VECTOR(2 DOWNTO 0):="110";
    ……
```

这种编码方式的缺点是,尽管节省了触发器,却增加了从一个状态向另一个状态转换的译码组合逻辑,这对于在触发器资源丰富而组合逻辑资源相对较少的FPGA器件中实现是不利的。此外,对于输出的控制信号ale、start、oe、lock1、a和b,还需要在状态机中再设置一个组合进程作为控制译码器。顺序编码方式可能产生两位或两位以上同时翻转的情况。如:状态s3"011"到状态s4"100"的转换过程。

(3)格雷码编码

格雷码编码方式是对顺序编码方式的一种改进,它的特点是任一对相邻状态的编码中只有一个二进制位发生变化,这十分有利于状态译码组合逻辑的简化,提高综合后目标器件的资源利用率和运行速度。其编码方式类似于例6.8所示。

【例6.8】 格雷码编码方式状态机的定义。

```
    ……
  SIGNAL current_s,next_s: STD_LOGIC_VECTOR (1 DOWNTO 0);
    CONSTANT s0: STD_LOGIC_VECTOR(2 DOWNTO 0):="000";
    CONSTANT s1: STD_LOGIC_VECTOR(2 DOWNTO 0):="001";
    CONSTANT s2: STD_LOGIC_VECTOR(2 DOWNTO 0):="011";
    CONSTANT s3: STD_LOGIC_VECTOR(2 DOWNTO 0):="010";
    CONSTANT s4: STD_LOGIC_VECTOR(2 DOWNTO 0):="110";
    CONSTANT s5: STD_LOGIC_VECTOR(2 DOWNTO 0):="111";
```

```
CONSTANT s6：STD_LOGIC_VECTOR(2 DOWNTO 0)：="101";
......
```

格雷码编码方式状态机的特点是触发器使用的数量较少,速度较慢。由于每次仅一个状态位的值发生变化,因此不会产生两位同时翻转情况。

(4)一位热码编码

一位热码编码方式就是用 n 个触发器来实现具有 n 个状态的状态机,状态机中的每个状态都会用一个触发器表示。即当处于该状态时,对应的触发器为“1”,其余的触发器都置“0”。例如,其对应状态编码见表 6.2。一位热码编码方式尽管用了较多的触发器,但其简单的编码方式大为简化了状态译码逻辑,提高了状态转换速度,这对于含有较多的时序逻辑资源,较少的组合逻辑资源的 FPGA 器件是较好的解决方案。

表 6.2　编码方式

状态	顺序编码	一位热码编码
s0	000	1000000
s1	001	0100000
s2	010	0010000
s3	011	0001000
s4	100	0000100
s5	101	0000010
s6	101	0000001

2. 状态机系统容错技术

在状态机设计中,使用枚举类型或直接指定状态编码的程序中,特别是使用了一位热码编码方式后,总是不可避免地出现一些剩余状态,即未被定义的编码组合,这些状态在状态机的正常运行中是不需要出现的,通常称为非法状态。在状态机的设计中,如果没有对这些非法状态进行合理的处理,在外界不确定的干扰下,或是随机上电的初始启动后,状态机的行为是不可预测的。因此,若忽视非法状态处理就会降低系统的容错性。

但另一方面,剩余状态的处理要不同程度地耗用逻辑资源,这就要求设计者在选用何种状态机结构、何种状态编码方式、何种容错技术及系统的工作速度与资源利用率方面作权衡比较,以适应自己的设计要求。对非法状态的处理,采用的是容错技术。以例 6.3 为例,介绍采用容错技术对非法状态进行处理的步骤如下:

(1)确定系统中非法状态的数目

程序共定义了 7 个合法状态(有效状态):s0、s1、s2、s3、s4、s5 和 s6。如果使用顺序编码方式指定各状态,则最少需要 3 个触发器,共有 8 种可能的状态,编码方式见表 6.3 所示,最后 1 个编码为非法状态。如果要使此 6 状态的状态机有可靠的工作性能,必须设法使系统进入非法状态后,能够迅速返回正常的状态转移路径。

表6.3 含有剩余状态的编码表

状态	顺序编码
s0	000
s1	001
s2	010
S3	011
s4	100
s5	101
s6	110
undefined	111

(2)在枚举类型定义中就将多余状态作出定义

```
TYPE state IS ( s0,s1,s2,s3,s4,s5,s6,undefined);
```

(3)定义转移出非法状态的代码

```
ARCHITECTURE arc OF adc0809 IS
  TYPE state IS (s0,s1,s2,s3,s4,s5,s6,undefined);
  SIGNAL current _ s,next _ s: state: = s0;
      ……
  BEGIN
      ……
      CASE current _ s IS
      ……
      WHEN undefined  = >  ale < = '0';
      start < = '0';
      oe < = '0';
      lock1 < = '0';
      next _ s < = s0;
END CASE;
```

若在实际项目中含有多个未定义的状态,可以分别处理每一个剩余状态的转向,而且剩余状态的转向不一定都指向初始态 s0,也可以被导向专门用于处理出错恢复的状态中。也可以用 OTHERS 语句作统一处理,设计如下:

```
TYPE state IS ( s0,s1,s2,s3,s4,s5,s6,undefined1,undefined2,undefined3);
    ……
    CASE current _ s IS
    ……
    WHEN OTHERS = > ale < = '0';
```

```
        start <= '0';
        oe <= '0';
        lock1 <= '0';
        next_s <= s0;
    END CASE;
```

另需注意的是,有的综合器对于符号化定义状态的编码方式并不是固定的,有的是自动设置的,有的是可控的。为了安全起见,可以直接使用常量来定义合法状态和剩余状态。

对于一位热码编码方法实现的状态机,可以写一个检错程序,判断是否在同一时刻有多个寄存器为 1,若有,则转入相应的处理机构。

本章小结

状态机是大型电子设计的基础,它属于时序电路的范畴,并且状态要逻辑适用于可编程器件。

有限状态机由状态寄存器、状态译码器和输出译码器组成。状态机也可以认为是组合逻辑和时序逻辑的特殊组合。组合逻辑部分主要由状态译码器和输出逻辑构成,状态译码器确定状态机的次态,输出逻辑确定状态机的输出;时序逻辑部分主要由状态寄存器构成,它的作用是存储有限状态机的内部状态。

用 VHDL 设计的状态机有多种形式,从状态机的信号输出方式上分有 Mealy 型和 Moore 型两种状态机;从结构上分,有单进程状态机和多进程状态机;从状态表达方式分有符号化状态机和确定状态编码的状态机;从编码方式上分有二进制编码状态机、格雷码编码状态机和一位热码编码状态机或其他编码方式状态机。一般常用的状态机通常包含说明部分、主控时序进程、主控组合进程、辅助进程几部分。

本章基于实用的目的,重点介绍用 VHDL 不同类型有限状态机的方法,同时考虑设计中许多必须重点关注的问题。

习　　题

1. 简述 Mealy 型状态机和 Moore 型状态机的主要区别?

2. 在状态机的设计中,未定义的状态是否需要处理? 如果需要可以如何处理?

3. 状态机的编码是否会影响状态机的功能? 各种编码方式有什么特点?

4. 设计一状态机,设输入和输出信号分别为 a、b 和 outputs,时钟信号为 clk,有 6 个状态:s0、s1、s2、s3、s4 和 s5。状态机工作方式是:当[b,a]=0 时,随 clk 向下一个状态转化,输出 1;当[b,a]=1 时,随 clk 逆向转换,输出 1;当[b,a]=2 时,保持原状态,输出 0;当[b,a]=3 时,返回初始态 s0,输出 1,要求:

(1)画出状态转移图;

(2)用 VHDL 描述此状态机;

(3)试将此状态机的 VHDL 描述增加一个异步清零信号输入源程序该如何修改。

5. 输入为x、输出为y的有限状态机的VHDL程序。当x为1001或1111时，该状态机必须产生y=1，否则y=0。允许输入码型的重叠，该电路期望行为的举例如下：

x：010111100110011111

y：000000100100010011

6. 根据如图6.8所示的状态图写出对应的VHDL程序，分别用顺序编码和一位热码编码的方式设计程序，并分别加入容错程序。

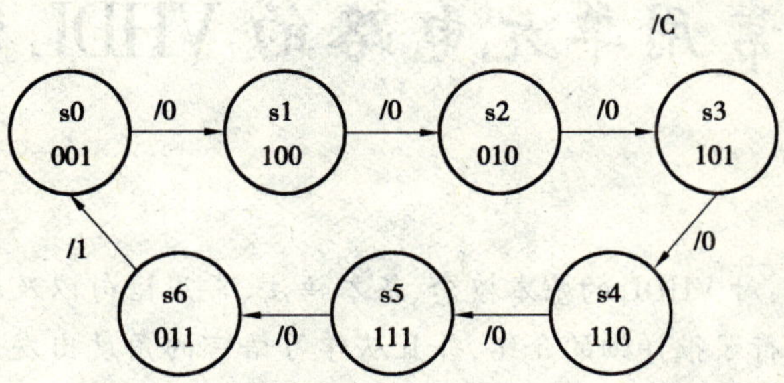

图6.8　状态图

第7章

常用单元电路的VHDL程序设计

【内容提要】

在前面的章节里，对VHDL的基本概念、基本语法、常用语句以及利用VHDL描述硬件电路的设计方法进行了很详细的介绍，并且从学习语言的角度出发介绍了一些实际硬件电路的VHDL描述。本章将从硬件电路设计的角度出发，利用前面VHDL基本知识，深入地掌握用VHDL进行硬件电路功能具体描述的方法。

本章主要介绍组合逻辑电路及时序逻辑电路的VHDL设计。数字电路包括两大类，一类是组合逻辑电路，一类是时序逻辑电路。组合逻辑电路在任何时刻的输出状态只取决于该时刻的输入状态，而与原来的状态无关。即输出、输入之间没有反馈延迟，且不包含记忆性元件（触发器），仅由门电路构成的数字电路。组合逻辑电路主要包括门电路、编码器、译码器、多路选择器、比较器、加法器等，时序逻辑电路主要包括触发器、锁存器、计数器、分频器、寄存器、顺序脉冲发生器等，本章将对这些常用单元电路进行VHDL设计。另外，本章所有程序都是在MAX+plus Ⅱ软件上运行调试的。

7.1 门电路

门电路是构成所有组合逻辑电路的基本电路，因此在进行比较复杂的组合逻辑电路描述前，先要掌握基本门电路的VHDL描述，下面用VHDL语言，以二输入与门电路为例进行功能描述。二输入与门电路符号如图7.1所示，真值表见表7.1。

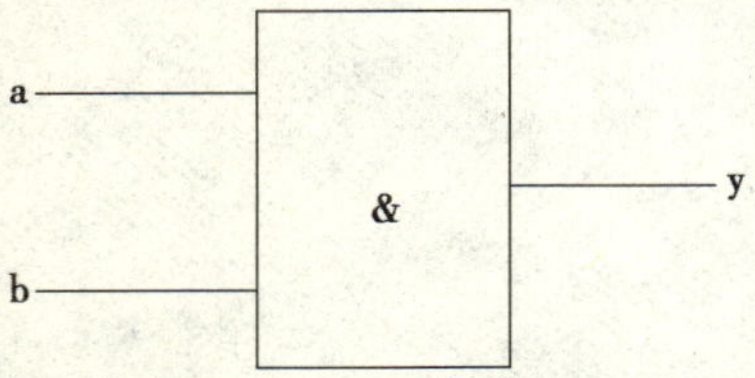

图7.1　二输入与门电路符号

表7.1　二输入与门真值表

a	b	y
0	0	0
0	1	0
1	0	0
1	1	1

【例 7.1】 二输入与门 VHDL 设计实例

源代码一：

```
ENTITY and2 IS
  PORT(a,b:IN BIT;
          y:OUT BIT);
END ENTITY and2;
ARCHITECTURE one OF and2 IS
  BEGIN
  y< =a and b;
END ARCHITECTURE one;
```

源代码二：

```
ENTITY and2 IS
  PORT(a,b:IN BIT;
          y:OUT BIT);
END ENTITY and2;
ARCHITECTURE one OF and2 IS
  signal sel:bit _ vector(0 to 1);
    BEGIN
      sel< =b&a;
      y< ='0' when sel="00" else
           '0' when sel="01" else
           '0' when sel="10" else
           '1';
END ARCHITECTURE one;
```

上例是二输入与门的 VHDL 描述。

①实体描述部分：定义了该与门的 2 个输入信号 a、b，1 个输出端口 y。端口数据类型为位类型。

②结构体描述部分：源代码一，是二输入与门的行为描述，源代码二是二输入与门的数据流描述。从中可以看到，行为描述与逻辑表达式的形式十分接近，因此很容易阅读；而数据流描述则是以真值表为根据进行编写的，它以数据的流向来完成功能的描述。

③源代码一采用的是 AND 与逻辑运算符实现的与逻辑关系。

④源代码二采用的是条件信号赋值语句，对其真值表功能进行了描述。& 称为并置运算符，并置运算符 & 通过连接操作数来建立新的数组。操作数可以是一个数组或数组中的一个元素。在结构体说明部分定义一个信号 sel，数据类型为 bit _ vector 位矢量，其后的括号内必须定义其位宽，格式如下：

整数表达式　TO　整数表达式

整数表达式　DOWNTO　整数表达式

其中 TO 表示序列由低到高，如："2 TO 8"；DOWNTO 表示序列由高到低，如：8 DOWNTO 2。

上例中使用的是序列由高到低 TO 格式描述。

二输入与门的仿真波形如图 7.2 所示。

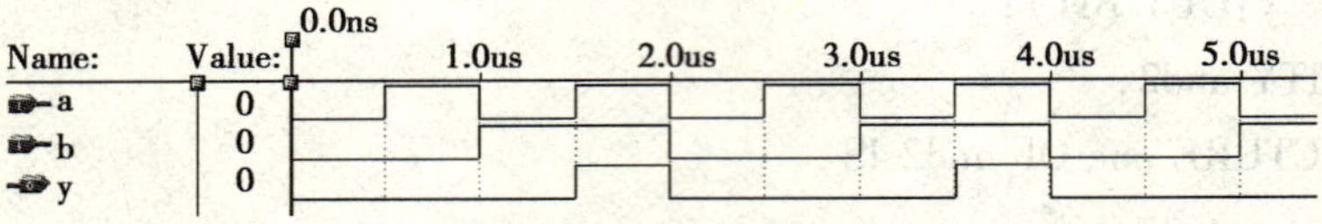

图 7.2　二输入与门的仿真波形图

7.2　8-3 线编码器

为了区分一系列不同的事物，将其中的每一个事物用一个二进制代码来表示，这就是编码的含义。在二进制逻辑电路中，信号都是以高、低电平的形式表示的，因此编码器的逻辑功能就是把输入的每一个高、低电平的信号编写成一个对应的二进制代码。

以下介绍 8-3 线编码器。8-3 线编码器的逻辑符号如图 7.3 所示，真值表见表 7.2。

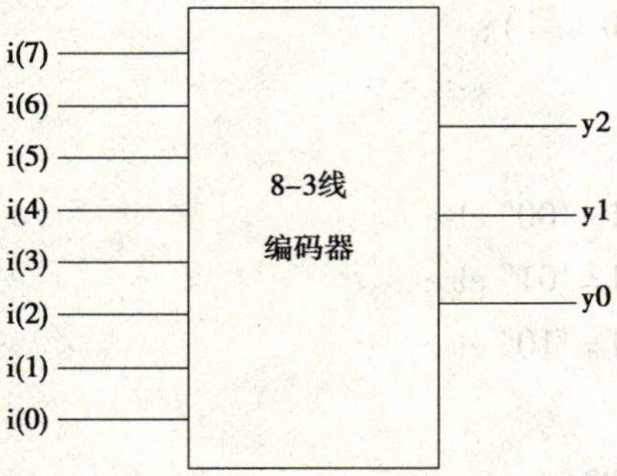

图 7.3　8-3 线编码器逻辑符号

表 7.2　8-3 线编码器真值表

i(7)	i(6)	i(5)	i(4)	i(3)	i(2)	i(1)	i(0)	y(2)	y(1)	y(0)
0	0	0	0	0	0	0	1	0	0	0
0	0	0	0	0	0	1	0	0	0	1
0	0	0	0	0	1	0	0	0	1	0
0	0	0	0	1	0	0	0	0	1	1
0	0	0	1	0	0	0	0	1	0	0
0	0	1	0	0	0	0	0	1	0	1
0	1	0	0	0	0	0	0	1	1	0
1	0	0	0	0	0	0	0	1	1	1

i0 ~ i7 是一组互相排斥的输入变量,任何时刻只能有一个端输入有效信号。

【例 7.2】 8 -3 线编码器的 VHDL 设计实例

```
LIBRARY IEEE;
USE IEEE. STD _ LOGIC _ 1164. ALL;
ENTITY code83 IS
PORT(i:IN STD _ LOGIC _ VECTOR(7 DOWNTO 0);
        y:OUT STD _ LOGIC _ VECTOR(2 DOWNTO 0));
END;
ARCHITECTURE a OF code83 IS
BEGIN
    WITH i SELECT
        y < ="000" WHEN "00000001",
            "001" WHEN"00000010",
            "010" WHEN"00000100",
            "011" WHEN"00001000",
            "100" WHEN"00010000",
            "101" WHEN"00100000",
            "110" WHEN"01000000",
            "111" WHEN"10000000",
            "XXX" WHEN OTHERS;
END;
```

例 7.2 是 8 -3 线编码器的 VHDL 描述。

①库声明及程序包调用部分:首先打开 IEEE 库,然后利用 USE 语句调用了该库中的 STD _ LOGIC _ 1164 程序包,以便在程序中可以使用 STD _ LOGIC _ VECTOR 等数据类型。

②实体描述部分:描述了该编码器要使用的输入、输出端口。其中端口数据类型为 STD _LOGIC _ VECTOR,其后的括号内必须定义其位宽,位宽定义格式同例 7.1。

该例是将 2^3 个输入信号编码成 3 位的二进制代码。8 -3 线编码器的输入信号 i 为 8 位,输出信号 y 为 3 位。

③结构体描述部分:采用数据流描述方式对编码器进行了描述。在结构体功能描述部分,使用选择信号赋值语句对其编码功能进行了描述。选择信号赋值语句与进程中的 CASE 语句作用相似,不允许有条件重叠的现象,也不允许存在条件涵盖不全的情况,因此程序中所有的 WHEN 后面的条件值没有重复的,且最后一条赋值语句用 OTHERS 代表所列选择值以外的其他所有的选择值,此语句不能省略。其中“X”代表强未知的,它是 STD _ LOGIC 数据类型中所包含的九值逻辑之一。

8 -3 线编码器的仿真波形如图 7.4 所示。

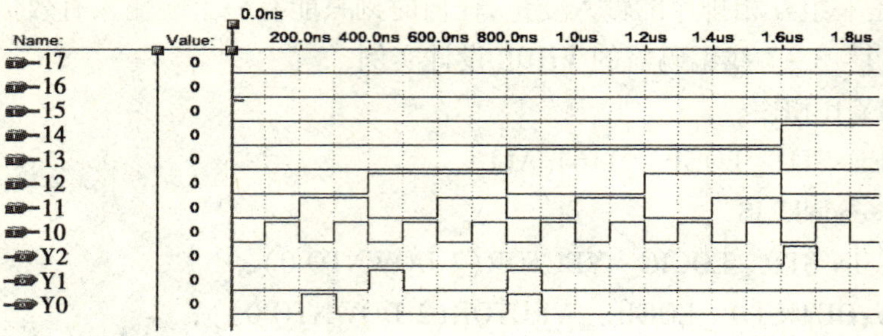

图 7.4　8－3 线编码器的仿真波形图

由图可知，当输入信号 i 为 00000001 时，将其编码为 000 赋给输出信号 y，依此类推，实现 8－3 线编码器真值表中的所有功能。

7.3　译 码 器

译码是编码的逆过程，就是将输入的二进制代码转换成与代码对应的信号。能实现译码功能的组合逻辑电路称为译码器。若译码器输入的是 n 位二进制代码，则其输出的端子数 $N \leqslant 2n$。若 $N = 2n$ 称为完全译码，$N < 2n$ 称为部分译码。按照功能的不同，通常可以把译码器分为二进制译码器、二－十进制译码器和显示译码器 3 种。本节针对后两种译码器进行 VHDL 描述。

7.3.1　二－十进制 BCD 译码器

二－十进制 BCD 译码器是将 BCD 码转换为十进制码。

【例 7.3】　二－十进制 BCD 译码器的 VHDL 设计实例

```
ENTITY bcdm IS
PORT(din:IN INTEGER RANGE 15 DOWNTO 0;
    a,b:OUT INTEGER RANGE 9 DOWNTO 0);
END;
ARCHITECTURE a OF bcdm IS
BEGIN
  PROCESS(din)
  BEGIN
      IF din<10 THEN
      a<=din;b<=0;
      ELSE
      a<=din-10;b<=1;
  END IF;
  END PROCESS;
END;
```

例7.3是二－十进制BCD译码器的VHDL描述。

①实体描述部分：描述了该译码器要使用的输入、输出端口。输入信号为din，输出信号为a，b。端口数据类型都是INTEGER整数类型，其后的关键字RANGE后需定义其取值范围。输入信号din取值范围为0～15；输出信号a、b取值范围为0～9，a是十进制数的个位，b是十进制数的十位。

由于该例中信号是整数类型，属VHDL预定义数据类型，在VHDL自带的STD库中定义，所以不需要用USE函数调用。因此在程序最开始，没有如下语句的显式表达。

```
LIBRARY IEEE;
USE IEEE.STD_LOGIC_1164.ALL;
```

②结构体描述部分：采用行为描述方式对译码器进行了描述。在结构体功能描述部分，使用一个进程语句，以PROCESS开始，到END PROCESS结束。进程语句本身属并行语句，但其内部使用的是顺序语句。该例中，当进程敏感信号表中din信号发生变化时启动该进程，否则该进程被挂起。IF语句属顺序描述语句。

在进程中用IF语句描述了二－十进制BCD译码器的逻辑功能。

```
IF din <10 THEN
    a < =din;b < =0;
ELSE
    a < =din -10;b < =1;
END IF;
```

当输入信号din<10时，b(十位)=0，a(个位)=输入信号din；当输入信号din>10时，b(十位)=1，a(个位)=输入信号din－10。

二－十进制BCD译码器的功能仿真波形如图7.5所示。从二－十进制BCD译码器仿真波形图可以看出，当输入信号值小于10时，输出信号的个位a等于输入信号的个位，十位等于0；当输入信号大于9且小于16时，输出信号的个位等于输入信号的个位，十位等于1。

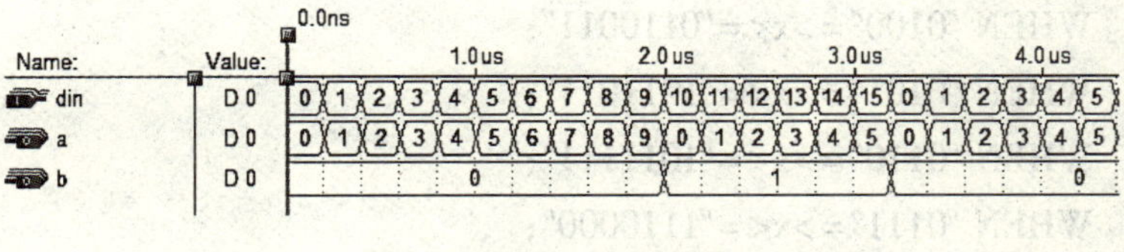

图7.5　二－十进制BCD译码器的仿真波形图

7.3.2　显示译码器

在数字系统中，经常需要将数字、文字、符号的二进制代码翻译成人们习惯的形式，直观地显示出来，以便直接进行读数。目前广泛使用的是七段字符显示器，或者称为七段数码管，这种显示器是由七段可发光的二极管组成的。

七段显示译码器的设计方框图如图7.6所示，示意图如7.7所示。此处假设七段显示器为共阴极数码管，所以输出是高电平有效(点亮)。

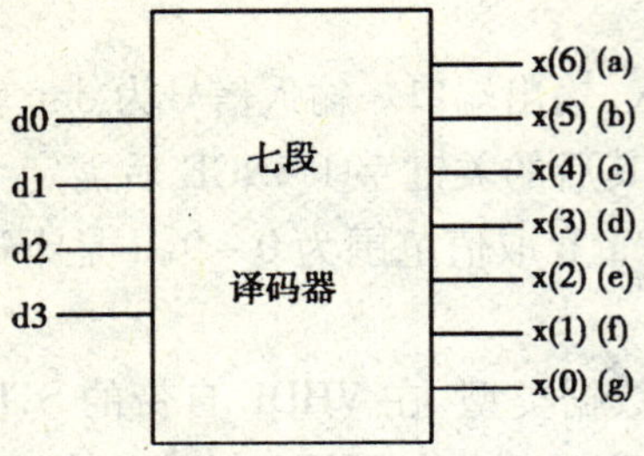

图 7.6　七段显示译码器设计方框图

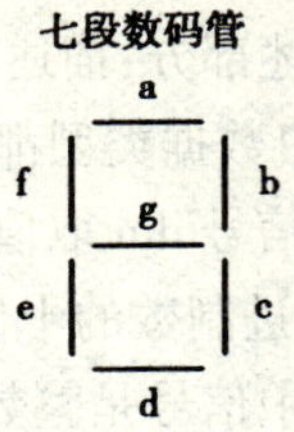

图 7.7　七段显示译码器示意图

【例 7.4】　七段显示译码器的 VHDL 设计实例

```
LIBRARY IEEE;
USE IEEE. STD_LOGIC_1164. ALL;
ENTITY decoder IS
  PORT(d:IN STD_LOGIC_VECTOR(3 DOWNTO 0);
        x:OUT STD_LOGIC_VECTOR(6 DOWNTO 0));
END decoder;
ARCHITECTURE a OF decoder IS
  BEGIN
    PROCESS(d)
      BEGIN
      CASE d IS
        WHEN "0000"=>x<="1111110";
        WHEN "0001"=>x<="0110000";
        WHEN "0010"=>x<="1101101";
        WHEN "0011"=>x<="1111001";
        WHEN "0100"=>x<="0110011";
        WHEN "0101"=>x<="1011011";
        WHEN "0110"=>x<="1011111";
        WHEN "0111"=>x<="1110000";
        WHEN "1000"=>x<="1111111";
        WHEN "1001"=>x<="1110011";
        WHEN OTHERS=>x<="0000000";
    END CASE;
  END PROCESS;
END a;
```

例 7.4 是七段显示译码器的 VHDL 描述。

①实体描述部分：描述了该显示译码器要使用的输入、输出端口。该显示译码器有 4

个输入信号 d[3..0],用来表示 0000 到 1111。有 7 个输出信号 x[6..0],分别与数码管 a、b、c、d、e、f、g 段相连。

②结构体描述部分:使用进程语句 PROCESS,进程内部使用了顺序执行语句 CASE 语句。CASE 语句的相关语法内容详见第 5 章。

x(6)对应数码管的 a 段,x(5)对应数码管的 b 段,依此类推。

功能仿真波形如图 7.8 所示。

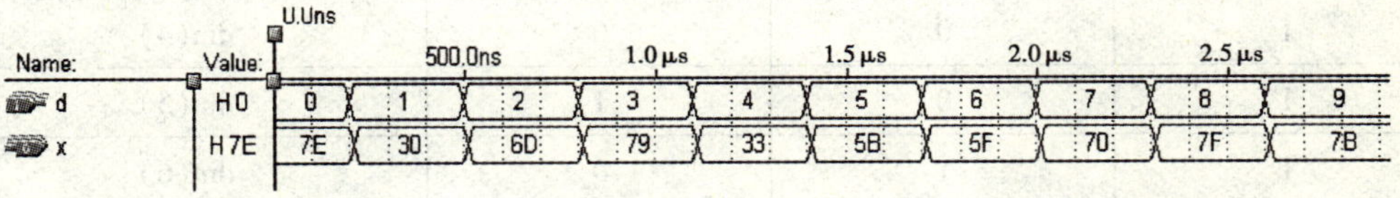

图 7.8　二输入与门的仿真波形图

从七段显示译码器仿真波形图可以看出:

当输入 d = "0000"时,输出 x = "1111110",即十六进制数为 7E,数码管显示0;

当输入 d = "0001"时,输出 x = "0110000",即十六进制数为 30,数码管显示 1;

当输入 d = "0010"时,输出 x = "1101101",即十六进制数为 6D,数码管显示2;

当输入 d = "0011"时,输出 x = "1111001",即十六进制数为 79,数码管显示3;

当输入 d = "0100"时,输出 x = "0110011",即十六进制数为 33,数码管显示4;

当输入 d = "0101"时,输出 x = "1011011",即十六进制数为 5B,数码管显示5;

当输入 d = "0110"时,输出 x = "1011111",即十六进制数为 5F,数码管显示6;

当输入 d = "0111"时,输出 x = "1110000",即十六进制数为 70,数码管显示7;

当输入 d = "1000"时,输出 x = "1111111",即十六进制数为 7F,数码管显示8;

当输入 d = "1001"时,输出 x = "1111011",即十六进制数为 7B,数码管显示9;

WHEN OTHERS = > x < = "0000000"语句表示当输入 d 为"0000" ~ "1001"以外的其他状态,将数码管各段送 0,实现数码管消隐功能。

7.4　多路选择器

多路选择器又被称为数据选择器或多路开关,其功能是把多路并行数据选通一路送到唯一的输出线上,以形成总线的传输。多路选择器有 2^N 条输入线、1 条输出线,同时还有 N 条数据选择线。在输入信号中选择哪一路数据,要由选择线上的二进制信号来决定。所以多路选择器可以想象成具有二进制编码的可控开关,由编码控制选通输入信息。

下面介绍八选一数据选择器,其真值表见表 7.3。

表 7.3　八选一数据选择器真值表

sel(2)	sel(1)	sel(0)	Y
0	0	0	din(0)
0	0	1	din(1)
0	1	0	din(2)
0	1	1	din(3)
1	0	0	din(4)
1	0	1	din(5)
1	1	0	din(6)
1	1	1	din(7)

【例 7.5】　八选一数据选择器的 VHDL 设计实例

源代码一:用 IF 语句编写。

```
LIBRARY IEEE;
USE IEEE. STD _ LOGIC _ 1164. ALL;
ENTITY mux8 IS
  PORT( din:IN STD _ LOGIC _ VECTOR(7 DOWNTO 0);
      sel:IN STD _ LOGIC _ VECTOR(2 DOWNTO 0);
      y:OUT STD _ LOGIC);
END;
ARCHITECTURE al OF mux8 IS
  BEGIN
    PROCESS(din,sel)
      BEGIN
      IF(sel ="000") THEN
        y< =din(0);
      ELSIF(sel ="001") THEN
        y< = din(1);
      ELSIF(sel ="010") THEN
        y< = din(2);
      ELSIF(sel ="011") THEN
        y< = din(3);
      ELSIF(sel ="100") THEN
        y< = din(4);
      ELSIF(sel ="101") THEN
        y< = din(5);
      ELSIF(sel ="110") THEN
```

```
        y < = din(6);
      ELSE
        y < =din(7);
      END IF;
    END PROCESS;
END;
```

源代码二:用 CASE 语句编写。

```
LIBRARY IEEE;
USE IEEE. STD _ LOGIC _ 1164. ALL;
ENTITY mux8case IS
  PORT(din:IN STD _ LOGIC _ VECTOR(7 DOWNTO 0);
      sel:IN STD _ LOGIC _ VECTOR(2 DOWNTO 0);
      y:OUT STD _ LOGIC);
END;
ARCHITECTURE al OF mux8case IS
BEGIN
  PROCESS(din,sel)
      BEGIN
      CASE sel IS
      WHEN "000" = >y < =din(0);
      WHEN "001" = >y < =din(1);
      WHEN "010" = >y < = din(2);
      WHEN "011" = >y < = din(3);
      WHEN "100" = >y < = din(4);
      WHEN "101" = >y < = din(5);
      WHEN "110" = >y < = din(6);
      WHEN "111" = >y < =din(7);
      WHEN OTHERS = >y < ='Z';
      END CASE;
  END PROCESS;
END;
```

源代码三:用选择信号赋值语句编写。

```
LIBRARY IEEE;
USE IEEE. STD _ LOGIC _ 1164. ALL;
ENTITY mux8case IS
  PORT(din:IN STD _ LOGIC _ VECTOR(7 DOWNTO 0);
      sel:IN STD _ LOGIC _ VECTOR(2 DOWNTO 0);
      y:OUT STD _ LOGIC);
```

```
END;
ARCHITECTURE al OF mux8case IS
BEGIN
  WITH sel SELECT
      y< =din(0) WHEN "000",
           din(1) WHEN "001",
           din(2) WHEN "010",
           din(3) WHEN "011",
           din(4) WHEN "100",
           din(5) WHEN "101",
           din(6) WHEN "110",
           din(7) WHEN "111",
           'Z' WHEN OTHERS;
END;
```

源代码四:用条件信号赋值语句编写。

```
LIBRARY IEEE;
USE IEEE.STD_LOGIC_1164.ALL;
ENTITY mux8case IS
  PORT(din:IN STD_LOGIC_VECTOR(7 DOWNTO 0);
      sel:IN STD_LOGIC_VECTOR(2 DOWNTO 0);
      y:OUT STD_LOGIC);
END;
ARCHITECTURE al OF mux8case IS
BEGIN
      y< =din(0) WHEN sel="000" else
           din(1) WHEN sel="001" else
           din(2) WHEN sel="010" else
           din(3) WHEN sel="011" else
           din(4) WHEN sel="100" else
           din(5) WHEN sel="101" else
           din(6) WHEN sel="110" else
           din(7) WHEN sel="111" else
           'Z';
END;
```

在上面的源代码中,源代码一采用 IF 语句进行描述,源代码二采用 CASE 语句进行描述,源代码三采用选择信号赋值语句进行描述,源代码四采用条件信号赋值语句进行描述,可见,用 VHDL 进行硬件描述时,由于语句形式很多,所以对于同一硬件电路的描述可以编写很多不同的 VHDL 源代码,这正体现了 VHDL 的灵活性和功能的强大。

IF 语句和 CASE 语句都属于顺序语句，在 VHDL 中，顺序语句只能出现在进程和子程序内部，不可以将顺序语句直接放在结构体中。

IF 语句是一种条件控制语句语句，它根据语句中所设置的一种或多种条件，有选择地执行指定的顺序语句；CASE 语句是另一种形式的条件控制语句，它根据所给表达式的值选择执行语句集。

CASE 语句与 IF 语句的相同之处在于：它们都根据某个条件在多个语句中集中进行选择。CASE 语句与 IF 语句的不同之处在于：CASE 语句根据某个表达式的值来选择执行体。

选择信号赋值语句和条件信号赋值语句都属于并行语句，在 VHDL 中，并行语句可以直接放在结构体里。并行语句在结构体中的执行都是同时进行的，即它们的执行顺序与语句书写的顺序无关。

对于上面八选一多路选择器进行功能描述的各种源代码，无论采用哪一种语句进行描述，它们的综合结果都是相同的。在上面的源代码中，建议采用源代码二，因为在这里 CASE 语句可以使源代码更加清晰易读。

八选一数据选择器的功能仿真波形如图 7.9 所示。

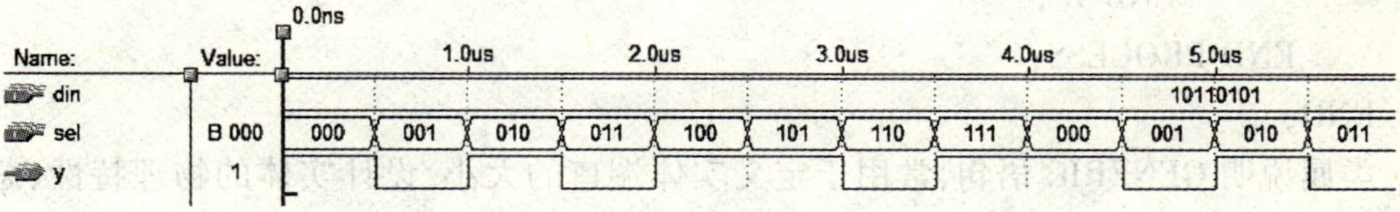

图 7.9　八选一数据选择器的仿真波形图

从图 7.9 可以看出，输入信号 din[7..0] =“10110101”，是任意设定的仿真值，

当选择控制端 sel 输入为“000”时，将 din(0)的值‘1’赋给输出信号 y；

当选择控制端 sel 输入为“001”时，将 din(1)的值‘0’赋给输出信号 y；

当选择控制端 sel 输入为“010”时，将 din(2)的值‘1’赋给输出信号 y；

当选择控制端 sel 输入为“011”时，将 din(3)的值‘1’赋给输出信号 y；

当选择控制端 sel 输入为“100”时，将 din(4)的值‘0’赋给输出信号 y；

当选择控制端 sel 输入为“101”时，将 din(5)的值‘1’赋给输出信号 y；

当选择控制端 sel 输入为“110”时，将 din(6)的值‘0’赋给输出信号 y；

当选择控制端 sel 输入为“111”时，将 din(7)的值‘1’赋给输出信号 y。

7.5　比 较 器

在计算机和许多数字系统中，经常需要比较两个数的大小或相等，这时就需要比较器来完成该逻辑功能。下面来看一个比较简单的二位等值比较器。

【例 7.6】　二位等值比较器的 VHDL 实例

```
LIBRARY IEEE;
USE IEEE.STD_LOGIC_1164.ALL;
```

```
ENTITY compare IS
  GENERIC(n:natural:=2);
  PORT(a,b:IN STD_LOGIC_VECTOR(n-1 DOWNTO 0);
     greater,equal,less:OUT STD_LOGIC);
END;
ARCHITECTURE a OF compare IS
  BEGIN
    PROCESS(a,b)
      BEGIN
        IF(a>b) THEN
            greater<='1';equal<='0';less<='0';
          ELSIF (a=b) THEN
            greater<='0';equal<='1';less<='0';
          ELSE
            greater<='0';equal<='0';less<='1';
          END IF;
    END PROCESS;
END;
```

类属说明 GENERIC 语句，常用于定义实体端口的大小、设计实体的物理特性、总线宽度、元件例化的数量等。在该例中，类属说明语句定义了一个常数 n，数据类型为自然数，值为 2；在端口说明部分，定义的 a、b 输入信号为标准逻辑位数据类型，位宽为 $n-1$ DOWNTO 0，即通过类属语句中定义的 n 的值为 2，得到输入信号 a、b 的位宽为 2，即定义了实体端口的大小。此后可通过灵活更改类属语句中定义的 n 的值来实现 n 位的数值比较器的 VHDL 描述。

二位等值比较器的功能仿真波形如图 7.10 所示。

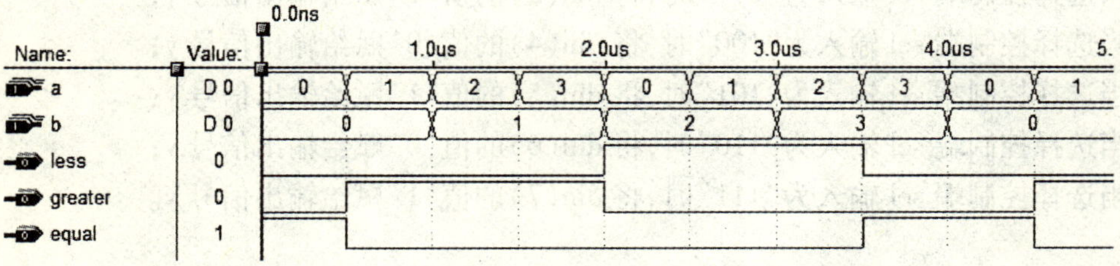

图 7.10　二位等值比较器的仿真波形图

从二位数值比较器的仿真波形图可以看出，当 a = b 时，equal = '1'，其他输出信号为'0'；当 a > b 时，greater = '1'，其他输出信号为'0'；当 a < b 时，less = '1'，其他输出信号为'0'。

7.6 加法器

在数字电路中，两个数字的算术运算，无论是加、减、乘、除，目前在数字电路中都是化做若干步加法运算进行的，因此可以说加法器是构成算术运算器的基本单元。

本节以一位全加器为基本元件，用 VHDL 对多位加法器的功能进行描述。这里将编写一个通用加法器的例子。所谓通用加法器就是指对两个加数的位数没有限制，但要求两个加数的位数必须相等。当调用该通用加法器的时候，只需要使用参数传递语句将加数的位数传递给调用的通用加法器元件即可。

下面就是该通用加法器的源代码。由于源代码中要引用一位全加器元件，而它存在于工作库 WORK 中的 apack 中，所以在源代码的开头部分要添加下面的语句：

```
USE WORK. apack. ALL;
```

【例 7.7】 通用 *n*+1 位加法器的 VHDL 实例

```
LIBRARY IEEE;
USE IEEE. STD_LOGIC_1164. ALL;
USE WORK. apack. ALL;        --在 WORK 库中已经存在 apack 程序包,见例 7.8
ENTITY addern IS
  GENERIC(n:INTEGER:=15);
  PORT(a,b:IN STD_LOGIC_VECTOR(n DOWNTO 0);
      cin:IN STD_LOGIC;
      co:OUT STD_LOGIC;
      s:OUT STD_LOGIC_VECTOR(n DOWNTO 0));
END;
ARCHITECTURE al OF addern IS
COMPONENT onebitadder IS
  PORT(x,y,cin:IN STD_LOGIC;
      count,sum:OUT STD_LOGIC);
END COMPONENT;
SIGNAL carrys:STD_LOGIC_VECTOR(n-1 DOWNTO 0);
BEGIN
  k:FOR i IN 0 TO n GENERATE
    g1:IF (i=0) GENERATE
      adderx:onebitadder PORT MAP(a(i),b(i),cin,carrys(i),s(i));
    END GENERATE g1;
    g2:IF (i=n) GENERATE
      adderx:onebitadder PORT MAP(a(i),b(i),carrys(i-1),co,s(i));
    END GENERATE g2;
    g3:IF ((i/=0)AND(i/=n)) GENERATE
```

```
      adderx:onebitadder PORT MAP(a(i),b(i),carrys(i-1),carrys(i),s(i));
    END GENERATE g3;
END GENERATE k;
END;
```

【例 7.8】 存在工作库 WORK 中的 apack 程序包

```
LIBRARY IEEE;
USE IEEE.STD_LOGIC_1164.ALL;
USE IEEE.STD_LOGIC_UNSIGNED.ALL;
PACKAGE apack IS
  PROCEDURE onebitadder1(x,y,cin:IN STD_LOGIC;
                         count,sum:OUT STD_LOGIC);
END apack;
PACKAGE BODY apack IS
  PROCEDURE onebitadder1(x,y,cin:IN STD_LOGIC;
                         sum,count:OUT STD_LOGIC) IS
      BEGIN
        sum:=x XOR y XOR cin;
        count:=(x AND y) OR (x AND cin)OR(y AND cin);
  END PROCEDURE;
END apack;
```

例 7.7 是 15 位的加法计数器，如果想实现任意位的加法计数器，直接更改 GENERIC 类属语句中 n 的初值即可。

15 位加法计数器的功能仿真波形如图 7.11 所示。图中，当输入信号 a、b、cin 三者的和达到 2^{16}，即 65 536 时，产生进位信号，使输出 co=1，同时 a、b、cin 三者的和信号的值减去 65 536 后赋给输出和信号 s。

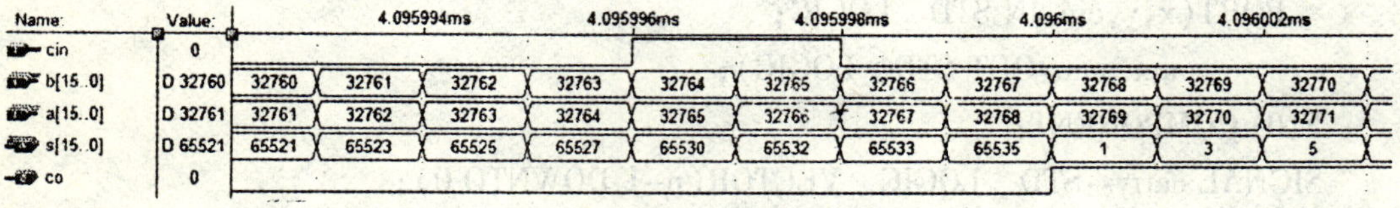

图 7.11 15 位加法计数器的仿真波形图

7.7 触发器和锁存器

1. 触发器

时序逻辑电路由组合逻辑电路和存储电路组成，存储电路由触发器构成，是时序逻辑电路不可缺少的部分。触发器包括 R-S 触发器、J-K 触发器、D 触发器和 T 触发器等类型。

最常用的触发器是 D 触发器,它是数字电路系统设计中最基本的时序单元。下面以基本 D 触发器和异步复位 D 触发器为例,介绍触发器的基本设计方法。

(1)基本 D 触发器

基本 D 触发器的逻辑符号如图 7.12 所示,其特性见表 7.4。d 是数据输入端,clk 是时钟输入端,q 和 qb 是触发器的两个互非输出端。

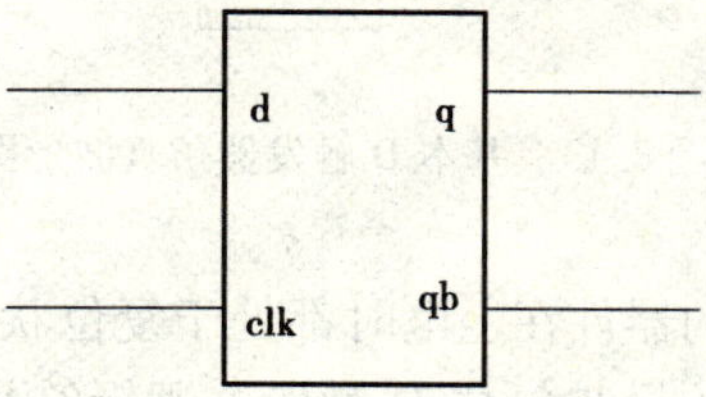

图 7.12　基本 D 触发器逻辑符号

表 7.4　基本 D 触发器的特性

d	clk	q	qb
0	上升沿(下降沿)	0	1
1	上升沿(下降沿)	1	0
X	0	保持	保持
X	1	保持	保持

【例 7.9】　基本 D 触发器的 VHDL 设计实例

```
LIBRARY IEEE;
USE IEEE. STD _ LOGIC _ 1164. ALL;
ENTITY basic _ dff IS
  PORT(d: IN STD _ LOGIC;
          clk: IN STD _ LOGIC;
          q: OUT STD _ LOGIC;
          qb: OUT STD _ LOGIC);
END basic _ dff;
ARCHITECTURE rtl OF basic _ dff IS
BEGIN
     PROCESS(clk)
     BEGIN
       IF(clk'EVENT AND clk  ='1') THEN
          q< =d;
          qb< =NOT d;
          END IF;
     END PROCESS;
END rtl;
```

基本 D 触发器仿真波形如图 7.13 所示，当上升沿出现时刻，且 d = ‘0’时，q = ‘0’；当上升沿出现时刻，当 d = ‘1’时，q = ‘1’。

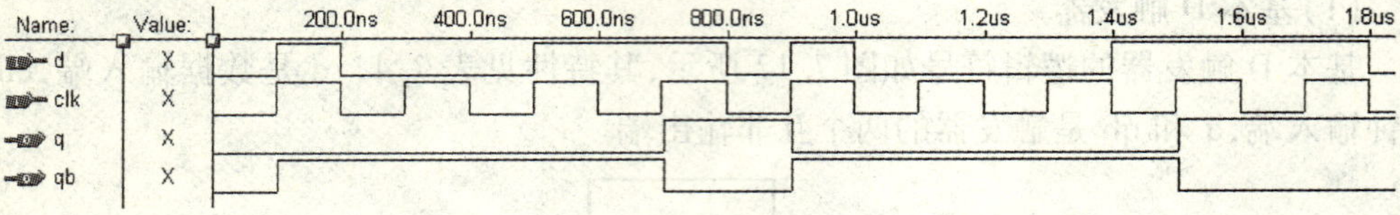

图 7.13　基本 D 触发器仿真波形图

（2）异步复位 D 触发器

在数字设计中并非所有的器件在上电时都处于复位状态，因此实际应用的器件都会含有相应的复位端口。常用的异步复位 D 触发器逻辑符号如图 7.14 所示，其特性见表 7.5。

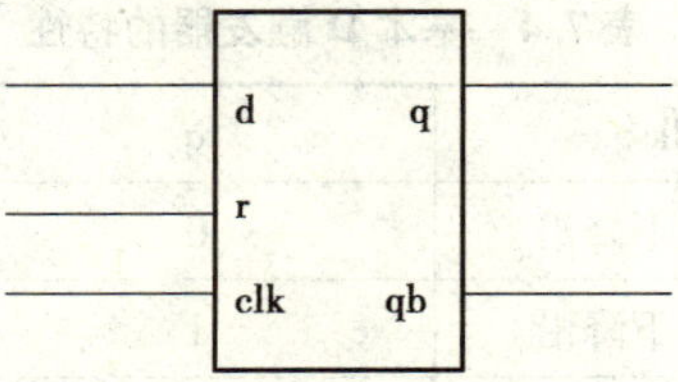

图 7.14　异步复位 D 触发器逻辑符号

表 7.5　异步复位 D 触发器的特性

r	d	clk	q	qb
1	0	上升沿	0	1
1	1	上升沿	1	0
0	X	X	0	1
1	X	0	保持	保持
1	X	1	保持	保持

【例 7.10】　异步复位 D 触发器 VHDL 设计实例

```
LIBRARY IEEE;
USE IEEE. STD _ LOGIC _ 1164. ALL;
ENTITY async _ reset _ dff IS
  PORT(d: IN STD _ LOGIC;
clk: IN STD _ LOGIC;
r: IN STD _ LOGIC;
q: OUT STD _ LOGIC;
qb: OUT STD _ LOGIC);
END async _ reset _ dff;
ARCHITECTURE rtl OF async _ reset _ dff IS
BEGIN
```

```
    PROCESS(clk,r)
    BEGIN
      IF(r='0') THEN
        q<='0';
        qb<='1';
      ELSIF(clk'EVENT AND clk='1') THEN
        q<=d;
        qb<=NOT d;
        END IF;
      END PROCESS;
END rtl;
```

异步复位 D 触发器仿真波形如图 7.15 所示,当'r'=0 时,触发器置零;当'r'=1 时,且上升沿出现时刻,当 d='0'时,q='0';当 d='1'时,q='1'。

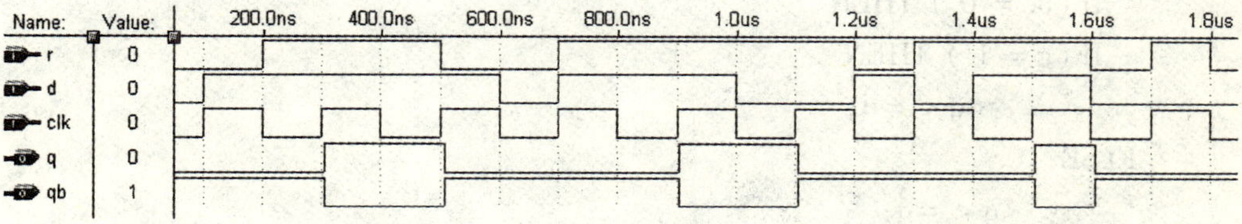

图 7.15 异步复位 D 触发器仿真波形图

2. 锁存器

D 触发器只能用来传输或存储一位数据,而在实际设计中常常需要同时对多位数据进行输出或存储,这时可以把多个 D 触发器的时钟端口连接起来,然后采用一个公共的信号进行控制。根据公共控制信号的不同,通常可将这种时序逻辑电路分为两种:如果公共控制信号是一个电平信号,那么这种时序逻辑电路称为锁存器;如果公共控制信号是一个时钟信号,即采用边沿来进行触发,那么这种时序逻辑电路称为寄存器。

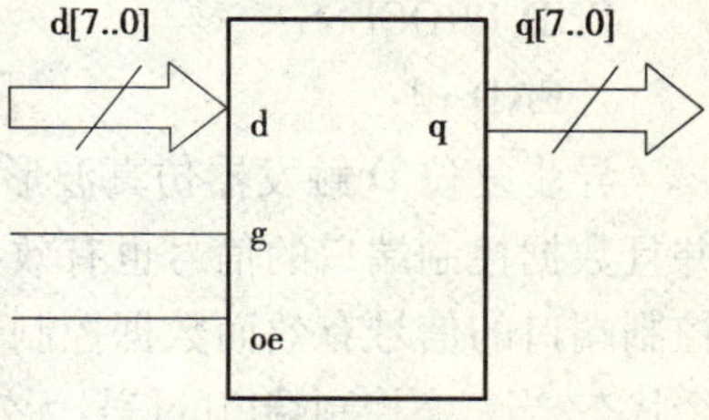

图 7.16 8D 锁存器逻辑符号

下面以具有三态输出的 8D 锁存器为例,介绍锁存器的基本设计方法。8D 锁存器逻辑符号如图 7.16 所示,其特性见表 7.6 所示。

表 7.6 8D 锁存器的特性表

oe	g	输出
0	1	d q
0	0	保持
1	X	高阻

【例 7.11】 8D 锁存器 VHDL 设计实例

```
LIBRARY IEEE;
USE IEEE.STD_LOGIC_1164.ALL;
ENTITY latch8 IS
  PORT(d: IN STD_LOGIC_VECTOR(7 DOWNTO 0);
       oe: IN STD_LOGIC;
       g: IN STD_LOGIC;
       q: inout STD_LOGIC_VECTOR(7 DOWNTO 0));
       END latch8;
ARCHITECTURE rtl OF latch8 IS
  BEGIN
    PROCESS(d,oe,g)
    BEGIN
      IF(oe='0') THEN
      IF(g='1') THEN
              q<=d;
    ELSE
            q<=q;
    END IF;
  ELSE
    q<="ZZZZZZZZ";
  END IF;
END PROCESS;
  END rtl;
```

异步复位 D 触发器仿真波形如图 7.17 所示。当三态控制端口的信号有效(oe=0),并且数据控制端口的信号也有效(g=1)时,锁存器把输入的数据送到输出端口;当三态控制端口的信号有效而数据控制端口的信号无效(g=0)时,锁存器的输出端口将保持前一个状态;当三态控制端口的信号无效(oe=1)时,这时锁存器的输出端口将处于高阻状态。

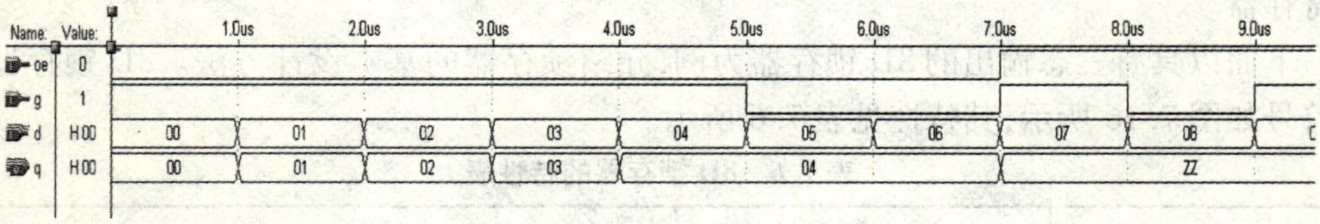

图 7.17 8D 锁存器仿真波形图

7.8 计数器和分频器

在数字电路中,计数器是应用十分广泛的一类时序逻辑电路,可以实现计时、计数、分频、定时、产生节拍脉冲和序列脉冲。

1. 计数器

计数器的作用是用来记忆时钟脉冲的具体个数，采用几个触发器的状态按照一定规律随时钟变化来记忆时钟的个数。按进制分为二进制计数器、十进制计数器和 N 进制计数器；按计数是加减分加法计数器、减法计数器和可逆计数器；按计数器中触发器翻转是否同步分同步计数器和异步计数器。下面以几种计数器为例，介绍计数器的基本设计方法。

(1)4 位异步复位加计数器

4 位异步复位加计数器逻辑符号如图 7.18 所示，其特性见表 7.7。由特性表可知，r 为复位端（异步复位），高电平有效；当 r = 1 时，计数器被复位，4 位计数器输出 q［7..0］=0000。该计数器属于同步计数器。

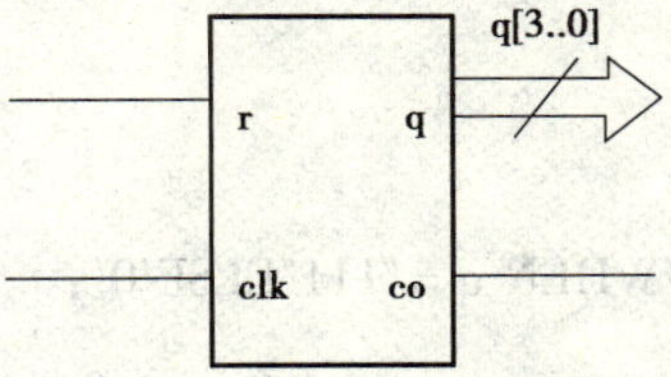

图 7.18　4 位异步复位加计数器逻辑符号

表 7.7　4 位异步复位加计数器特性表

r	clk	q3	q2	q1	q0	co
1	X	0	0	0	0	0
0	X	保持				保持
0	上升沿	加 1				0
0	上升沿	加满				1

【例 7.12】　4 位异步复位加计数器 VHDL 设计实例

```
LIBRARY IEEE;
USE IEEE. STD _ LOGIC _ 1164. ALL;
USE IEEE. STD _ LOGIC _ ARITH. ALL;
USE IEEE. STD _ LOGIC _ unsigned. ALL;
ENTITY async _ reset _ counter4 IS
     PORT(r: IN STD _ LOGIC;
              clk: IN STD _ LOGIC;
              co: OUT STD _ LOGIC;
              q: BUFFER STD _ LOGIC _ vector(2 DOWNTO 0));
END async _ reset _ counter4;
ARCHITECTURE rtl OF async _ reset _ counter4 IS
BEGIN
```

```
PROCESS(r,clk,q)
BEGIN
  IF(r='1') THEN
  q<="000";
  ELSIF(clk'EVENT AND clk='1')THEN
  IF(q="111") THEN
  q<="000";
  ELSE
  q<=q+1;
  END IF;
  ELSE
  q<=q;
  END IF;
  END PROCESS;
          co<='1'WHEN q="111"ELSE'0';
END rtl;
```

4 位异步复位加计数器仿真波形如图 7.19 所示，当 r=‘1’时，计数器置零；当 r=‘0’时，当上升沿出现时刻，如果 q=“1111”，则 q<=“0000”；否则 q+1。

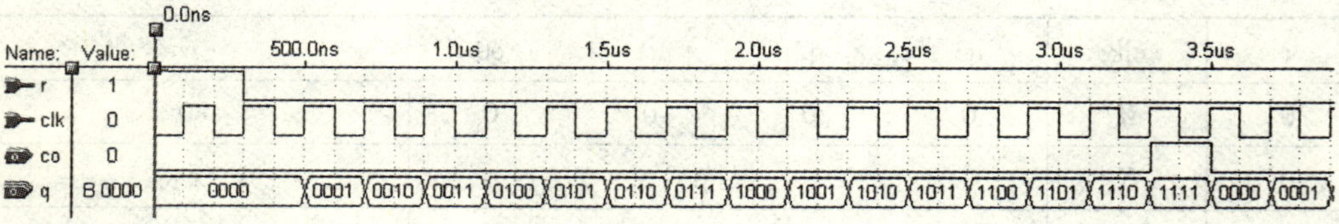

图 7.19　4 位异步复位加计数器仿真波形图

(2)同步可逆计数器

在数字电路中，同步可逆计数器可以递增计数也可以递减计数。一般情况下，可逆计数器需要定义用来控制计数器计数方向的控制端口 updown，可逆计数器的控制方向由该端口控制，从而完成可逆计数器不同方式的计数。

4 位二进制可逆计数器的逻辑符号如图 7.20 所示，其特性见表 7.8。由特性表可知，当 updown=1 时，计数器进行加 1 操作；当 updown=0 时，计数器进行减 1 操作。

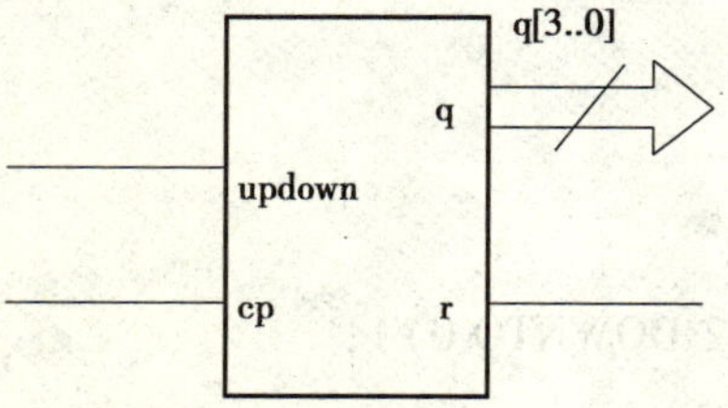

图 7.20　4 位二进制可逆计数器逻辑图

表 7.8　4 位二进制可逆计数器特性表

r	updown	clk	q3	q2	q1	q0
1	X	X	0	0	0	0
0	1	上升沿	计数值加 1			
0	0	上升沿	计数值减 1			

【例 7.13】 4 位二进制可逆计数器 VHDL 设计实例

```
LIBRARY IEEE;
USE IEEE.STD_LOGIC_1164.ALL;
USE IEEE.STD_LOGIC_ARITH.ALL;
USE IEEE.STD_LOGIC_UNSIGNED.ALL;
ENTITY updown_counter4 IS
    PORT(r:IN STD_LOGIC;
        clk:IN STD_LOGIC;
        updown:IN STD_LOGIC;
        q:BUFFER STD_LOGIC_VECTOR(3 DOWNTO 0));
END updown_counter4;
ARCHITECTURE rtl OF updown_counter4 IS
BEGIN
    PROCESS(r,clk,updown,q)
    BEGIN
      IF(r='1') THEN
      q<="0000";
      ELSIF(clk'EVENT AND clk='1')THEN
        IF(updown='1') THEN
          IF(q="1111") THEN
          q<="0000";
          ELSE
          q<=q+1;
          END IF;
        ELSE
          IF(q="0000") THEN
          q<="1111";
          ELSE
          q<=q-1;
          END IF;
        END IF;
      ELSE
      q<=q;
      END IF;
    END PROCESS;
END rtl;
```

4 位二进制可逆计数器仿真波形如图 7.21 所示。图 7.21(a)为加计数器,当 updown='1'时,上升沿出现时刻,进行加 1 操作;图 7.21(b)为减计数器,当 updown='0'时,上升沿出现时刻,进行减 1 操作。

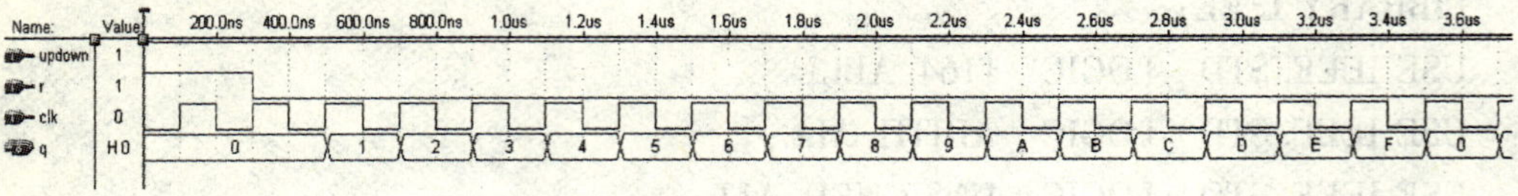

(a)加计数器仿真波形图

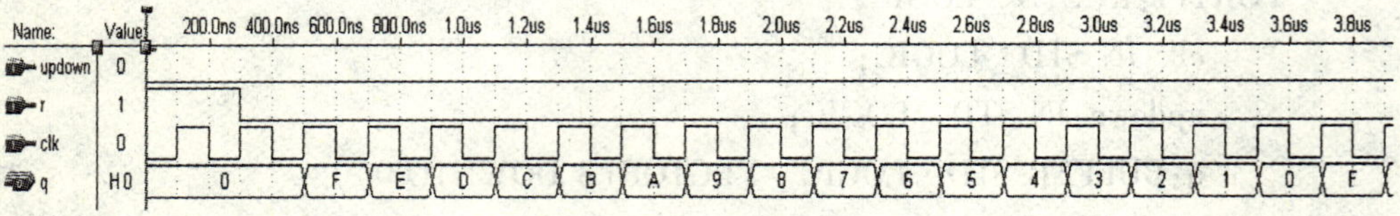

(b)减计数器仿真波形图

图 7.21　4 位二进制可逆计数器仿真波形图

(3)异步计数器

异步计数器就是构成计数器的低位计数触发器的输出作为相邻计数触发器的时钟,这样逐级串行连接起来的一类计数器。对于这种计数器来说,构成异步计数器的触发器的翻转不是在时钟脉冲到来的时候同时发生的,而是具有一定的翻转顺序。4 位异步计数器的逻辑图如图 7.22 所示。

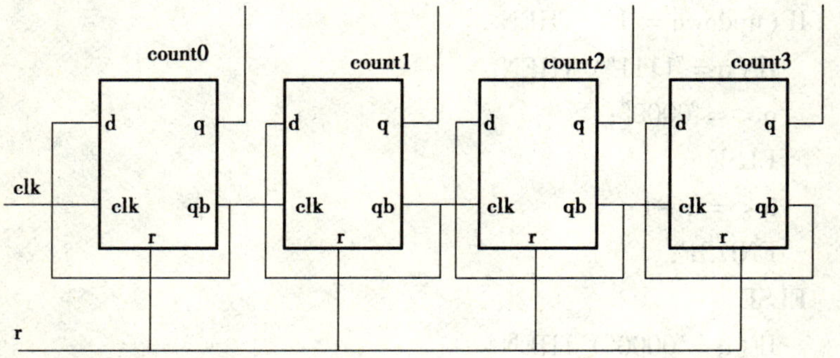

图 7.22　4 位异步计数器的逻辑图

【例 7.14】　4 位异步计数器 VHDL 设计实例

(1)下层文件

```
LIBRARY IEEE;
USE IEEE.STD_LOGIC_1164.ALL;
ENTITY r_dff IS
    PORT(r: IN STD_LOGIC;
    clk: IN STD_LOGIC;
    d: IN STD_LOGIC;
    q: OUT STD_LOGIC;
    qb: OUT STD_LOGIC);
```

```
  END r _ dff;
ARCHITECTURE rtl OF r _ dff IS
SIGNAL q _ in:STD _ LOGIC;
BEGIN
    PROCESS(r,clk)
    BEGIN
      IF(r='0') THEN
        q<='0';
        qb<='1';
      ELSIF(clk'event AND clk='1')THEN
        q<=d;
        qb<=NOT d;
      END IF;
    END PROCESS;
END rtl;
```

(2)顶层文件

```
LIBRARY IEEE;
USE IEEE.STD _ LOGIC _ 1164.ALL;
ENTITY rplcont IS
    PORT(r: IN STD _ LOGIC;
          clk: IN STD _ LOGIC;
          q: OUT STD _ LOGIC _ vector(3 DOWNTO 0));
END rplcont;
ARCHITECTURE rtl OF rplcont IS
COMPONENT r _ dff
    PORT(r: IN STD _ LOGIC;
          clk: IN STD _ LOGIC;
          d: IN STD _ LOGIC;
          q: OUT STD _ LOGIC;
          qb: OUT STD _ LOGIC);
    END COMPONENT;
SIGNAL q _ temp:STD _ LOGIC _ vector(4 DOWNTO 0);
BEGIN
  q _ temp(0)<=clk;
    Gen1:FOR i IN 0 TO 3 GENERATE
      r _ dffx:r _ dff PORT MAP(clk=>q _ temp(i),r=>r,d=>q _ temp(i+1),q
=>q(i),
        qb=>q _ temp(i+1));
```

```
END GENERATE;
END rtl;
```

4 位异步计数器仿真波形如图 7.23 所示，当 r = ‘0’时，计数器置零，当 r = ‘1’时，上升沿出现时刻，进行计数。

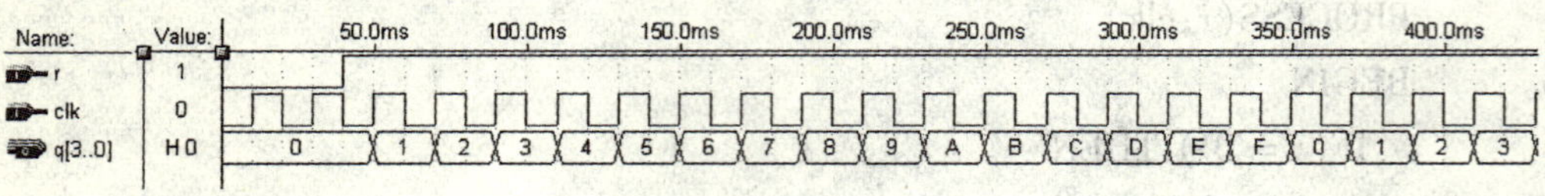

图 7.23　4 位异步计数器仿真波形图

2. 分频器

在数字电路中的时钟信号、选通信号和中断信号等信号，一般是由电路中较高频率的基本频率源产生的。由于电路中的基准频率源一般频率较高，因此需要利用分频器来得到频率较低的时钟信号、选通信号和中断信号等信号。由此可知所谓分频器就是对某个给定较高频率的信号进行分频操作，以便得到所需的频率较低的电路。

分频器按分频系数不同分为偶数分频器（分频系数 $N=2n(n=1,2,3,\cdots)$），奇数分频器（分频系数 $N=2n+1(n=1,2,3,\cdots)$）和半整数分频器，按占空比不同分为占空比是 1∶1 和占空比不是 1∶1 的分频器。

（1）偶数分频器

①分频系数不是 2 的整数次幂的分频器

采用标准计数器来实现分频器的 VHDL 设计。首先设计一个标准计数器，然后通过对标准计数器的计数控制给出分频器的输出信号。如实现分频器的分频系数为 $N=2n$ $(n=1,2,3,\cdots)$，具体的设计是，首先设计一个模为 n 的标准计数器，然后设定一个中间信号，这个中间信号在计数器计满时就进行一次翻转操作，最后将这个中间信号赋值给分频器的输出即可。

下面以 12 分频器为例，介绍分频系数不是 2 的整数次幂的分频器的基本设计方法。12 分频器的输入信号和输出信号的波形如图 7.24 所示。

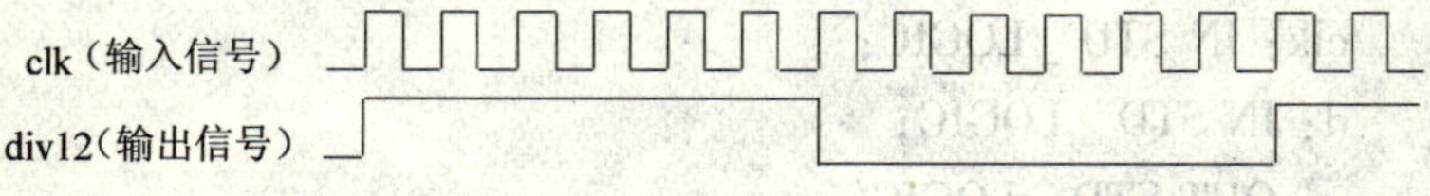

图 7.24　12 分频器输入信号波形和输出信号波形

【例 7.15】　12 分频器 VHDL 设计实例

```
LIBRARY IEEE;
USE IEEE. STD _ LOGIC _ 1164. ALL;
USE IEEE. STD _ LOGIC _ UNSIGNED. ALL;
ENTITY clk _ 12div IS
    PORT(clk: IN STD _ LOGIC;
            div12: OUT STD _ LOGIC);
END clk _ 12div;
```

```
ARCHITECTURE rtl OF clk _ 12div IS
        SIGNAL counter: STD _ LOGIC _ VECTOR(2 DOWNTO 0);
        SIGNAL clk _ temp: STD _ LOGIC;
BEGIN
      PROCESS(clk)
      BEGIN
        IF(clk'EVENT AND clk = '1')THEN
          IF(counter  = "101")THEN
            counter < = (OTHERS = > '0');
    clk _ temp < = NOT clk _ temp;
    ELSE
    counter < = counter + 1;
      END IF;
      END IF;
      END PROCESS;
        div12 < =  clk _ temp;
END rtl;
```

12 分频器(占空比 1:1)仿真波形如图 7.25 所示。由图可见,12 分频器的输出信号的占空比为 1:1。

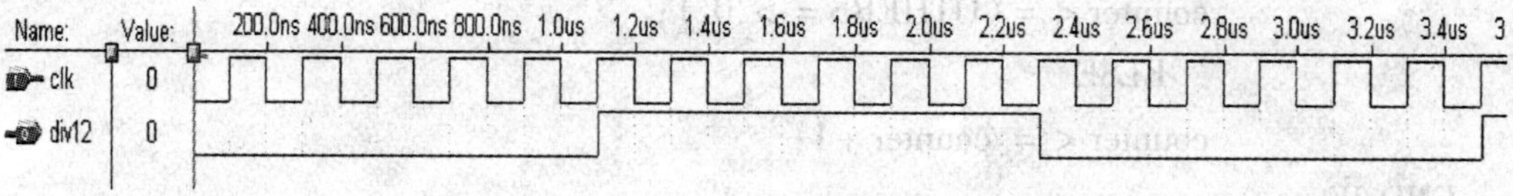

图 7.25　12 分频器(占空比为 1:1)仿真波形图

②分频系数是 2 的整数次幂的分频器

分频系数是 2 的整数次幂的分频器的设计同样采用标准计数器来实现,不同的是直接将计数器的相应位赋给分频器的输出信号即可实现分频功能。这种方法可以避免逻辑错误产生的可能性,同时可以避免毛刺的发生。

下面以具有 2 分频、4 分频、8 分频功能的分频器为例,介绍分频系数是 2 的整数次幂的分频器的基本设计方法。有 2 分频、4 分频、8 分频功能的分频器的输入信号和输出信号的波形如图 7.26 所示。

【例 7.16】　分频系数为 2、4、8 的分频器 VHDL 设计实例

```
LIBRARY IEEE;
USE IEEE. STD _ LOGIC _ 1164. ALL;
USE IEEE. STD _ LOGIC _ ARITH. ALL;
USE IEEE. STD _ LOGIC _ UNSIGNED. ALL;
ENTITY clk _ 8div IS
    PORT(clk: IN STD _ LOGIC;
```

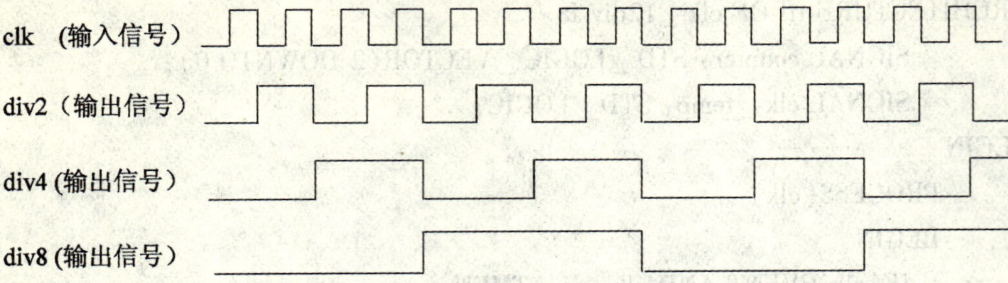

图 7.26　分频系数为 2、4、8 的分频器输入信号波形和输出信号波形

```
            div2：OUT STD _ LOGIC；
            div4：OUT STD _ LOGIC；
            div8：OUT STD _ LOGIC)；
END clk _ 8div；
ARCHITECTURE rtl OF clk _ 8div IS
        SIGNAL counter：STD _ LOGIC _ VECTOR(2 DOWNTO 0)；
    BEGIN
      PROCESS(clk)
      BEGIN
        IF(clk'EVENT AND clk ='1')THEN
          IF(counter ="111")THEN
            counter < =(OTHERS = >'0')；
              ELSE
            counter < = counter +1；
END IF；
END IF；
END PROCESS；
        div2 < = NOT counter(0)；
        div4 < = NOT counter(1)；
        div8 < = NOT counter(2)；
END rtl；
```

分频系数为 2、4、8 的分频器仿真波形如图 7.27 所示。由图可见,分频系数为 2、4、8 分频器的输出信号的占空比为 1∶1。

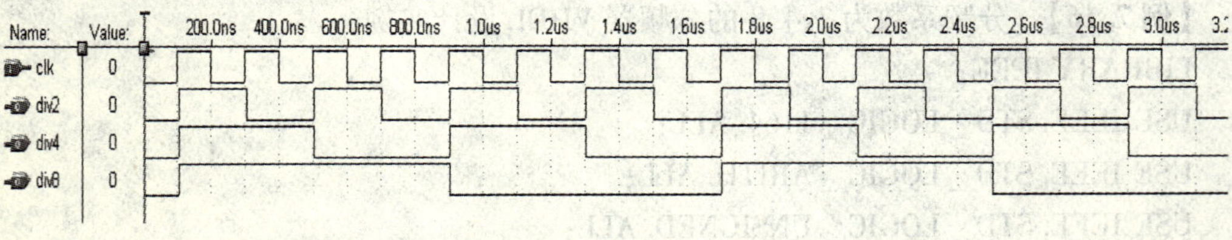

图 7.27　分频系数为 2、4、8 的分频器仿真波形图

③占空比不是 1∶1 的偶数分频器

前面讨论的分频器的都是占空比为1:1 的分频器,下面讨论占空比不是1:1 的分频器的 VHDL 设计。占空比不是1:1 的分频器的一般设计方法:首先根据待分频计数器计数;然后根据计数器的并行信号输出决定分频输出信号的高低电平。

下面以6 分频器,占空比为1:5 为例,介绍占空比不是1:1 的偶数分频器的基本设计方法。6 分频器,占空比为1:5 的分频器的输入信号和输出信号的波形如图7.28 所示。

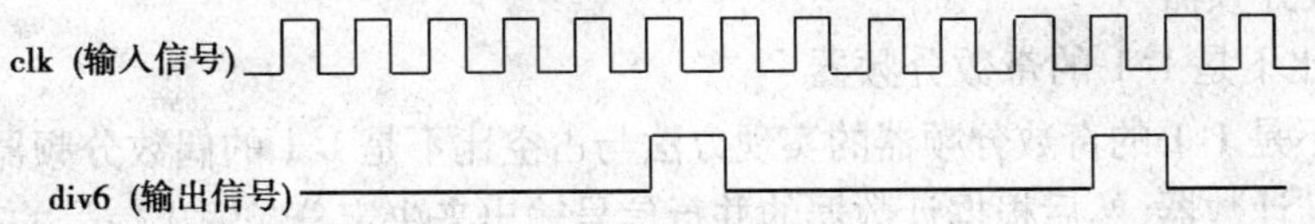

图7.28　分频系数为6 的分频器输入信号波形和输出信号波形(占空比为1:5)

【例7.17】　分频系数为6(占空比为1:5)的分频器 VHDL 设计实例

```
LIBRARY IEEE;
USE IEEE.STD_LOGIC_1164.ALL;
USE IEEE.STD_LOGIC_ARITH.ALL;
USE IEEE.STD_LOGIC_UNSIGNED.ALL;
ENTITY clk_6div IS
PORT(clk: IN STD_LOGIC;
    div6: OUT STD_LOGIC);
END clk_6div;
ARCHITECTURE rtl OF clk_6div IS
    SIGNAL counter:STD_LOGIC_VECTOR(2 DOWNTO 0);
BEGIN
    PROCESS(clk)
    BEGIN
IF(clk'EVENT AND clk = '1')THEN
  IF(counter = "101")THEN
    counter <= (OTHERS => '0');
  div6 <= '1';
      ELSE
    counter <= counter + 1;
      div6 <= '0';
        END IF;
      END IF;
    END PROCESS;
END rtl;
```

分频系数为6(占空比为1:5)的分频器真波形如图7.29 所示。由图可见,分频器的输出信号的占空比为1:5。

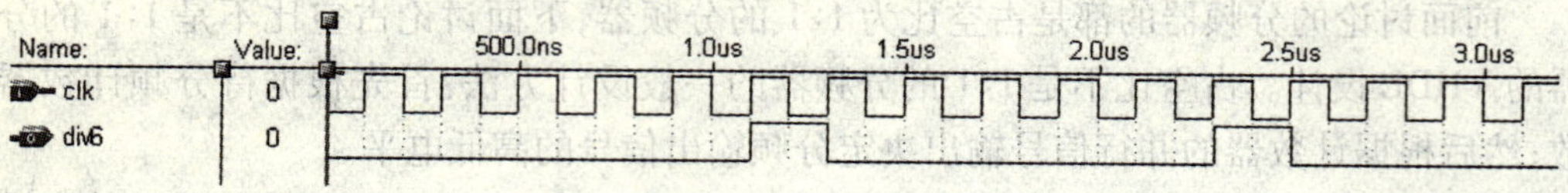

图 7.29　分频系数为 6(占空比为 1:5)的分频器仿真波形图

(2)奇数分频器

①占空比不是 1:1 的奇数分频器

占空比不是 1:1 的奇数分频器的实现方法与占空比不是 1:1 的偶数分频器相同。首先设计一个标准计数器,然后根据计数器的并行信号输出来决定分频输出信号的高低电平。

下面以 7 分频器,介绍占空比不是 1:1 的奇数分频器的基本设计方法。7 分频器,占空比为 1:6 的分频器的输入信号和输出信号的波形如图 7.30 所示。

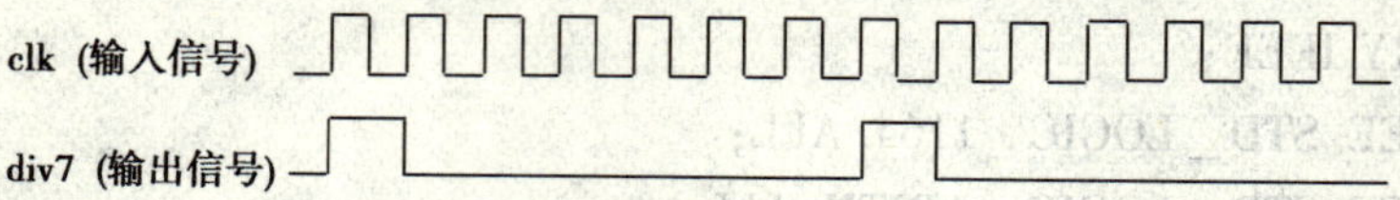

图 7.30　分频系数为 7 的分频器输入信号波形和输出信号波形(占空比为 1:6)

【例 7.18】 分频系数为 7(占空比为 1:6)的分频器 VHDL 设计实例

```
LIBRARY IEEE;
USE IEEE.STD_LOGIC_1164.ALL;
USE IEEE.STD_LOGIC_arith.ALL;
USE IEEE.STD_LOGIC_unsigned.ALL;
ENTITY clk_7div_1 IS
    PORT(clk:IN STD_LOGIC;
        div7:OUT STD_LOGIC);
END clk_7div_1;
ARCHITECTURE rtl OF clk_7div_1 IS
        SIGNAL counter:STD_LOGIC_vector(2 DOWNTO 0);
        BEGIN
        PROCESS(clk)
        BEGIN
          IF(clk'EVENT AND clk = '1')THEN
            IF(counter = "110")THEN
              counter <= (OTHERS => '0');
                ELSE
              counter <= counter + 1;
                END IF;
              END IF;
            END PROCESS;
          PROCESS(clk)
```

```
    BEGIN
      IF(clk'EVENT AND clk = '1')THEN
        IF(counter = "100") THEN
          div7 < = '1';
            ELSE
          div7 < = '0';
        END IF;
      END IF;
    END PROCESS;
  END rtl;
```

分频系数为 7(占空比为 1:6)的分频器仿真波形如图 7.31 所示。由图可见,分频器的输出信号的占空比为 1:6。

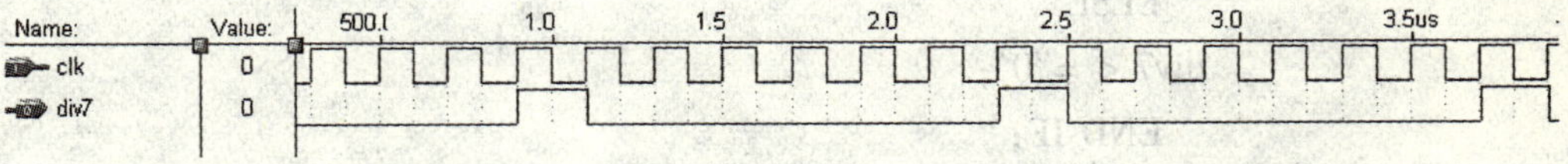

图 7.31　分频系数为 7(占空比为 1:6)的分频器仿真波形图

为进一步理解占空比不是 1:1 的奇数分频器的设计方法,再介绍 7 分频,占空比为 3:4的分频器。其输入信号和输出信号的波形如图 7.32 所示。

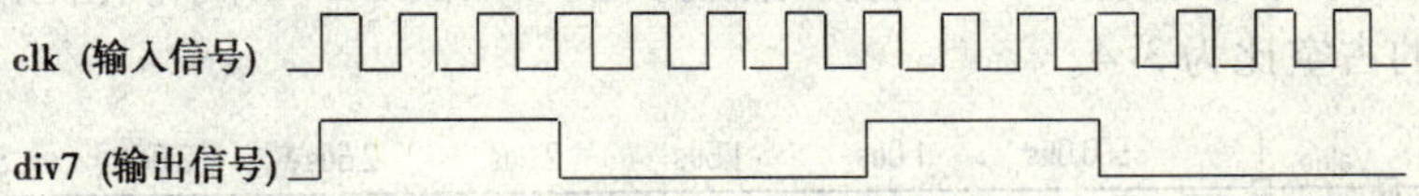

图 7.32　分频系数为 7 的分频器输入信号波形和输出信号波形(占空比为 3:4)

【例 7.19】　分频系数为 7(占空比为 3:4)的分频器 VHDL 设计实例

```
LIBRARY IEEE;
USE IEEE.STD_LOGIC_1164.ALL;
USE IEEE.STD_LOGIC_ARITH.ALL;
USE IEEE.STD_LOGIC_UNSIGNED.ALL;
ENTITY clk_7div_2 IS
    PORT(clk:IN STD_LOGIC;
         div7:OUT STD_LOGIC);
END clk_7div_2;
ARCHITECTURE rtl OF clk_7div_2 IS
        SIGNAL counter:STD_LOGIC_vector(2 DOWNTO 0);
        BEGIN
        PROCESS(clk)
          BEGIN
            IF(clk'EVENT AND clk = '1')THEN
```

```
        IF(counter ="110")THEN
          counter <= (OTHERS => '0');
            ELSE
          counter <= counter + 1;
        END IF;
      END IF;
    END PROCESS;
  PROCESS(clk)
  BEGIN
    IF(clk'EVENT AND clk = '1')THEN
      IF(counter ="100" OR counter = "101" OR counter = "110") THEN
        div7 <= '1';
          ELSE
        div7 <= '0';
          END IF;
        END IF;
      END PROCESS;
    END rtl;
```

分频系数为7(占空比为3:4)的分频器仿真波形如图7.33所示。由图可见,分频器的输出信号的占空比为3:4。

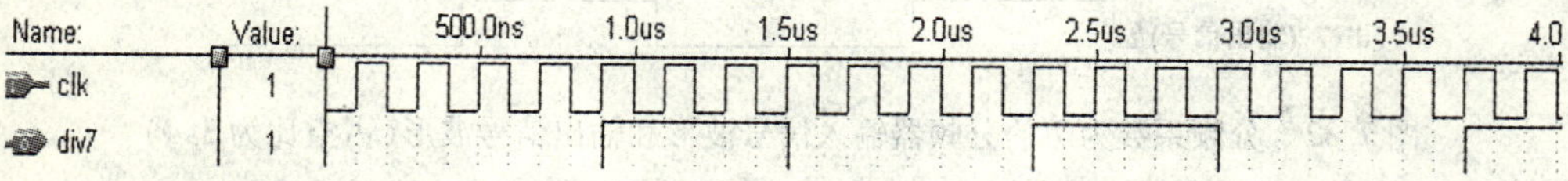

图7.33　分频系数为7(占空比为3:4)的分频器仿真波形图

②占空比是1:1的奇数分频器

占空比是1:1的奇数分频器的设计较为复杂,因为它需要同时利用输入时钟信号的上升沿和下降沿进行触发。这种分频器的一般设计方法:如果分频系数为$N=2n+1$($n=1,2,3,\cdots$),首先设计两个占空比为n:($n+1$)的N分频器,一个分频器采用输入时钟信号的上升沿来触发,另外一个分频器则采用输入时钟信号的下降沿来触发;之后对产生的两个分频信号进行相应的或运算,从而实现分频器的设计。

下面以7分频器为例,介绍占空比是1:1的奇数分频器的基本设计方法。7分频器,占空比为1:1的分频器为例的输入信号和输出信号的波形如图7.34所示。

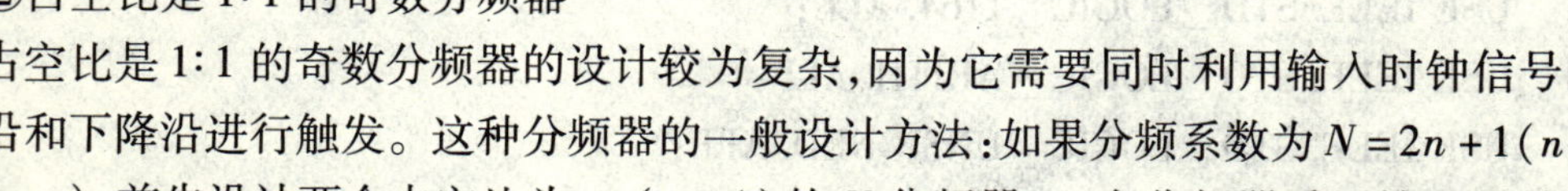

图7.34　分频系数为7的分频器输入信号波形和输出信号波形(占空比为1:1)

【例7.20】　分频系数为7(占空比为1:1)的分频器VHDL设计实例

```
LIBRARY IEEE;
USE IEEE. STD _ LOGIC _ 1164. ALL;
USE IEEE. STD _ LOGIC _ arith. ALL;
USE IEEE. STD _ LOGIC _ unsigned. ALL;
ENTITY clk _ 7div _ 3 IS
    PORT(clk: IN STD _ LOGIC;
        div7: OUT STD _ LOGIC);
END clk _ 7div _ 3;
ARCHITECTURE rtl OF clk _ 7div _ 3 IS
        SIGNAL counter1: STD _ LOGIC _ vector(2 DOWNTO 0);
        SIGNAL counter2: STD _ LOGIC _ vector(2 DOWNTO 0);
        SIGNAL clk _ div7 _ temp1: STD _ LOGIC;
        SIGNAL clk _ div7 _ temp2: STD _ LOGIC;
        BEGIN
        PROCESS(clk)
          BEGIN
            IF(clk'EVENT AND clk = '1')THEN
              IF(counter1 = "110")THEN
                counter1 < = (OTHERS = > '0');
                  ELSE
                counter1 < = counter1 + 1;
                  END IF;
                END IF;
              END PROCESS;
            PROCESS(clk)
            BEGIN
              IF(clk'EVENT AND clk = '1')THEN
                IF(counter1 = "100" OR counter1 = "101" OR counter1 = "110")
                  THEN
                  clk _ div7 _ temp1 < = '1';
                    ELSE
                  clk _ div7 _ temp1 < = '0';
                    END IF;
                  END IF;
                END PROCESS;
                  PROCESS(clk)
                BEGIN
```

```
        IF(clk'EVENT AND clk ='0')THEN
          IF(counter2 ="110")THEN
          counter2 < =(OTHERS = >'0');
            ELSE
          counter2 < = counter2 +1;
            END IF;
          END IF;
        END PROCESS;
        PROCESS(clk)
      BEGIN
        IF(clk'EVENT AND clk ='0')THEN
          IF(counter2 ="100" OR counter2 ="101" OR counter2 ="110")
            THEN
            clk _ div7 _ temp2 < ='1';
              ELSE
            clk _ div7 _ temp2 < ='0';
            END IF;
            END IF;
  END PROCESS;
    DIV7 < = clk _ div7 _ temp1 OR clk _ div7 _ temp2;
  END rtl;
```

分频系数为 7(占空比为 1∶1)的分频器仿真波形如图 7.35 所示。由图可见,分频器的输出信号的占空比为 1∶1。

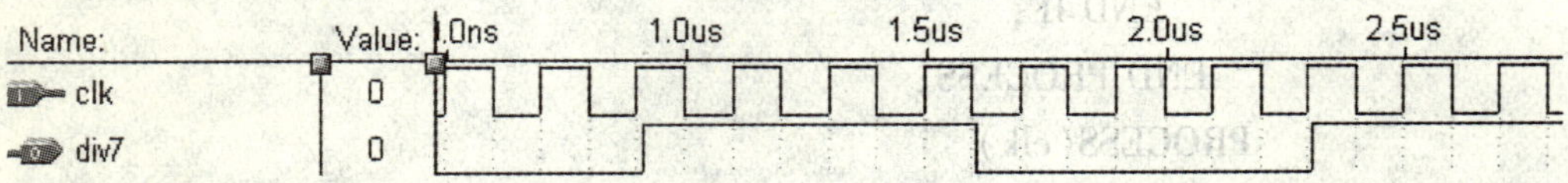

图 7.35　分频系数为 7(占空比为 1∶1)的分频器仿真波形图

③半整数分频器

半整数分频器的实现方法是:首先设计一个计数器,这个计数器的模为分频系数的整数部分加 1;然后根据模 N 计数器的并行信号输出来决定分频输出信号的高低电平,这个分频输出信号还要经过一个 2 分频器;之后与外部的输入时钟信号进行异或;最后反馈到模 N 计数器的输入端作为计数器的输入时钟信号。半整数分频器的电路框图如图 7.36 所示。

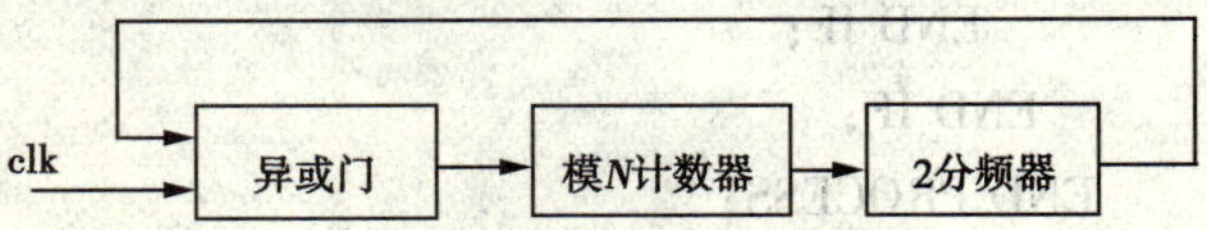

图 7.36　半整数分频器的电路构成

下面以 2.5 分频器为例,介绍占空比为 1∶4 的奇数分频器的基本设计方法。2.5 分频器(占空比为 1∶4 的分频器)的输入信号和输出信号的波形如图 7.37 所示。

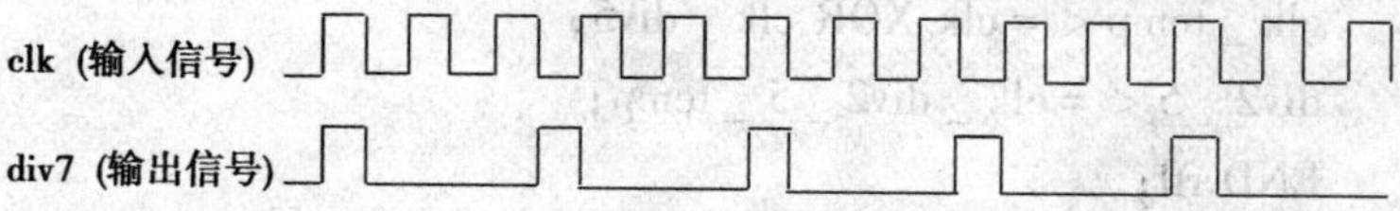

图 7.37　分频系数为 2.5 的分频器输入信号波形和输出信号波形(占空比是 1∶4)

【例 7.21】　分频系数为 2.5(占空比为 1∶4)的分频器 VHDL 设计实例

```
LIBRARY IEEE;
USE IEEE.STD_LOGIC_1164.ALL;
USE IEEE.STD_LOGIC_ARITH.ALL;
USE IEEE.STD_LOGIC_UNSIGNED.ALL;
ENTITY clk_2_5div IS
    PORT(clk: IN STD_LOGIC;
        div2_5: OUT STD_LOGIC);
END clk_2_5div;
ARCHITECTURE rtl OF clk_2_5div IS
        CONSTANT md: STD_LOGIC_vector(1 DOWNTO 0):="10";
        SIGNAL counter: STD_LOGIC_vector(1 DOWNTO 0);
        SIGNAL clk_temp: STD_LOGIC;
        SIGNAL clk_div5: STD_LOGIC;
        SIGNAL clk_div2_5_temp: STD_LOGIC;
        BEGIN
        PROCESS(clk_temp)
          BEGIN
            IF(clk_temp'EVENT AND clk_temp='1')THEN
              IF(counter="00")THEN
                counter<=md;
                  clk_div2_5_temp<='1';
                  ELSE
                  counter<=counter-1;
                  clk_div2_5_temp<='0';
                    END IF;
                  END IF;
                END PROCESS;
        PROCESS(clk_div2_5_temp)
        BEGIN
          IF(clk_div2_5_temp'EVENT AND clk_div2_5_temp='1')THEN
            clk_div5<=NOT clk_div5;
```

```
        END IF;
      END PROCESS;
    clk _ temp < = clk XOR clk _ div5;
    div2 _ 5 < = clk _ div2 _ 5 _ temp;
    END rtl;
```

分频系数为 2. 5(占空比为 1:4)的分频器仿真波形如图 7. 38 所示。由图可见,分频器的输出信号的占空比为 1:4。

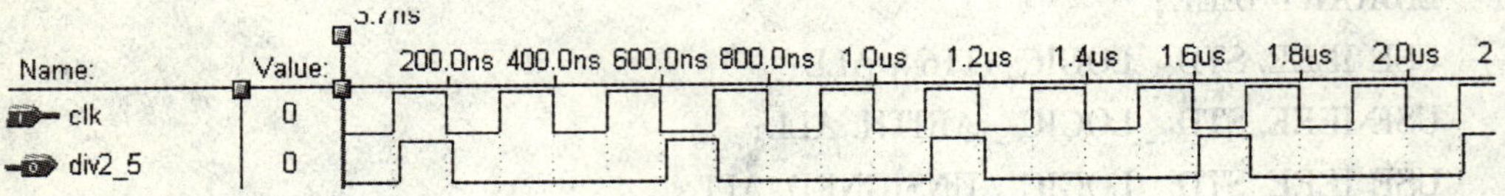

图 7. 38　分频系数为 2. 5(占空比为 1:4)的分频器仿真波形图

7. 9　寄 存 器

寄存器是一种基本的时序电路,在数字电路中应用广泛。寄存器分为基本寄存器和移位寄存器两大类。其中移位寄存器具有存储数据和移位功能,移位是指寄存器里的数据能在时钟脉冲的作用下依次向左移和向右移,也可使数据既能向左移也能向右移。下面以通用寄存器和双向移位寄存器为例,介绍寄存器的设计方法。

1. 通用寄存器

【例 7. 22】　通用寄存器 VHDL 设计实例

```
LIBRARY IEEE;
USE IEEE. STD _ LOGIC _ 1164. ALL;
ENTITY registerN IS
    PORT( d:IN STD _ LOGIC _ vector (7 DOWNTO 0);
        clk:IN STD _ LOGIC;
        q:OUT STD _ LOGIC _ vector (7 DOWNTO 0));
END registerN;
ARCHITECTURE rtl OF registerN IS
        BEGIN
      PROCESS(clk)
      BEGIN
        IF(clk'EVENT AND clk = '1')THEN
        q < = d;
END IF;
END PROCESS;
        END rtl;
```

通用寄存器仿真波形如图 7.39 所示。

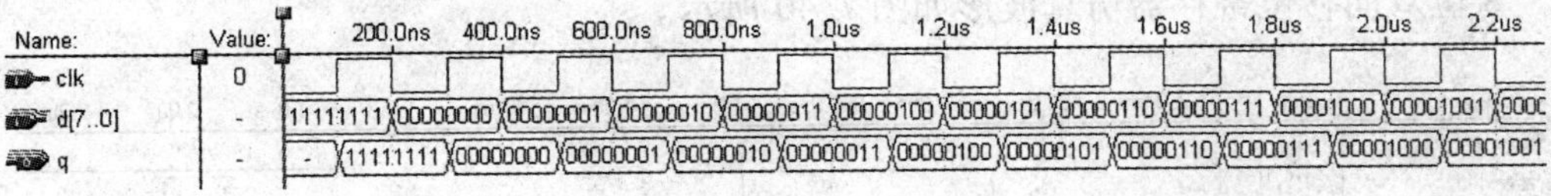

图 7.39 通用寄存器仿真波形图

2. 移位寄存器

【例 7.23】 8 位双向移位寄存器的 VHDL 设计实例

```
LIBRARY IEEE;
USE IEEE.STD_LOGIC_1164.ALL;
ENTITY rlshift IS
     PORT(clr,lod,clk,s,dir,dil:IN BIT;
            d:IN BIT_VECTOR(7 DOWNTO 0);
            q:BUFFER BIT_VECTOR(7 DOWNTO 0));
  END rlshift;
ARCHITECTURE rtl OF rlshift IS
      SIGNAL q_temp: BIT_VECTOR(7 DOWNTO 0);
BEGIN
     PROCESS(clr,clk,lod,s,dir,dil)
     BEGIN
     IF clr = '0' THEN q_temp <= "00000000";
     ELSIF clk'EVENT AND clk = '1' THEN
       IF(lod = '1') THEN
       q_temp <= d;
         ELSIF(S = '1') THEN
         FOR i IN 7 DOWNTO 1 LOOP
       q_temp(i-1) <= q(i);
         END LOOP;
       q_temp(7)  <= dir;
       ELSE
         FOR i IN 0 TO 6 LOOP
         q_temp(i+1) <= q(i);
       END LOOP;
      q_temp(0)  <= dil;
       END IF;
     END IF;
     q <= q_temp;
   END PROCESS;
```

END rtl;

8 位双向移位寄存器仿真波形如图 7.40 所示。

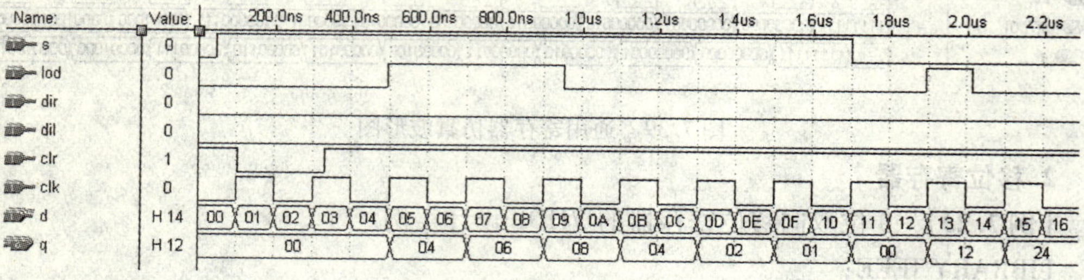

图 7.40　8 位双向移位寄存器仿真波形图

7.10　顺序脉冲发生器

在计算机和数控设备中，一般需要机器按照人们事先规定的顺序进行运算或操作，这就要求机器的控制部分不仅能正确地发出各种控制信号，且要求这些控制信号在时间上有一定的先后顺序。常用顺序脉冲发生器产生时间上先后顺序的脉冲，以实现整机各部分的协调动作。顺序脉冲发生器分为计数型顺序脉冲发生器和移位型顺序脉冲发生器。下面以 3 输出顺序脉冲发生器为例，介绍顺序脉冲发生器的设计方法。

【例 7.24】 3 输出顺序脉冲发生器的 VHDL 实例

```
LIBRARY IEEE;
USE IEEE.STD_LOGIC_1164.ALL;
ENTITY mc IS
    PORT( clk:IN STD_LOGIC;
        r:IN STD_LOGIC;
        q0,q1,q2: OUT STD_LOGIC);
      END mc;
ARCHITECTURE rtl OF mc IS
        SIGNAL y,x: STD_LOGIC_vector(2 DOWNTO 0);
        BEGIN
        PROCESS(clk,r)
          BEGIN
            IF(clk'EVENT AND clk='1')THEN
              IF(r ='1')THEN
                y<="000";
                x<="001";
                ELSE
                y<=x;
```

```
                x< =x(1 DOWNTO 0)&x(2);
         END IF;
      END IF;
   END PROCESS;
q0< =y(0);
q1< =y(1);
q2< =y(2);
   END rtl;
```

顺序脉冲发生器仿真波形如图7.41所示。

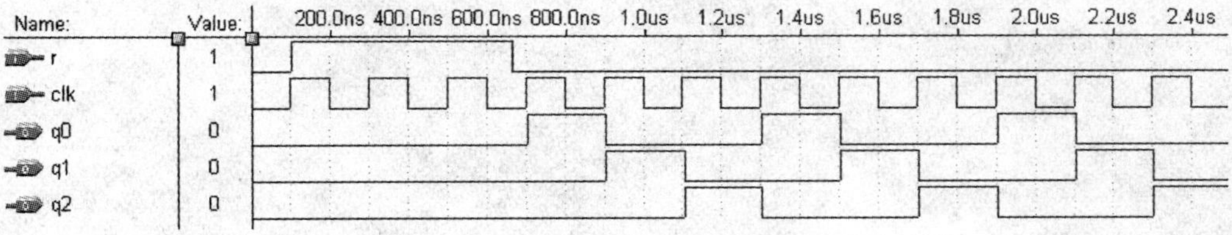

图7.41 顺序脉冲发生器仿真波形图

本章小结

本章主要介绍常用单元电路的VHDL设计,并给出了它们的波形仿真图。这些常用单元电路是设计其他复杂逻辑电路的基础,读者一定要熟练掌握。

习 题

1. 什么是组合逻辑,什么是时序逻辑,对于两者的VHDL程序设计有何不同?
2. 设计一个二输入或门。
3. 用前面设计的二输入或门构建四输入或门并编程实现。
4. 利用三输入或门的真值表设计编写三输入或门的VHDL程序代码。
5. 用IF语句设计一个三输入表决器。
6. 用CASE语句设计一个三输入表决器。
7. 用IF语句设计一个八选一的选择器。
8. 用CASE语句设计一个八选一的选择器。
9. 设计一个非同步复位的下降沿触发D锁存器。
10. 设计一个同步复位的下降沿触发D锁存器。
11. 设计一个具有复位功能的十二进制计算器。
12. 设计一个具有复位功能的十进制计算器。
13. 设计一个具有复位和置数功能的十进制可逆计数器。
14. 设计一个分频系数为14(占空比为1:1)的分频器。
15. 设计一个分频系数为16(占空比为7:9)的分频器。
16. 设计一个分频系数为9(占空比分别为1:1和5:4)的分频器。

17. 设计一个分频系数为 1.5(占空比为 2:3)的分频器。

18. 设计一个带异步清零的八位寄存器。

19. 设计一个八位串入/串出的移位寄存器。

20. 设计 8 输出顺序脉冲发生器。

第 8 章

数字电路系统设计

【内容提要】

本章给出了一些常用电路的 VHDL 程序设计范例，这些范例可以作为 EDA 实验以及 EDA 课程设计的选题，同时初学者也可以通过这些电路的练习，熟悉 VHDL 程序的基本结构和一些常用的 VHDL 语句。本章所有程序都在 Quartus Ⅱ软件上运行调试过。

8.1 跑马灯设计

8.1.1 原理分析

控制 8 个 LED 灯进行花式显示，设计 4 种显示模式：s0，从左到右逐个点亮 LED 灯；s1，从右到左逐个点亮 LED 灯；s2，从两边到中间逐个点亮 LED 灯；s3，从中间到两边逐个点亮 LED 灯；4 种模式循环切换，复位键（rst）控制系统的运行与停止。跑马灯的状态转换图如图 8.1 所示，电路符号如图 8.2 所示。其中，clk 为时钟信号输入端，rst 为复位信号输入端，q[7..0]为显示信号输出端。

8.1.2 程序设计

利用 VHDL 语言描述跑马灯，参考代码如例 8.1 所示。

【例 8.1】 跑马灯源程序

```
LIBRARY IEEE;
USE IEEE.STD_LOGIC_1164.ALL;
USE IEEE.STD_LOGIC_UNSIGNED.ALL;
ENTITY led1 IS
PORT(clk:IN STD_LOGIC;                              --时钟信号输入端
     rst:IN STD_LOGIC;                              --系统复位信号输入端
     q:OUT STD_LOGIC_VECTOR(7 DOWNTO 0));           --连接 LED1 ~ LED8
END;
ARCHITECTURE one OF led1 IS
```

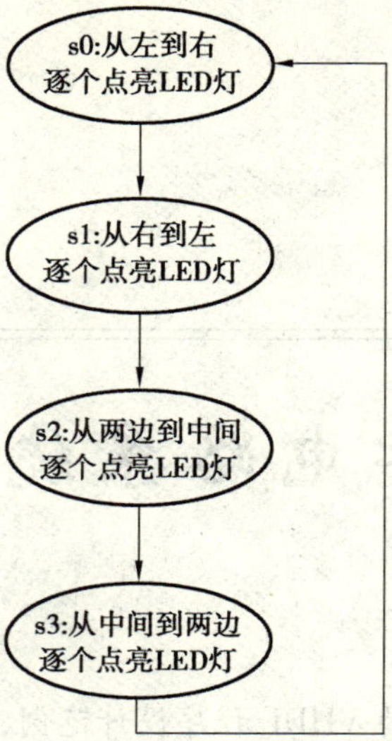

图 8.1　跑马灯的状态转移图

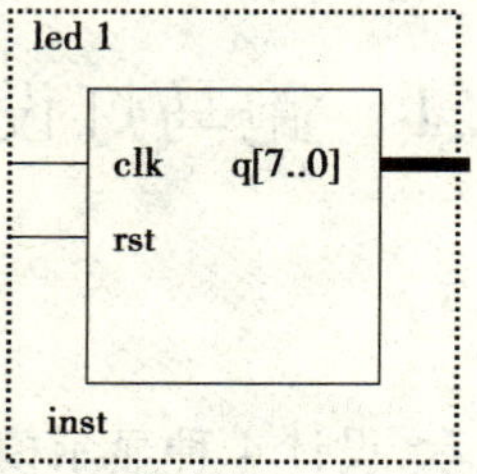

图 8.2　跑马灯的电路符号

```
    TYPE states IS(s0,s1,s2,s3);                    --定义 4 种模式
    SIGNAL present:states;                          --定义当前状态
    SIGNAL q1:STD_LOGIC_VECTOR(7 DOWNTO 0);
    SIGNAL count:STD_LOGIC_VECTOR(3 DOWNTO 0);
BEGIN
PROCESS(clk,rst)
BEGIN
    IF rst = '1' THEN                               --系统复位
      present <= s0;
      q1 <= (OTHERS => '0');
    ELSIF clk'EVENT AND clk = '1' THEN
      CASE present IS
      WHEN s0 =>                                    -- s0 模式,从左到右逐
                                                       个点亮 LED 灯
        IF q1 = "00000000" THEN
```

```
      q1 <= "10000000";
    ELSE
      IF count = "0111" THEN
        count <= (OTHERS => '0');
        q1 <= "00000001";
        present <= s1;
ELSE
  q1 <= q1(0)&q1(7 DOWNTO 1);
  count <= count + 1;
  present <= s0;
END IF;
END IF;
WHEN s1 =>                                  --s1 模式,从右到左逐
                                              个点亮 LED 灯
  IF count = "0111" THEN
    count <= (OTHERS => '0');
    q1 <= "10000001";
    present <= s2;
  ELSE
    q1 <= q1(6 DOWNTO 0)&q1(7);
    count <= count + 1;
    present <= s1;
  END IF;
WHEN s2 =>                                  --s2 模式,从两边到中
                                              间逐个点亮 LED 灯
  IF count = "0111" THEN
    count <= (OTHERS => '0');
    q1 <= "00011000";
    present <= s3;
  ELSE
    q1(7 DOWNTO 4) <= q1(4)&q1(7 DOWNTO 5);
    q1(3 DOWNTO 0) <= q1(2 DOWNTO 0)&q1(3);
    count <= count + 1;
    present <= s2;
  END IF;
WHEN s3 =>                                  --s3 模式,从中间到两
                                              边逐个点亮 LED 灯
```

```
        IF count ="0111" THEN
          count < =(OTHERS = >'0');
          q1 < ="10000000";
          present < =s0;
        ELSE
          q1(7 DOWNTO 4) < =q1(6 DOWNTO 4)&q1(7);
          q1(3 DOWNTO 0) < =q1(0)&q1(3 DOWNTO 1);
          count < =count +1;
          present < =s3;
        END IF;
      END CASE;
    END IF;
  END PROCESS;
      q< =q1;
  END;
```

8.1.3 编译仿真

跑马灯的功能仿真结果如图 8.3 所示,其时序仿真如图 8.4 所示。可以看出状态在 s0 ~ s3 之间是循环转换的。

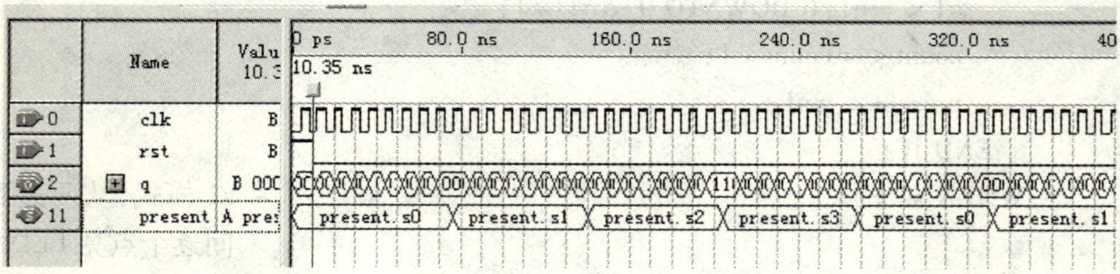

图 8.3 跑马灯参考程序的功能仿真图

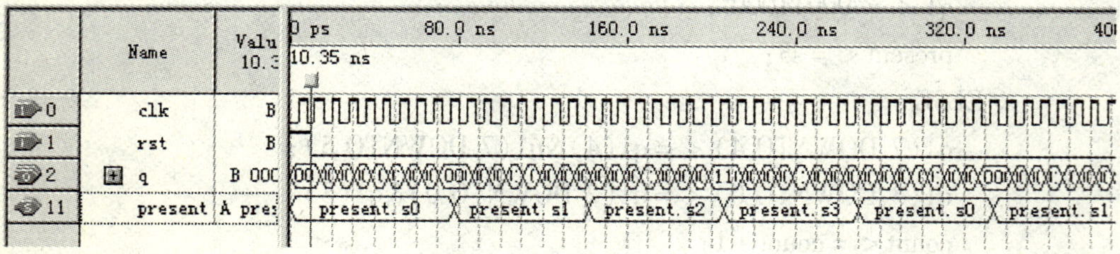

图 8.4 跑马灯参考程序的时序仿真图

为了观察各种模式下 LED 灯的显示情况,对 s0 ~ s3 的各个模式进行局部观察。下面只给出 s0 模式的功能仿真图(图 8.5)和 s0 模式的时序仿真图(图 8.6)。观察端口 q 的输出可知,按 s0 的模式从左到右逐个点亮 LED 灯。

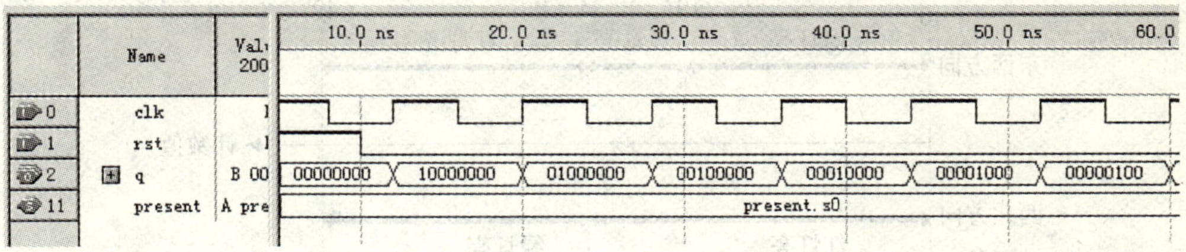

图 8.5　s0 模式的功能仿真图

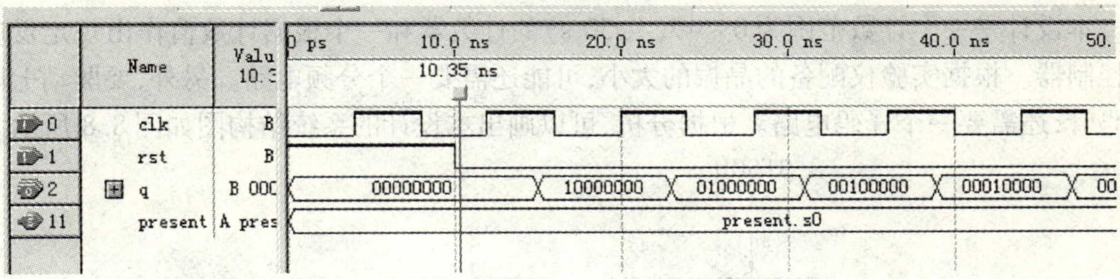

图 8.6　s0 模式的时序仿真图

8.2　交通灯控制器

在道路的十字路口，每条道路各有一组红灯、黄灯、绿灯和倒计时显示器，用以指挥车辆和行人有序地通行。其中红灯(R)亮，表示该条路禁止通行；黄灯(Y)亮，表示停车；绿灯(G)亮，表示可以通行。倒计时显示器用来显示允许通行或禁止通行的时间。交通灯控制器用来自动控制十字路口的交通灯，指挥各种车辆和行人按秩序通行。

8.2.1　原理分析

(1)在十字路口的两个方向上各设置一组红灯、黄灯、绿灯，显示顺序为其中一个方向(东西方向)是绿灯、黄灯、红灯；另一个方向(南北方向)是红灯、绿灯、黄灯。

(2)设置一组数码管，以倒计时的方式显示允许通行或禁止通行的时间，其中绿灯、黄灯、红灯的持续时间分别为 20 s、5 s 和 25 s。

(3)当任意一条路上出现特殊情况时，如当救护车、消防车或其他需要优先放行的车辆通过时，各方向上都是红灯亮，倒计时停止，而且显示数字在闪烁。当特殊运行状态结束后，控制器恢复原来的状态，继续正常运行。

8.2.2　程序设计

1. 系统结构

本设计用到的外围器件不多，作为入门设计的系统非常适合。本设计采用计数器完成，计数器实现起来比较简单，占用资源比较少。读者也可以采用其他方法进行设计，比如用状态机来实现。

计数器的计数值与交通灯亮灭的关系如图 8.7 所示。

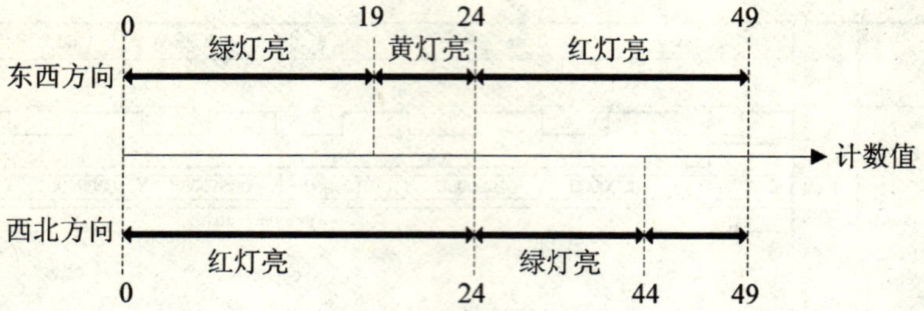

图 8.7　计数值与交通灯亮灭的关系

本设计是一个计数范围为 0 ~ 49(共 50 s)的计数器和一个根据计数值作出规定反应的控制器。根据实验仪配备的晶振的大小,可能还需要一个分频电路。另外,要驱动七段数码管,还需要一个译码电路。根据分析,可以画出本设计的系统结构图如图 8.8 所示。

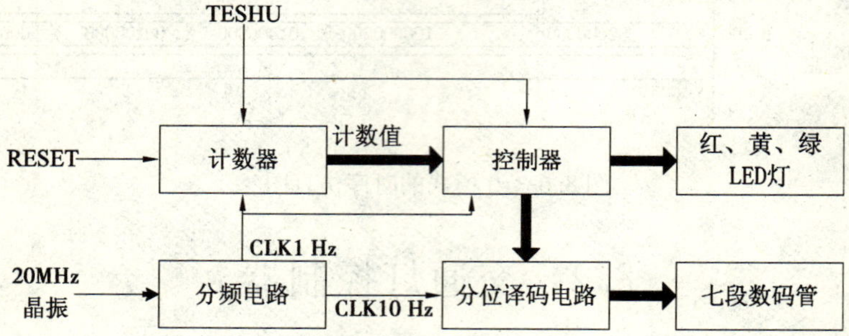

图 8.8　交通灯系统结构图

2. 计数器的设计

本设计需要的计数器的计数范围为 0 ~ 49。计到 49 后下一个时钟沿回复到 0,开始下一轮计数。另外,当检测到特殊情况(TESHU = '1')发生时,计数器暂停计数,而系统复位信号 RESET 则使计数器异步清零。计数器的参考程序如例 8.2 所示。

【例 8.2】　计数器源程序

```
LIBRARY IEEE;
USE IEEE.STD_LOGIC_1164.ALL;
ENTITY counter1 IS
PORT(clock:IN STD_LOGIC;
     reset:IN STD_LOGIC;
     teshu:IN STD_LOGIC;
     countnum:BUFFER INTEGER RANGE 0 TO 49);
END;
ARCHITECTURE behavior OF counter1 IS
BEGIN
  PROCESS(clock,reset)
  BEGIN
    IF reset = '1' THEN
      countnum <= 0;
```

```
      ELSIF clock'EVENT AND clock = '1' THEN
        IF TESHU = '1' THEN                       --当出现特殊情况时,计数器暂停计数
          countnum <= countnum;
        ELSE
          IF countnum = 49 THEN
          countnum <= 0;
          ELSE
            countnum <= countnum + 1;
          END IF;
        END IF;
      END IF;
    END PROCESS;
END;
```

计数器的功能仿真波形如图 8.9 所示。观察信号 TESHU,可以看出,当出现特殊情况时,计数器暂停了计数操作。

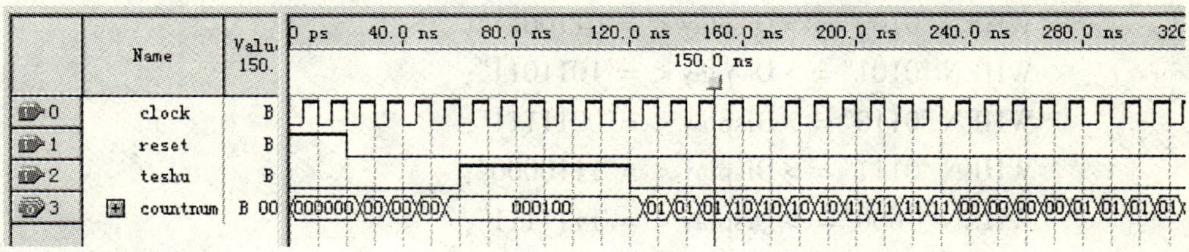

图 8.9 计数器参考程序的功能仿真波形

3. 带闪烁功能的译码电路的设计

参考程序如例 8.3 所示。

【例 8.3】 带闪烁功能的译码电路源程序

```
LIBRARY IEEE;
USE IEEE.STD_LOGIC_1164.ALL;
ENTITY Display IS
PORT(clock:IN STD_LOGIC;
    flash:IN STD_LOGIC;
    Qin :IN STD_LOGIC_VECTOR(3 DOWNTO 0);
    Display:OUT STD_LOGIC_VECTOR(0 TO 6));
END;
ARCHITECTURE one OF Display IS
SIGNAL Timeout:INTEGER RANGE 0 TO 63;
BEGIN
  PROCESS(clock)
  BEGIN
    IF clock'EVENT AND clock = '1' THEN
```

```
    IF flash = '0' THEN
      timeout < =0;
    ELSE
      IF timeout =63 THEN                    --调整此值即可调整数码管闪烁的频率
        timeout < =0;
      ELSE
        timeout < =timeout +1;
      END IF;
    END IF;
    IF timeout <31 THEN                      --调整此值即可调整数码管亮灭的时间比
      CASE qin IS
        WHEN "0000" = >Display < ="1111110";
        WHEN "0001" = >Display < ="0110000";
        WHEN "0010" = >Display < ="1101101";
        WHEN "0011" = >Display < ="1111001";
        WHEN "0100" = >Display < ="0110011";
        WHEN "0101" = >Display < ="1011011";
        WHEN "0110" = >Display < ="0011111";
        WHEN "0111" = >Display < ="1110000";
        WHEN "1000" = >Display < ="1111111";
        WHEN "1001" = >Display < ="1110011";
        WHEN OTHERS = >Display < ="0000000";
      END CASE;
    ELSE
      Display < ="0000000";
    END IF;
    END IF;
  END PROCESS;
END;
```

此程序中,数码管闪烁的频率由 CLOCK 的频率与计数器 timeout 的值共同决定。功能仿真波形图如图 8.10 所示。

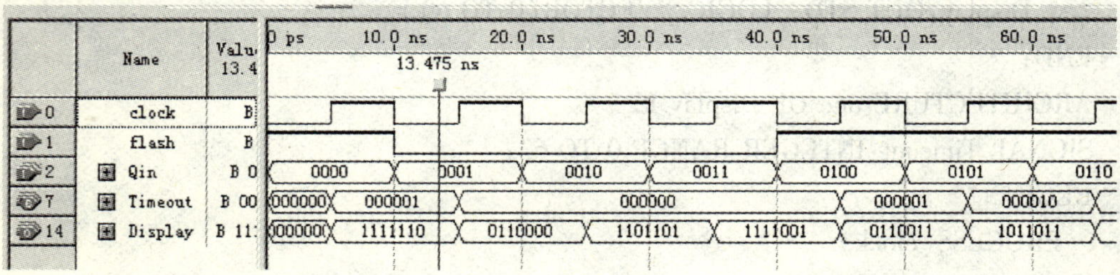

图 8.10　带闪烁功能的译码电路参考程序的功能仿真波形图

4. 分频电路的设计

因为本系统用到的是 20 MHz 晶振，所以要用到分频电路。分频电路的参考程序如例 8.4 和例 8.5 所示。

【例 8.4】 分频电路源程序 1

```
LIBRARY IEEE;
USE IEEE.STD_LOGIC_1164.ALL;
ENTITY oufenpin2 IS
PORT (clkin:IN STD_LOGIC;
      clkout:OUT STD_LOGIC);
END;
ARCHITECTURE a OF oufenpin2 IS
CONSTANT n:INTEGER:=499999;                 --分频比为 2(n+1)
SIGNAL counter:INTEGER RANGE 0 TO n;
SIGNAL clk:STD_LOGIC;
BEGIN
    PROCESS (clkin)
    BEGIN
        IF clkin'EVENT AND clkin='1' THEN
            IF counter=n THEN
               counter<=0;
               clk<=NOT clk;
            ELSE
               counter<=counter+1;
            END IF;
        END IF;
     END PROCESS;
     clkout<=clk;
END;
```

【例 8.5】 分频电路源程序 2

```
LIBRARY IEEE;
USE IEEE.STD_LOGIC_1164.ALL;
ENTITY oufenpin2 IS
PORT (clkin:IN STD_LOGIC;
      clkout:OUT STD_LOGIC);
END;
ARCHITECTURE a OF oufenpin2 IS
CONSTANT n:INTEGER:=4;                      --2(n+1)
SIGNAL counter:INTEGER RANGE 0 TO n;
```

```
SIGNAL clk:STD_LOGIC;
BEGIN
    PROCESS (clkin)
    BEGIN
      IF clkin'EVENT AND clkin = '1' THEN
        IF counter = n THEN
          counter <= 0;
          clk <= not clk;
        ELSE
          counter <= counter + 1;
        END IF;
      END IF;
      END PROCESS;
      clkout <= clk;
END;
```

5. 控制器的设计

控制器的作用是根据计数器的计数值控制 LED 灯的亮与灭,以及输出倒计时数值给七段数码管的分位译码电路。另外,在检测到特殊情况(TESHU ='1')发生时,会无条件地点亮 LED 灯。控制器的参考程序如例 8.6 所示。

【例 8.6】 控制器电路源程序

```
LIBRARY IEEE;
USE IEEE.STD_LOGIC_1164.ALL;
ENTITY kongzhiqi IS
PORT(clock:IN STD_LOGIC;
    teshu:IN STD_LOGIC;
    countnum:IN INTEGER RANGE 0 TO 49;          --前级计数器的计数值
    numA,numB:OUT INTEGER RANGE 0 TO 25;        --倒计时数值输出
    redA,greenA,yellowA:OUT STD_LOGIC;          --控制东西方向红、黄、绿灯
                                                  的亮与灭
    redB,greenB,yellowB:OUT STD_LOGIC;          --控制南北方向红、黄、绿灯
                                                  的亮与灭
    flash:OUT STD_LOGIC);                       --用以指示七段数码管显示
                                                  数字的闪烁
END;
ARCHITECTURE one OF kongzhiqi IS
BEGIN
    PROCESS(clock)
    BEGIN
```

```
IF clock'EVENT AND clock = '0' THEN          - -计数器是上升沿改变计数
                                                 值,此处用下
  IF TESHU = '1' THEN                        - -降沿读取
    redA <= '1';
    redB <= '1';
    greenA <= '0';
    greenB <= '0';
    yellowA <= '0';
    yellowB <= '0';
    flash <= '1';
  ELSE
    flash <= '0';
    IF countnum <= 19 THEN
      numA <= 20 - countnum;                 - -计算东西方向倒计时数值
    redA <= '0';
    greenA <= '1';
    yellowA <= '0';
  ELSIF countnum <= 24 THEN
    numA <= 25 - countnum;
    redA <= '0';
    greenA <= '0';
    yellowA <= '1';
  ELSE
    numA <= 50 - countnum;
    redA <= '1';
    greenA <= '0';
    yellowA <= '0';
  END IF;
  IF countnum <= 24 THEN
    numB <= 25 - countnum;                   - -计算南北方向倒计时数值
    redB <= '1';
    greenB <= '0';
    yellowB <= '0';
  ELSIF countnum <= 44 THEN
    numB <= 45 - countnum;
    redB <= '0';
    greenB <= '1';
    yellowB <= '0';
```

```
        ELSE
          numB < =50 - countnum;
          redB < ='0';
          greenB < ='0';
          yellowB < ='1';
        END IF;
      END IF;
    END IF;
  END PROCESS;
END;
```

此程序的功能仿真波形图如图 8. 11 所示。

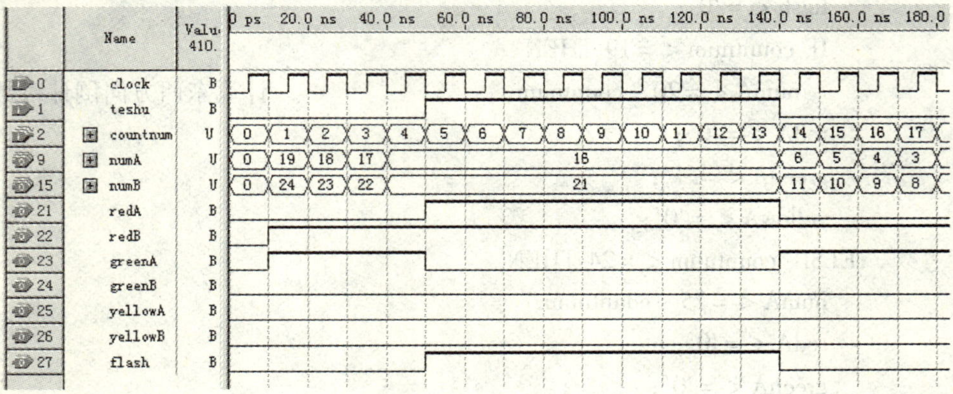

图 8. 11　控制器参考程序的功能仿真波形

6. 分位译码电路的设计

因为控制器输出的倒计时数值可能是 1 位或者 2 位十进制数,因此在七段数码管的译码电路前要加上分位电路。也就是说,将其分为 2 个 1 位的十进制数,如 25 分为 2 和 5,7 分为 0 和 7。

与控制器一样,分位电路同样可以由时钟驱动,也可以设计成纯组合逻辑电路。控制器中引入了寄存器。这里分位电路采用组合逻辑电路实现。分位电路的参考程序如例程 8. 2. 6 所示。

【例 8. 7】　分位电路源程序

```
LIBRARY IEEE;
USE IEEE. STD _ LOGIC _ 1164. ALL;
ENTITY fenwei IS
PORT( numin:in integer range 0 to 25;
      numA,numB:out integer range 0 to 9);
END;
ARCHITECTURE one OF fenwei IS
BEGIN
```

```
    PROCESS(numin)
    BEGIN
      IF numin >=20 THEN
        numA <=2;
        numB <=numin-20;
      ELSIF numin >=10 THEN
        numA <=1;
        numB <=numin-10;
      ELSE
        numA <=0;
        numB <=numin;
      END IF;
    END PROCESS;
END;
```

此程序的功能仿真波形图如图 8.12 所示。

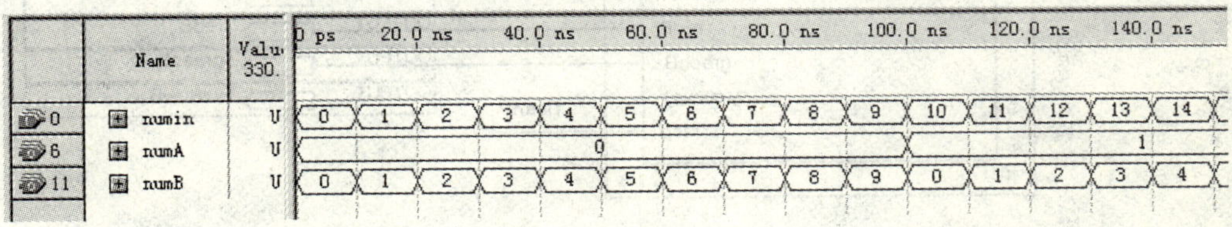

图 8.12　分位电路参考程序的功能仿真波形

8.2.3　编译仿真

图 8.13 为交通灯控制器的顶层文件原理图，在前面都给出了每个模块的 VHDL 的参考程序，并且都做了仿真，此处由于篇幅所限不给出仿真波形。读者可以根据层次化设计方法练习做出仿真波形。

8.3　数字频率计

数字频率计是一种极其常用的工具，用于检测输入周期信号的频率。随着大规模集成电路的发展，很多芯片内部也集成了数字测频单元，大大增强了芯片处理数字信号的能力。本章的任务是利用 VHDL 设计一种数字频率计。

8.3.1　原理分析

测频法的测量原理如图 8.14 所示。在确定的闸门时间 t 内，记录被测信号的变化周期数或脉冲个数 N，则被测信号的频率为 $f=n/t$，这里闸门时间为 1 s。所谓闸门信号，意思是当闸门开启的时候计数，当闸门闭合的时候停止计数。在图中，闸门开启的长度 t 等于 1 s，那么计数值就是被测信号的频率。

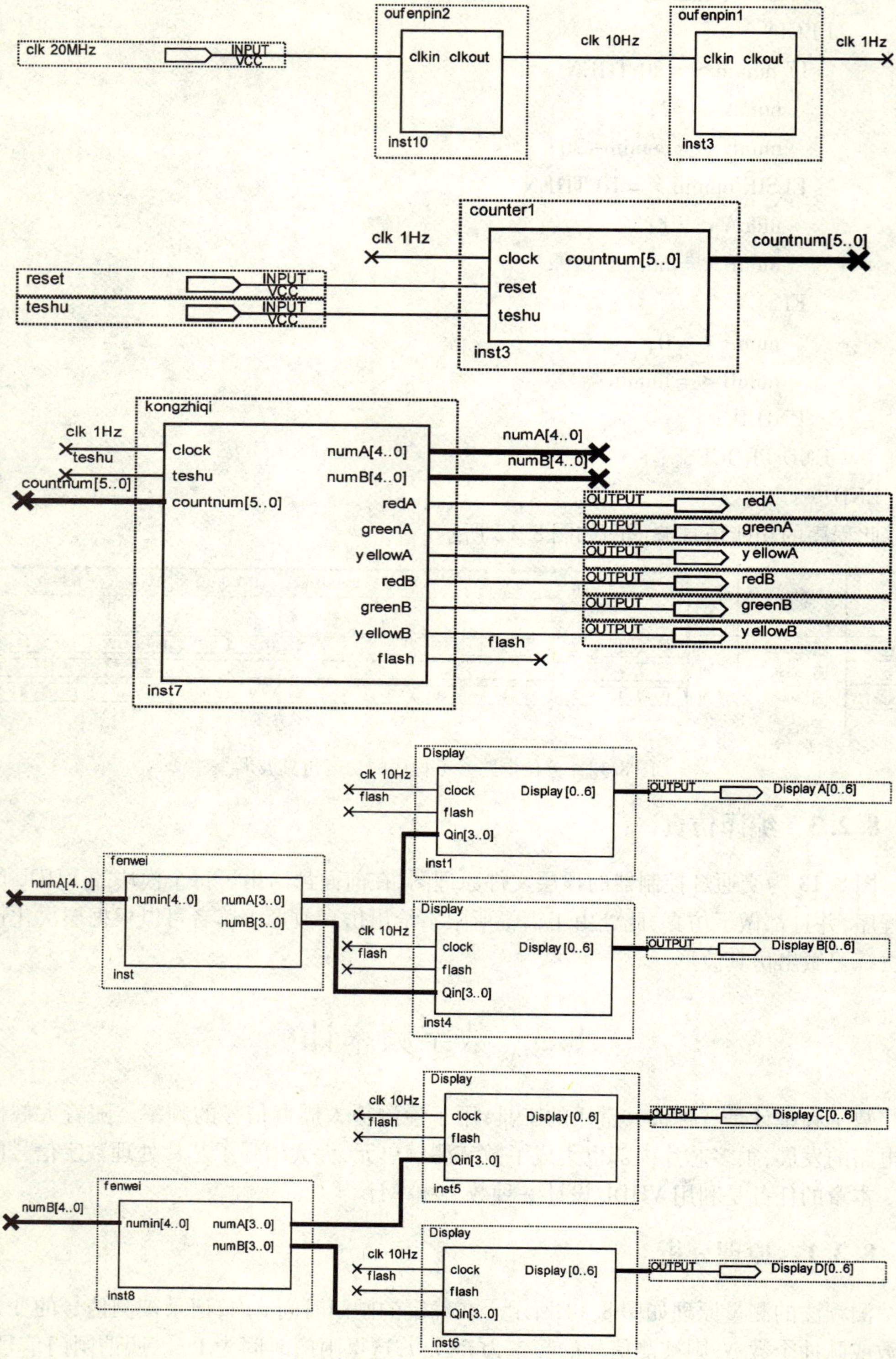

图 8.13　交通灯控制器顶层原理图

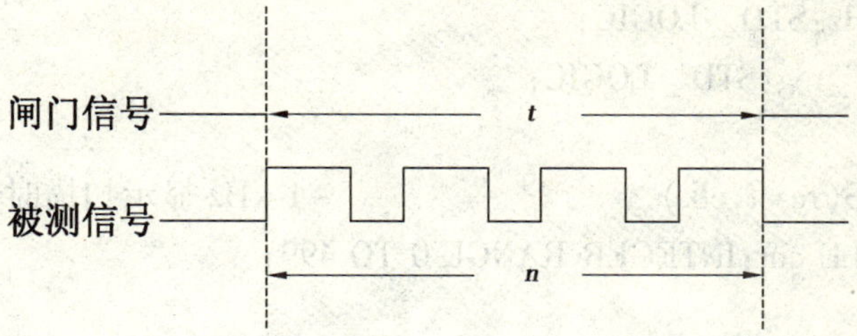

图 8.14　测频法的测量图

在测量频率时,采用闸门信号作为计数使能,以待测信号作为计数时钟,用一个计数器在闸门信号开启的时间里的计数值表示待测信号的频率。在设计中,要设计的频率计测量范围是 1Hz ~ 1MHz,结果用 4 个七段数码管显示。为了提高精度,量程分为四挡,分别为:1 ~ 999 Hz、1.000 ~ 9.999 kHz、10.00 ~ 99.99 kHz、100.0 ~ 999.9 kHz。当频率超过量程时,4 个数码管全灭。具体功能为:测量时,读数不随计数变化;测量结束后显示 3 s,重新测量。小数点自动移位。超量程时 4 个数码管全灭。自动清零,每 4 s 测量一次,每次测量无需复位。

8.3.2　程序设计

本设计根据功能可以划分为 4 个模块:时钟模块、计数模块、锁存模块、显示模块。下面分别用 VHDL 设计这 4 个模块,最后实现数字频率计的设计。

1. 时钟模块设计

时钟模块产生显示扫描时钟和闸门信号,后者是占空比为 1:4,频率为 0.25 Hz 的方波,周期为 4 s,其中 1 s 闸门开启,3 s 闸门闭合,显示测量值。为了节省可编程器件的资源,在显示扫描时钟的 1 kHz 基础上,再进行分频,得到 1 Hz 频率。时钟模块的参考程序如例 8.8 所示。

【例 8.8】　时钟模块源程序

```
LIBRARY IEEE;
USE IEEE.STD_LOGIC_1164.ALL;
USE IEEE.STD_LOGIC_UNSIGNED.ALL;
USE IEEE.STD_LOGIC_ARITH.ALL;
ENTITY clock IS
PORT(reset:IN STD_LOGIC;
     clk:IN STD_LOGIC;
     tgate:OUT STD_LOGIC;              --闸门信号
     clklk:OUT STD_LOGIC);             --1 kHz 显示扫描时钟
END;
ARCHITECTURE one OF clock IS
CONSTANT reset_active:STD_LOGIC:='1';
SIGNAL clklk_reg:STD_LOGIC;
```

```
SIGNAL clk1Hz:STD _ LOGIC;
SIGNAL tgate _ reg:STD _ LOGIC;
BEGIN
    PROCESS(reset,clk)                    - -1 kHz 显示扫描时钟
    VARIABLE cnt:INTEGER RANGE 0 TO 499;
    BEGIN
      IF reset = reset _ active THEN
    cnt: =0;
    ELSIF clk'EVENT AND clk = '1' THEN
      IF cnt =499 THEN
        cnt: =0;
        clklk _ reg< =not clklk _ reg;
    ELSE
      cnt: =cnt +1;
    END IF;
  END IF;
END PROCESS;
clklk< =clklk _ reg;
PROCESS(reset,clklk _ reg)                - -1 kHz 分频得到 1 Hz
VARIABLE cnt2:INTEGER RANGE 0 TO 499;
BEGIN
  IF reset = reset _ active THEN
    cnt2: =0;
  ELSIF clklk _ reg'EVENT AND clklk _ reg = '1' THEN
    IF cnt2 =499 THEN
      cnt2: =0;
      clk1Hz< =not clk1Hz;
    ELSE
      cnt2: =cnt2 +1;
    END IF;
  END IF;
END PROCESS;
PROCESS(reset,clk1Hz)                 - -占空比为 1:4,频率 0.25 Hz 的闸门信号
VARIABLE cnt3:INTEGER RANGE 0 TO 3;
BEGIN
IF reset = reset _ active THEN
  cnt3: =0;
  tgate _ reg< ='0';
```

```
ELSIF clk1Hz'EVENT AND clk1Hz = '1' THEN
    IF cnt3 = 2 THEN
      tgate _ reg < = '1';
      cnt3: = 3;
    ELSIF cnt3 = 3 THEN
      tgate _ reg < = '0';
      cnt3: = 0;
    ELSE
        cnt3: = cnt3 + 1;
      END IF;
    END IF;
  END PROCESS;
  tgate < = tgate _ reg;
END;
```

时钟模块的功能仿真波形图如图 8. 15 所示。

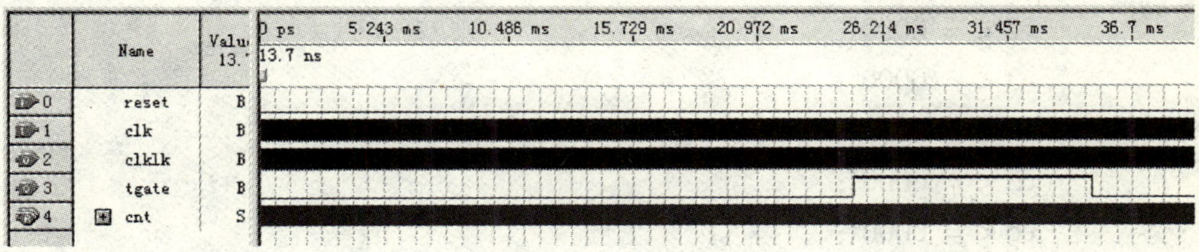

图 8. 15　时钟模块的功能仿真波形图

2. 计数模块设计

计数模块以待测信号为输入时钟,在闸门开启时计数。需要注意的是,计数模块的复位信号输入也是闸门信号,其复位电平与其他模块相反,低电平复位。所以在闸门闭合时,计数模块复位,准备下一次计数。描述计数模块的参考程序如例 8. 9 所示。

【例 8. 9】　计数模块源程序

```
LIBRARY IEEE;
USE IEEE. STD _ LOGIC _ 1164. ALL;
USE IEEE. STD _ LOGIC _ UNSIGNED. ALL;
USE IEEE. STD _ LOGIC _ ARITH. ALL;
ENTITY counter IS
PORT( reset:IN STD _ LOGIC;                          - -全局复位信号
    tgate:IN STD _ LOGIC;                             - -闸门信号
    tsig:IN STD _ LOGIC;                              - -待测信号
    q:OUT STD _ LOGIC _ VECTOR(15 downto 0);          - -计数输出
    scale:OUT STD _ LOGIC _ VECTOR(2 downto 0));      - -挡位输出
```

```
END;
ARCHITECTURE one OF counter IS
CONSTANT reset _ active:STD _ LOGIC: = '0';
SIGNAL c1:STD _ LOGIC _ VECTOR (3 downto 0);
SIGNAL c2:STD _ LOGIC _ VECTOR (3 downto 0);
SIGNAL c3:STD _ LOGIC _ VECTOR (3 downto 0);
SIGNAL c4:STD _ LOGIC _ VECTOR (3 downto 0);
SIGNAL c5:STD _ LOGIC _ VECTOR (3 downto 0);
SIGNAL c6:STD _ LOGIC _ VECTOR (3 downto 0);
SIGNAL scale _ reg:STD _ LOGIC _ VECTOR (2 downto 0);
SIGNAL overflow :STD _ LOGIC;
BEGIN
    PROCESS(reset,tsig,tgate)
    BEGIN
      IF reset = reset _ active THEN
        c1 < = "0000";
        c2 < = "0000";
        c3 < = "0000";
        c4 < = "0000";
        c5 < = "0000";
        c6 < = "0000";
        overflow < = '0';
    ELSIF tsig'EVENT AND tsig = '1' THEN
      IF tgate = '1' THEN
        IF c1 < "1001" THEN
          c1 < = c1 + '1';
        ELSE
          c1 < = "0000";
          IF c2 < "1001" THEN
            c2 < = c2 + '1';
          ELSE
            c2 < = "0000";
            IF c3 < "1001" THEN
              c3 < = c3 + '1';
            ELSE
              c3 < = "0000";
              IF c4 < "1001" THEN
                c4 < = c4 + '1';
```

```
            ELSE
              c4 < ="0000";
              IF c5 <"1001" THEN
                c5 < =c5 +'1';
              ELSE
                c5 < ="0000";
                IF c6 <"1001" THEN
                  c6 < =c6 +'1';
                ELSE
                  overflow < ='1';
                END IF;
              END IF;
            END IF;
          END IF;
        END IF;
      END IF;
    END IF;
  END IF;
 END PROCESS;
PROCESS(reset,c1,c2,c3,c4,c5,c6,overflow)
BEGIN
  IF reset =reset _ active THEN
    scale _ reg < ="000";
  ELSIF overflow ='1' THEN                  - - > =1 MHz
    scale _ reg < ="001";
  ELSIF c6/ ="0000" THEN                    - -100.00 kHz ~999.9 kHz
    q < =c6&c5&c4&c3;
    scale _ reg < ="010";
  ELSIF c5/ ="0000" THEN                    - -10.00 kHz ~99.99 kHz
    q < =c5&c4&c3&c2;
    scale _ reg < ="011";
  ELSIF c4/ ="0000" THEN                    - -1.000 kHz ~9.999 kHz
    q < =c4&c3&c2&c1;
    scale _ reg < ="100";
  ELSE                                      - -1 Hz ~999 Hz
    q < ="1111"&c3&c2&c1;
    scale _ reg < ="101";
  END IF;
```

```
    END PROCESS;
    scale < = scale _ reg;
END;
```

计数器的仿真波形图如图 8.16 所示，可以看到，在闸门开启期间，计数值不停地变化，挡位也随之变化，开始是 101，之后是 100，最后是 011。待测信号频率是 20.00 kHz。

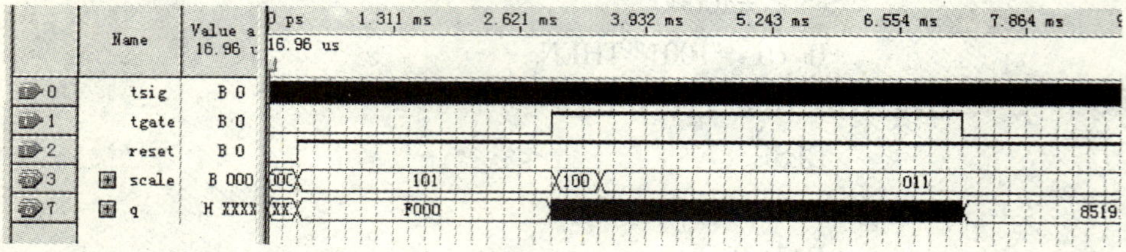

图 8.16　计数模块的功能仿真波形图

3. 锁存模块设计

锁存模块在闸门信号的下降沿锁存数据；这样不仅可以避免数值丢失，而且在测量时屏蔽计数值；否则数码管会不停地变化。锁存模块的参考程序如例 8.10 所示。

【例 8.10】　锁存模块源程序

```
LIBRARY IEEE;
USE IEEE. STD _ LOGIC _ 1164. ALL;
USE IEEE. STD _ LOGIC _ UNSIGNED. ALL;
USE IEEE. STD _ LOGIC _ ARITH. ALL;
ENTITY lock IS
PORT( tgate:IN STD _ LOGIC;
      q _ in:IN STD _ LOGIC _ VECTOR(15 DOWNTO 0);
      scale _ in:IN STD _ LOGIC _ VECTOR (2 DOWNTO 0);
      q _ lock:OUT STD _ LOGIC _ VECTOR (15 DOWNTO 0);
      scale _ lock:OUT STD _ LOGIC _ VECTOR (2 DOWNTO 0));
END;
ARCHITECTURE one OF lock IS
BEGIN
      PROCESS( tgate)
      BEGIN
         IF tgate'EVENT AND tgate = '0' THEN
         q _ lock < = q _ in;
         scale _ lock < = scale _ in;
      END IF;
   END PROCESS;
END;
```

图 8.17 为锁存模块仿真波形图。

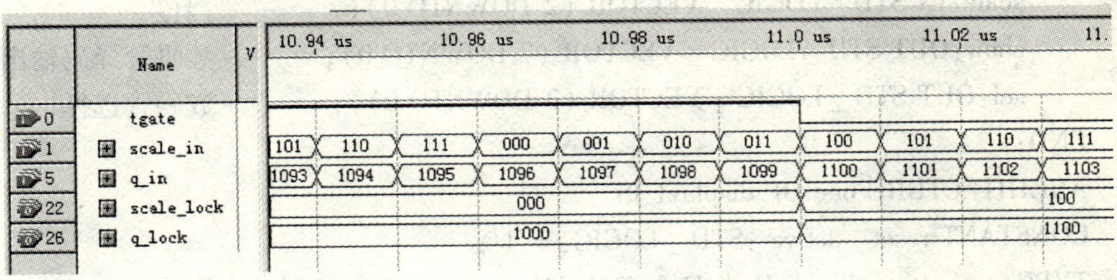

图 8.17　锁存模块功能仿真波形图

4. 显示模块的设计

显示模块将输入的 4 位从 0 到 9 的二进制数，以七段译码的方式输出。本设计使用的是共阴极七段数码管。七段数码管的段位码见表 8.1。

表 8.1　七段数码管段位码

十进制数字	段位码
0	11000000
1	11111001
2	10100100
3	10011000
4	10011001
5	10010010
6	10000010
7	11011000
8	10000000
9	10010000
灭	11111111

在程序中使用了状态机分别描述 4 个数码管。描述显示模块的参考程序如例 8.11 所示。

【例 8.11】　显示模块源程序

```
LIBRARY IEEE;
USE IEEE. STD _ LOGIC _ 1164. ALL;
USE IEEE. STD _ LOGIC _ UNSIGNED. ALL;
USE IEEE. STD _ LOGIC _ ARITH. ALL;
ENTITY display1 IS
PORT( reset:IN STD _ LOGIC;                          - -复位信号
     clklk:IN STD _ LOGIC;                           - -时钟信号
     q:IN STD _ LOGIC _ VECTOR(15 DOWNTO 0);         - -计数值
```

```
        scale:IN STD_LOGIC_VECTOR (2 DOWNTO 0);           --挡位
        show:OUT STD_LOGIC_VECTOR (7 DOWNTO 0);           --数码管译码输出
        sel:OUT STD_LOGIC_VECTOR (3 DOWNTO 0));           --数码管选择
END;
ARCHITECTURE one OF display1 IS
CONSTANT reset_active :STD_LOGIC:='1';
TYPE state_type IS (led1,led2,led3,led4);                 --状态机定义
SIGNAL pre_state,next_state:state_type;                   --信号定义
SIGNAL sel_reg:STD_LOGIC_VECTOR (3 DOWNTO 0);
SIGNAL q_reg:STD_LOGIC_VECTOR (3 DOWNTO 0);
SIGNAL show_reg:STD_LOGIC_VECTOR (6 DOWNTO 0);
BEGIN
    PROCESS(reset,clklk)
    BEGIN
      IF reset=reset_active THEN
        pre_state<=led1;
      ELSIF clklk'EVENT AND clklk='1'THEN
        pre_state<=next_state;
      END IF;
      END PROCESS;
      PROCESS(reset,clklk)
      BEGIN
  IF reset=reset_active THEN
    next_state<=led1;
  ELSIF clklk'EVENT AND clklk='1' THEN
    CASE next_state IS
      WHEN led1=>                                         --第一个数码管点亮
        sel_reg<="1110";
        q_reg<=q(3 DOWNTO 0);
        next_state<=led2;
      WHEN led2=>                                         --第二个数码管点亮
        sel_reg<="1101";
        q_reg<=q(7 DOWNTO 4);
        next_state<=led3;
      WHEN led3=>                                         --第三个数码管点亮
        sel_reg<="1011";
        q_reg<=q(11 DOWNTO 8);
        next_state<=led4;
```

```
        WHEN led4 =>                                   --第四个数码管点亮
          sel_reg <="0111";
          q_reg <=q(15 DOWNTO 12);
          next_state <=led1;
        WHEN others =>                                 --所有数码管熄灭
          sel_reg <="1111";
          q_reg <="1111";
          next_state <=led1;
        END CASE;
      END IF;
    END PROCESS;
WITH q_reg SELECT                                      --这里 show_reg 不包含小数点
    show_reg <="1000000" WHEN "0000",
              "1111001" WHEN "0001",
              "0100100" WHEN "0010",
              "0110000" WHEN "0011",
              "0011001" WHEN "0100",
              "0010010" WHEN "0101",
              "0000010" WHEN "0110",
              "1011000" WHEN "0111",
              "0000000" WHEN "1000",
              "0010000" WHEN "1001",
              "1111111" WHEN others;
    show <='0' & show_reg WHEN (sel_reg="1101" AND scale="010") or
                                (sel_reg="1011" AND scale="011") or
                                (sel_reg="0111" AND scale="100") ELSE
           "11111111" WHEN scale="011" else           --超量程时,4 位数码管全灭
           '1' & show_reg;
      sel <=sel_reg;
END;
```

显示模块的功能仿真波形图如图 8.18 所示。

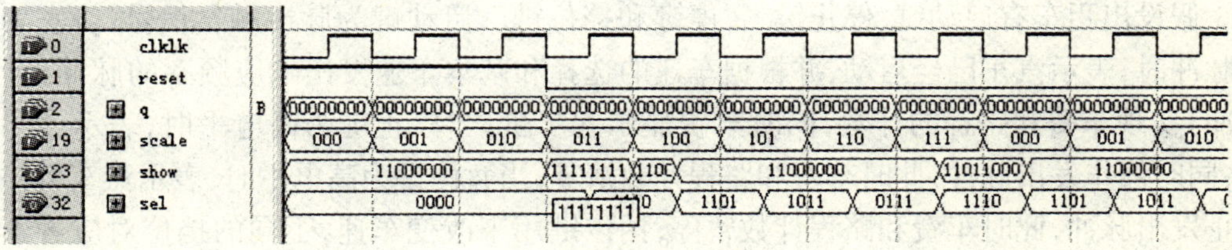

图 8.18　显示模块的功能仿真波形图

8.3.3 编译仿真

图 8.19 为数字频率计的顶层文件原理图，在前面都给出了每个模块的 VHDL 的参考程序，并且都做了仿真，此处由于篇幅所限不给出整体的仿真波形。读者可以根据层次化设计方法练习做出仿真波形。

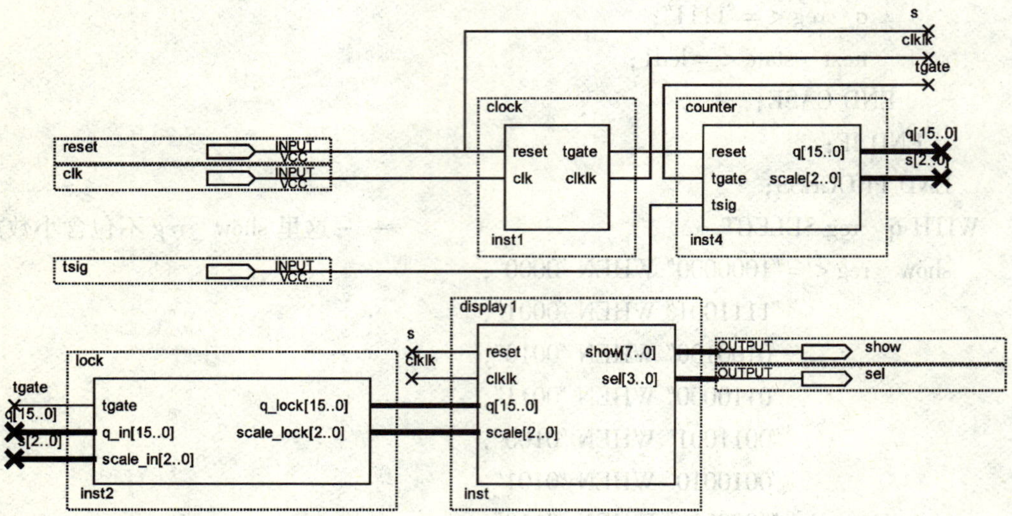

图 8.19 数字频率计顶层文件原理图

8.4 出租车计价器设计

设计一个出租车计价器，能按里程计费，具体要求如下：

(1)实现计费功能，按行驶里程计费，起步价为 6.00 元，并在车行驶 3 km 后按 1.2 元/km 计费，当计费器达到或超过 20 元时，每千米加收 50% 的车费，车停止和暂停时不计费。

(2)模拟汽车的启动、停止、暂停和换挡等状态。

8.4.1 原理分析

假设出租车有启动键、停止键、暂停键和挡位键。启动键为脉冲触发信号，当它为一个脉冲时，表示汽车已经启动，并根据车速的选择和基本车速发出响应频率的脉冲(计费脉冲)实现车费和路程的计数，同时车费显示起步价；当停止键为高电平时，表示汽车熄火，同时停止发出脉冲，此时车费和路程计数清零；当暂停键为高电平时，表示汽车暂停并停止发出脉冲，此时车费和路程计数暂停；挡位键用来改变车速，不同的挡位对应着不同的车速，同时路程计数的速度也不同。

出租车计价器可分为两大模块，即控制模块和译码显示模块，系统框图如图 8.20 所示。控制模块实现了计费和路程的计数,并且通过不同的挡位控制车速。译码显示模块实现了十进制到 4 位十进制的转换,以及车费和路程的显示。

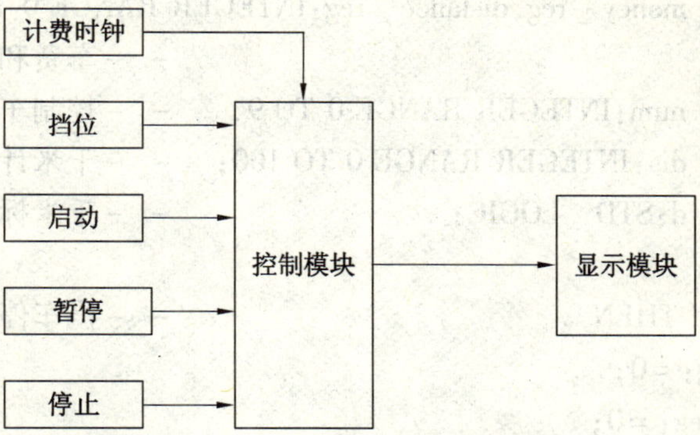

图 8.20　出租车计价器系统框图

8.4.2　程序设计

采用混合编辑方法,设计不同的模块。在原理图编辑器中连接各模块作为顶层设计,其电路如图 8.21 所示。其中,taxi 为控制模块;decoder 为译码和显示模块。

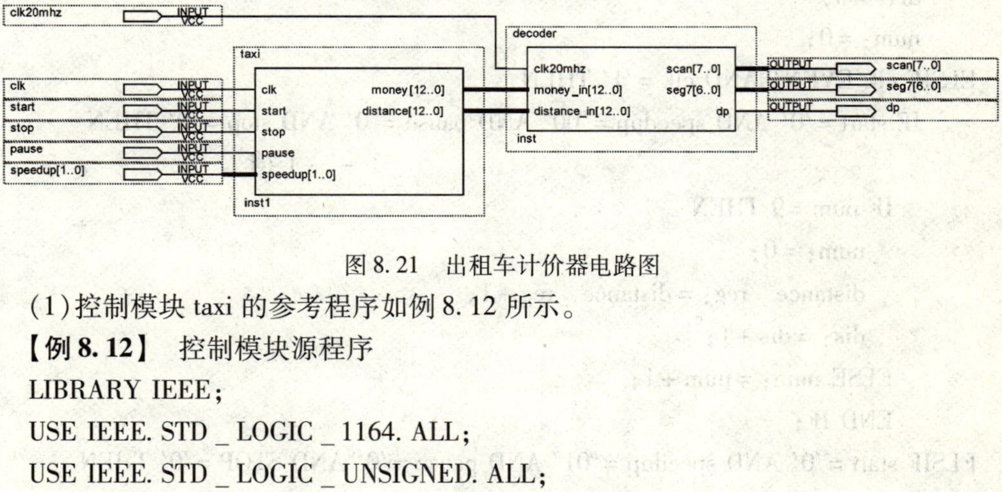

图 8.21　出租车计价器电路图

(1)控制模块 taxi 的参考程序如例 8.12 所示。

【例 8.12】　控制模块源程序

```
LIBRARY IEEE;
USE IEEE.STD_LOGIC_1164.ALL;
USE IEEE.STD_LOGIC_UNSIGNED.ALL;
ENTITY taxi IS
PORT(clk:IN STD_LOGIC;                                  --计费时钟
     start:IN STD_LOGIC;                                --汽车启动
     stop:IN STD_LOGIC;                                 --汽车停止
     pause:IN STD_LOGIC;                                --汽车暂停
     speedup:IN STD_LOGIC_VECTOR (1 DOWNTO 0);          --挡位(4 个挡位)
     money:OUT INTEGER RANGE 0 TO 8000;                 --车费
     distance:OUT INTEGER RANGE 0 TO 8000);             --路程
END;
ARCHITECTURE one OF taxi IS
```

```
BEGIN
    PROCESS(clk,start,stop,pause,speedup)
    VARIABLE money _ reg,distance _ reg:INTEGER RANGE 0 TO 8000;
                                                  - -车费和路程的寄存器
    VARIABLE num:INTEGER RANGE 0 TO 9;            - -控制车速的计数器
    VARIABLE dis:INTEGER RANGE 0 TO 100;          - -千米计数器
    VARIABLE d:STD _ LOGIC;                       - -千米标志
BEGIN
    IF stop ='1' THEN                             - -汽车停止,计费和路程清零
    money _ reg: =0;
    distance _ reg: =0;
    dis: =0;
    num: =0;
ELSIF start ='1' THEN                             - -汽车启动后,起步价为 6 元
    money _ reg: =600;
    distance _ reg: =0;
    dis: =0;
    num: =0;
ELSIF clk'EVENT AND clk ='1' THEN
    IF start ='0' AND speedup ="00" AND pause ='0' AND stop ='0' THEN
                                                  - -1 挡
      IF num =9 THEN
        num: =0;
        distance _ reg: =distance _ reg +1;
        dis: =dis +1;
      ELSE num: =num +1;
      END IF;
ELSIF start ='0' AND speedup ="01" AND pause ='0' AND STOP ='0' THEN
                                                  - -2 挡
  IF num =9 THEN
    num: =0;
    distance _ reg: =distance _ reg +2;
    dis: =dis +2;
  ELSE num: =num +1;
  END IF;
ELSIF start ='0' AND speedup ="10" AND pause ='0' AND stop ='0' THEN
                                                  - -3 挡
  IF num =9 THEN
```

```
            num: =0;
            distance _ reg: = distance _ reg +5;
            dis: =dis +5;
         ELSE num: =num +1;
         END IF;
      ELSIF start = '0' AND speedup = "11" AND pause = '0' AND stop = '0' THEN
                                                                    --4 挡
            distance _ reg: = distance _ reg +1;
            dis: =dis +1;
      END IF;
            IF dis > =100 THEN
            d: ='1';
            dis: =0;
      ELSE d: ='0';
      END IF;
      IF distance _ reg > =300 THEN                               --如果超过3 km 则按1.2 元/
                                                                    km 计算
         IF money _ reg <2000 AND d = '1' THEN
            money _ reg: = money _ reg +120;
         ELSIF money _ reg > =2000 AND d = '1' THEN
            money _ reg: = money _ reg +180;
                                                                    --当计价器达到20 元时,每
                                                                    千米加收50%的车费
              END IF;
            END IF;
         END IF;
            money < = money _ reg;
            distance < = distance _ reg;
         END PROCESS;
      END;
```

(2)译码显示模块 decoder 的参考程序如例 8.13 所示。

【例 8.13】 译码显示模块 decoder 源程序

```
LIBRARY IEEE;
USE IEEE. STD _ LOGIC _ 1164. ALL;
USE IEEE. STD _ LOGIC _ UNSIGNED. ALL;
ENTITY decoder IS
PORT( clk20mhz:IN STD _ LOGIC;                             --系统时钟 20 MHz
    money _ in:IN INTEGER RANGE 0 TO 8000;                 --车费
```

```
        distance _ in:IN INTEGER RANGE 0 TO 8000;              - -路程
        scan:OUT STD _ LOGIC _ VECTOR (7 DOWNTO 0);- -7 段显示控制信号
                                                                 (abcdefg)
        seg7:OUT STD _ LOGIC _ VECTOR (6 DOWNTO 0); - -数码管地址选择信号
        dp:OUT STD _ LOGIC);                                   - -小数点
    END;
    ARCHITECTURE one OF decoder IS
    SIGNAL clk1khz:STD _ LOGIC;                                - -1 kHz 的分频时钟
    SIGNAL data:STD _ LOGIC _ VECTOR (3 DOWNTO 0);
    SIGNAL m _ one,m _ ten,m _ hun,m _ tho:STD _ LOGIC _ VECTOR(3 DOWNTO 0);
                                                               - -钱数 4 位十进制表示
    SIGNAL d _ one,d _ ten,d _ hun,d _ tho:STD _ LOGIC _ VECTOR(3 DOWNTO 0);
                                                               - -路程 4 位十进制表示
    BEGIN
                                                               - -1 kHz 的分频时钟,用
                                                                 于扫描数码管地址
        PROCESS(clk20mhz)
        VARIABLE count:INTEGER RANGE 0 TO 9999;
        BEGIN
          IF clk20mhz'EVENT AND clk20mhz = '1' THEN
            IF count =9999 THEN clk1khz < = NOT clk1khz;count: =0;
            ELSE count: = count +1;
            END IF;
          END IF;
        END PROCESS;
                                                               - -将车费的十进制数转
                                                                 化为 4 位十进制数
    PROCESS(clk20mhz,money _ in)
    VARIABLE comb1:INTEGER RANGE 0 TO 8000;
    VARIABLE comb1 _ a,comb1 _ b,comb1 _ c,comb1 _ d:STD _ LOGIC _ VECTOR(3
DOWNTO 0);
    BEGIN
      IF clk20mhz'EVENT AND clk20mhz = '1' THEN
       IF comb1 < money _ in THEN
         IF comb1 _ a =9 AND comb1 _ b =9 AND comb1 _ c =9 THEN
            comb1 _ a: ="0000";
            comb1 _ b: ="0000";
            comb1 _ c: ="0000";
```

```
            comb1_d:=comb1_d+1;
            comb1:=comb1+1;
          ELSIF comb1_a=9 AND comb1_b=9 THEN
            comb1_a:="0000";
            comb1_b:="0000";
            comb1_c:=comb1_c+1;
            comb1:=comb1+1;
          ELSIF comb1_a=9 THEN
            comb1_a:="0000";
            comb1_b:=comb1_b+1;
            comb1:=comb1+1;
          ELSE
            comb1_a:=comb1_a+1;
            comb1:=comb1+1;
          END IF;
        ELSIF comb1=money_in THEN
            m_one<=comb1_a;
            m_ten<=comb1_b;
            m_hun<=comb1_c;
            m_tho<=comb1_d;
          ELSIF comb1>money_in THEN
            comb1_a:="0000";
            comb1_b:="0000";
            comb1_c:="0000";
            comb1_d:="0000";
            comb1:=0;
          END IF;
        END IF;
    END PROCESS;
                                                    --将路程的十进制转化
                                                      为4位十进制数
    PROCESS(clk20mhz,distance_in)
    VARIABLE comb2:INTEGER RANGE 0 TO 8000;
    VARIABLE comb2_a,comb2_b,comb2_c,comb2_d:STD_LOGIC_VECTOR(3 DOWNTO 0);
    BEGIN
      IF clk20mhz'EVENT AND clk20mhz='1' THEN
        IF comb2<distance_in THEN
```

```
        IF comb2 _ a =9 AND comb2 _ b =9 AND comb2 _ c =9 THEN
          comb2 _ a: ="0000";
          comb2 _ b: ="0000";
          comb2 _ c: ="0000";
          comb2 _ d: =comb2 _ d +1;
          comb2: =comb2 +1;
        ELSIF comb2 _ a =9 AND comb2 _ b =9 THEN
          comb2 _ a: ="0000";
          comb2 _ b: ="0000";
          comb2 _ c: =comb2 _ c +1;
          comb2: =comb2 +1;
        ELSIF comb2 _ a =9 THEN
          comb2 _ a: ="0000";
          comb2 _ b: =comb2 _ b +1;
          comb2: =comb2 +1;
        ELSE
          comb2 _ a: =comb2 _ a +1;
          comb2: =comb2 +1;
        END IF;
      ELSIF comb2 = distance _ in THEN
        d _ one < =comb2 _ a;
        d _ ten < =comb2 _ b;
        d _ hun < =comb2 _ c;
        d _ tho < =comb2 _ d;
      ELSIF comb2 > distance _ in THEN
        comb2 _ a: ="0000";
        comb2 _ b: ="0000";
        comb2 _ c: ="0000";
        comb2 _ d: ="0000";
        comb2: =0;
      END IF;
    END IF;
  END PROCESS;
                                                              - -数码管动态扫描
  PROCESS(clk1khz,m _ one,m _ ten,m _ hun,m _ tho,d _ one,d _ ten,d _ hun,d _ tho)
  VARIABLE cnt:STD _ LOGIC _ VECTOR(2 DOWNTO 0);
  BEGIN
    IF clk1khz'EVENT AND clk1khz ='1' THEN
```

```
    cnt: =cnt +1;
  END IF;
  CASE cnt IS
      WHEN "000" = >data < =m _ one;dp < ='0';scan < ="00000001";
      WHEN "001" = >data < =m _ ten;dp < ='0';scan < ="00000010";
      WHEN "010" = >data < =m _ hun;dp < ='1';scan < ="00000100";
      WHEN "011" = >data < =m _ tho;dp < ='0';scan < ="00001000";
      WHEN "100" = >data < =d _ one;dp < ='0';scan < ="00010000";
      WHEN "101" = >data < =d _ ten;dp < ='0';scan < ="00100000";
      WHEN "110" = >data < =d _ hun;dp < ='1';scan < ="01000000";
      WHEN "111" = >data < =d _ tho;dp < ='0';scan < ="10000000";
    END CASE;
  END PROCESS;
                                                    - -7 段译码
  PROCESS(data)
  BEGIN
    CASE data IS
      WHEN"0000" = >seg7 < ="1111110";
      WHEN"0001" = >seg7 < ="0100000";
      WHEN"0010" = >seg7 < ="1101101";
      WHEN"0011" = >seg7 < ="1111001";
      WHEN"0100" = >seg7 < ="0110011";
      WHEN"0101" = >seg7 < ="1011011";
      WHEN"0110" = >seg7 < ="1011111";
      WHEN"0111" = >seg7 < ="1110000";
      WHEN"1000" = >seg7 < ="1111111";
      WHEN"1001" = >seg7 < ="1111011";
      WHEN OTHERS = >seg7 < ="0000000";
    END CASE;
  END PROCESS;
END;
```

8.4.3　编译仿真

对控制模块 taxi 进行仿真后得到的功能仿真结果如图 8.22 所示，观察波形可知，当启动键(start)为一个脉冲时，表示汽车已经启动，车费 money 显示起步价 6.00 元，同时路程 distance 随着计费脉冲开始计数；当停止键(stop)为 1 时，表示汽车熄火停止，车费 money 和路程 distance 均为0；当暂停键(pause)为1时，车费和路程停止计数；当挡位键分别取 0、2、3 时路程的计数逐渐加快，表示车速逐渐加快。

将扫描数码管的分频系数改小后对译码显示模块 decoder 的功能仿真图如图 8.23 所示。进行译码的时钟频率必须比汽车的计价时钟高得多才能实时显示出车费和路程的变化。

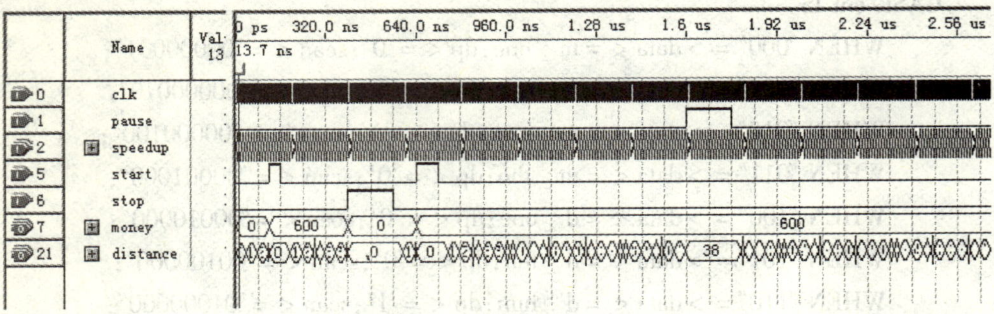

图 8.22　控制模块 taxi 的功能仿真图

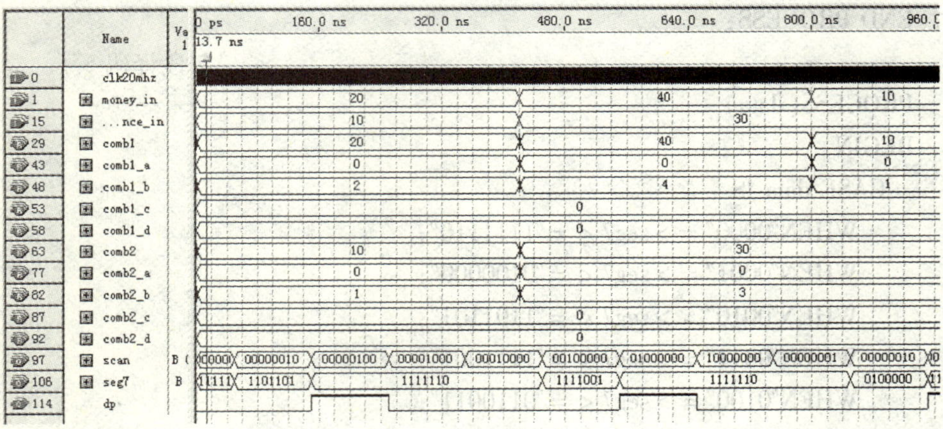

图 8.23　译码显示模块 decoder 的功能仿真图

本章小结

随着 VHDL 的广泛应用，无论是电子工程师，还是高等院校的学生都需要学习 VHDL 来提高工作效率。实践证明，通过一定程序的强化训练，有助于迅速掌握 VHDL 和相应的设计技巧。本章从实际应用的角度出发，全面系统地介绍了几个 VHDL 的相关设计应用，以满足不同领域读者快速学习 VHDL 的需要。

习　题

1. 用状态机实现交通灯控制器。可以用两个状态机分别控制两个方向上的交通灯和倒数计时器的显示，可以将红灯亮、绿灯亮和黄灯亮分别对应一个状态，通过计时来进行状态转移。但要注意两个状态机之间并不是完全独立的。

2. 设计一个计时秒表。要求具有以下功能：①有启/停开关，用于开始/结束计时操作；②秒表计时长度为 59 分 59.99 秒，超过计时长度，有溢出则报警，计时长度可手动设置；③设置复位开关，在任何情况下，只要按下复位开关，秒表都要无条件地进行复位清零操作。

参考文献

[1] 江雪松,吴钰淳,王鹰. VHDL 设计实例与仿真[M]. 北京:机械工业出版社,2007.
[2] 朱正伟. EDA 技术及应用[M]. 北京:清华大学出版社,2005.
[3] 曾繁泰,陈美金. VHDL 程序设计[M]. 北京:清华大学出版社,2000.
[4] 甘历. VHDL 应用与开发实践[M]. 北京:科学出版社,2003.
[5] 罗朝霞、高书莉. CPLD/FPGA 设计及应用[M]. 北京:人民邮电出版社,2007.
[6] 延明,张亦华. 数字电路 EDA 技术入门[M]. 北京:北京邮电大学出版社,2006.
[7] 王振红. VHDL 数字电路设计与应用实践教程[M]. 北京:机械工业出版社,2006.
[8] 付永庆. VHDL 语言及其应用[M]. 北京:高等教育出版社,2005.
[9] 江国强. PLD 在电子电路设计中的应用[M]. 北京:清华大学出版社,2007.
[10] 赵俊超. 集成电路设计 VHDL 教程[M]. 北京:北京希望电子出版社,2002.
[11] 朱运利. EDA 技术应用[M]. 北京:电子工业出版社,2007.
[12] 杨刚. 现代电子技术(VHDL 与数字系统设计)[M]. 北京:电子工业出版社,2005.
[13] 侯继红. EDA 实用技术教程[M]. 北京:中国电力出版社,2004.
[14] 黄正谨. CPLD 系统设计技术入门与应用[M]. 北京:电子工业出版社,2002.
[15] 潘松,黄继业. EDA 技术实用教程[M]. 北京:科学出版社,2006.
[16] 周润景,图雅,张丽敏. 基于 Quartus Ⅱ 的 FPGA/CPLD 数字系统设计实例[M]. 北京:电子工业出版社,2007.
[17] 黄任. VHDL 入门·解惑·经典实例·经验总结[M]. 北京:北京航空航天大学出版社,2005.
[18] 郑亚民,董晓舟. 可编程逻辑器件开发软件 Quartus Ⅱ[M]. 北京:国防工业出版社,2006.
[19] Altera 公司. MAX 7000 CPLD Data Sheets. http://www. ALTERA. com,2003.
[20] Altera 公司. FLEX10K FPGA Data Sheets. http://www. ALTERA. com,2001.

读者反馈表

尊敬的读者：

您好！感谢您多年来对哈尔滨工业大学出版社的支持与厚爱！为了更好地满足您的需要，提供更好的服务，希望您对本书提出宝贵意见，将下表填好后，寄回我社或登录我社网站（http://hitpress.hit.edu.cn）进行填写。谢谢！您可享有的权益：

☆ 免费获得我社的最新图书书目　　☆ 可参加不定期的促销活动

☆ 解答阅读中遇到的问题　　☆ 购买此系列图书可优惠

读者信息

姓名__________ □先生 □女士　年龄______ 学历_______

工作单位__________________________ 职务_________

E-mail ____________________________ 邮编_________

通讯地址_________________________________

购书名称________________________ 购书地点________________________

1. 您对本书的评价

内容质量　□很好　□较好　□一般　□较差

封面设计　□很好　□一般　□较差

编排　□利于阅读　□一般　□较差

本书定价　□偏高　□合适　□偏低

2. 在您获取专业知识和专业信息的主要渠道中，排在前三位的是：

①__________　②__________　③__________

A. 网络 B. 期刊 C. 图书 D. 报纸 E. 电视 F. 会议 G. 内部交流 H. 其他：________

3. 您认为编写最好的专业图书（国内外）

书名	著作者	出版社	出版日期	定价

4. 您是否愿意与我们合作，参与编写、编译、翻译图书？

____

5. 您还需要阅读哪些图书？

____

网址：http://hitpress.hit.edu.cn

技术支持与课件下载：网站课件下载区

服务邮箱 wenbinzh@hit.edu.cn　duyanwell@163.com

邮购电话 0451－86281013　0451－86418760

组稿编辑及联系方式　赵文斌（0451－86281226）　杜燕（0451－86281408）

回寄地址：黑龙江省哈尔滨市南岗区复华四道街10号　哈尔滨工业大学出版社

邮编：150006　传真 0451－86414049